天工開物

〔明〕宋應星　著
周　游　譯注

前　言

《天工開物》是一部總結我國明末以前農業和手工業技術成就的百科全書，也是世界上第一部關於農業和手工業生產的綜合性著作，它對中國古代的各項技術進行了系統的總結，構成了一個完整的科學技術體系。書中提及的眾多理論和工藝技術，都遙遙領先於當時的西方。

《天工開物》的作者是明代學者宋應星。宋應星，字長庚，明代江西省南昌府奉新縣北鄉雅溪牌坊村（今宋埠鎮牌樓宋村）人。其曾祖父宋景，明正德、嘉靖年間累官吏、工二部尚書，改兵部，參贊機務，入為左都御史。祖父宋承慶，字道徵，縣學稟膳生員。父宋國霖，字汝潤，號巨川，庠生。宋應星弟兄四人，胞兄宋應升，同父異母兄宋應鼎、弟宋應晶。

幼年時期，宋應星與兄宋應升同在叔祖宋和慶家塾中讀書八年，他勤奮好學，資質特異。一次因故起床很遲，應升已將限文七篇熟讀背完，他則躺在床上邊聽邊記，等館師考問時，他琅琅成誦，一字不差，使館師大為驚嘆。年紀稍大，宋應星肆力鑽研十三經傳，至於關、閩、濂、洛各理學學派，也都能掌握其精義脈絡之所在。學古文則自周、秦、漢、唐及《史記》《左傳》《戰國策》乃至諸子百家，無不貫通。

萬曆四十三年（1615），與兄宋應升同舉江西鄉試，兩人同榜考中舉人，宋應星名列第三。當時全省有一萬餘人應試，在考中的109人中，奉新只有宋應星兄弟二人，故有「二宋」之稱。同年冬，他倆赴京師參加次年春天的全國會試，結果沒有考中。事後得知有人舞弊，狀元的考卷竟是別人代作。天啟元年（1621），宋應星兄弟又一次上京趕考，仍未考中。此後，他對功名的熱衷逐漸冷淡下來，開始將主要精力用於遊歷考察，總結各地農業和手工業的生產技術和經驗，為編纂一部科技巨著積累資料。

崇禎七年（1634），宋應星任袁州府分宜縣學教諭。崇禎九年（1636），撰《野議》，著《畫音歸正》。崇禎十年（1637）四月，寫成《天工開物》，刊出；六月，著述《論氣第八種》；七月，寫作《談天第九種》。崇禎十一年（1638），改為福建汀州府推官。崇禎十四年（1641），調升亳州知州，崇禎十五年（1642），改任滁和道南瑞兵巡道，創作《思憐詩》。崇禎十七年（1644）夏，甲申之變，明朝覆滅，清兵入關，他即棄官歸里，以文字著述自娛，遂不復出。

宋應星寫成《天工開物》後，無力出資刊刻，幸而老友涂紹煃伸出援手，資助刊刻於南昌府。這便是該書的初刻本，簡稱「涂本」。清朝順治年間，福建書商楊素卿刊刻第二版《天工開物》，促進了此書在整個清代的流傳，並為社會提供了一部標準的科技讀物。康熙中期至乾隆年間，清統治者加強了思想控制，《天工開物》一度遭逢厄運。乾隆三十八年（1775）修《四庫全書》後，發現《天工開物》中有「北虜」「東北夷」等反清字樣，而宋應星胞兄宋應升的《方玉堂全集》中有更多的反清內容而被列為禁書，因此《四庫全書》沒有收錄《天工開物》。乾隆末期至嘉慶、道光年後，有逐漸解禁的趨勢，公開引用《天工開物》的清人著作也逐漸增多。到了同治年間，又出現了清人引用《天工開物》的高潮。二十世紀以來，《天工開物》繼續受到重視，成為研究中國歷史及傳統科學文化所必須參考的讀物。

《天工開物》不僅在近三百年的中國國內產生了積極的影響，其影響力還傳播到了國外。十七世紀末，此書由商船帶到日本，引起學者注意，競相傳抄，並陸續從中國進口。明和八年（1771），大阪的菅生堂刊行和刻本《天工開物》，稱為「菅本」。《天工開物》還在十八世紀引起朝鮮學者的重視，漢文原著在朝鮮流傳甚廣。此外，《天工開物》也在十八世紀時就傳到了歐洲，首先是法國，在今巴黎的國家圖書館中藏有早期「涂本」和「楊本」兩個版本，歐美其他國家大圖書館現也有藏本。目前《天工開物》已成為世界科技名著並在各國流傳，凡研究中國科學文化史者，無不引用此書，且都給以高度評價。日本的三枝博音和藪內清分別把《天工開物》視為「中國有代表性的技術書」和「足以與十八世紀後半期法國狄德羅編纂的《百科全書》相匹敵的書籍」。

涂本《天工開物》分為上、中、下三卷，各裝訂一冊，印以竹紙。全書共十八章，約八萬五千七百字，其中〔上卷〕有六章，分為乃粒、乃服、彰施、粹精、作鹹、甘嗜〔中卷〕有七章，分為陶埏、冶鑄、舟車、錘鍛、燔石、膏液、殺青〔下卷〕有五章，分為五金、佳兵、丹青、麴蘖、珠玉，涉及工農業各生產領域。全書《乃粒》開始，以《珠玉》殿後，是作者有意安排，即《原序》所言「乃貴五穀而賤金玉之義」。但從各章現有次序看，作者似乎未及考慮有關章節之間的內在聯繫。從邏輯上講，談金屬工藝時，應先講冶煉，接著是鑄造，但事實上是鑄造及鍛造二章放在了冶煉章之前，且二者中間還插入了不相干的《舟車》，另外金工三章分置於不同卷內。其次，講穀物種植的《乃粒》之後，當接以介紹穀物加工的《粹精》，而實際上又被衣料及染色二章隔斷。此外其他地方亦有安排不符邏輯之處，可能是作者當初交付出版時太過匆忙，來不及推敲書中各章次序安排。因此本書對《天工開物》的十八章重新做了排列。

上卷：乃粒、粹精、作鹹、甘嗜、膏液、乃服、彰施。
中卷：五金、冶鑄、錘鍛、陶埏、燔石。
下卷：殺青、丹青、舟車、佳兵、麴蘖、珠玉。

本書以涂本為底本，並參照相關書籍對其中可推敲處做了對比考證，對錯訛字做了改正，對可商榷字句也做了相關說明。至於作者某些觀點之對錯，則力求還原作者本意，供讀者思考。由於譯注者能力有限，本書難免尚有不足之處，請廣大讀者不吝賜教。

目　錄

中卷

下卷

原 序[1]

天覆地載，物數號萬，而事亦因之，曲成[2]而不遺，豈人力也哉？事物而既萬矣，必待口授目成而後識之，其與幾何？萬事萬物之中，其無益生人與有益者，各載其半。世有聰明博物者，稠人[3]推焉。乃棗梨[4]之花未賞，而臆度楚萍[5]；釜鬵之範鮮經[6]，而侈談莒鼎[7]。畫工好圖鬼魅而惡犬馬，即鄭僑、晉華[8]，豈足為烈哉？

幸生聖明極盛之世，滇南車馬，縱貫遼陽[9]；嶺徼[10]宦商，橫遊薊北[11]。為方萬里中，何事何物，不可見見聞聞。若為士而生東晉之初，南宋之季，其視燕、秦、晉、豫方物，已成夷產[12]；從互市而得裘帽，何殊肅慎[13]之矢也？且夫王孫帝子，生長深宮，御廚玉粒正香，而欲觀耒耜[14]；尚宮[15]錦衣方剪，而想像機絲[16]。當斯時也，披圖一觀，如獲重寶矣！

年來著書一種，名曰《天工開物》。傷哉貧也！欲購奇考證，而乏洛下之資[17]；欲招致同人，商略贗真，而缺陳思之館[18]。隨其孤陋見聞，藏諸方寸而寫之，豈有當哉？吾友涂伯聚[19]先生，誠意動天，心靈格物[20]，凡古今一言之嘉，寸長可取，必勤勤懇懇而契合焉。昨歲《畫音歸正》[21]，由先生而授梓[22]；茲有後命，復取此卷而繼起為之，其亦夙緣之所召哉！

卷分前後[23]，乃貴五穀而賤金玉[24]之義，《觀象》《樂律》二卷[25]，其道太精，自揣非吾事，故臨梓刪去。丏[26]大業文人，棄擲案頭，此書於功名進取，毫不相關也。

時崇禎丁丑[27]孟夏月，奉新宋應星書於家食之問堂[28]

【注釋】

①這篇自序不談那些專門知識，著重說明著書宗旨和成書經過，表明作者的思想和志趣，字裡行間洋溢著尊重科學、實事求是的精神。

②曲成：《易・繫辭上》：「曲成萬物而不遺。」韓康伯註：「曲成者，乘變以應物，不繫一方者也。」

③稠人：眾人。

④棗梨：常見之木。

⑤楚萍：楚王渡江，有物觸舟，大如斗，圓而赤。群臣不識，問於孔子。孔子說，此謂「萍實」，乃吉祥之物，唯霸主能獲之。

⑥鬵（音尋）：大鍋。範：鑄造器物的模型。

⑦莒鼎：據《左傳・昭公七年》載，晉侯曾賜子產莒國二方鼎。莒：春秋小國名，在今山東莒縣一帶。

⑧鄭僑：即子產，姓公孫，名僑，字子產，春秋時期鄭國大夫，博聞多識，人稱「博物君子」。晉華：即張華，西晉文學家，以博洽多聞著稱。著有《博物誌》，內多奇聞異物。

⑨遼陽：泛指遼河以北地區。

⑩嶺徼：泛指嶺南一帶。嶺：五嶺（越城嶺、都龐嶺、萌渚嶺、騎田嶺、大庾嶺）。徼：邊境。

⑪薊北：泛指河北地區。

⑫夷產：外國的物產。東晉、南宋兩個政權皆偏安江南，江北為他國。

⑬肅慎：商、周時代東北少數民族，其地產勁箭石鏃，曾向周朝進貢。

⑭耒耜（音壘示）：古代農具通稱。

⑮尚宮：古代女官名，管理皇宮內務。

⑯機絲：織機與絲縷。

⑰洛下之資：指錢財。《三國志・魏志・夏侯玄傳》注引《魏略》：「洛中市買，一錢不足則不行。」是說洛陽城裡買東西，少一個錢就買不到。

⑱陳思之館：陳思王的館舍。陳思王即曹植，字子建，封陳王，謚思。植富文才，一時名流文士皆為其賓客。

⑲涂伯聚：涂紹煃，字伯聚，江西新建人。萬曆四十七年進士，官至廣西左布政使，後引疾歸，以講學論文為事。著有《友教堂稿》。

⑳格物：推究事物的道理。

㉑《畫音歸正》：此書已佚。

㉒授梓：刻版印書。梓：木名，常用以雕刻書版。
㉓卷分前後：《天工開物》共十八卷，首卷為《乃粒》（穀物糧食），末卷為《珠玉》。編排次序取晁錯《論貴粟疏》「貴五穀而賤金玉」之義。
㉔貴五穀而賤金玉：《漢書‧食貨志》引晁錯《論貴粟疏》：「夫珠玉金銀，飢不可食，寒不可衣……粟米布帛生於地，長於時，聚於力……一日弗得而飢寒至。是故明君貴五穀而賤金玉。」北魏賈思勰《齊民要術序》中亦有「貴五穀而賤金玉」之語。
㉕《觀象》：講天文氣象知識。《樂律》：講音樂律呂知識。
㉖丐：追求。
㉗崇禎丁丑：即崇禎十年，宋應星適在江西分宜任教諭。
㉘家食之問堂：宋應星居室。語本自《易‧大畜》「不家食，吉」。意謂國君能養賢士，使享俸祿，而不食於家。宋應星反其意而用之，甘居清貧，不欲與「大業文人」競逐功名利祿。

【譯文】

天地之間，物種數目，號稱上萬，而人們要做的事也因而很多，適應事物變化而從事生產，以造成種類齊全的各種物品，一點也沒有遺漏，難道都是人力造成的嗎？必然有自然力參與其中。事物既然有上萬種那麼多，要是都等到別人口頭講述和自己親眼見到，然後才去瞭解，又能獲得多少知識呢？萬事萬物之中，對人生沒有好處和有好處的，各占一半。只要掌握那些有好處的，也就夠了。世上有聰明博學的人，必為眾人所推崇。不過，要是連棗梨之花都沒有看過，就想揣度楚王得萍的吉凶；連釜的模型都沒有見過，就想大談莒鼎的真假。畫圖的人喜歡畫未曾見過的鬼魅，而討厭畫現實中就有的犬馬。這等人縱使有鄭國的子產、晉朝的張華那樣的名聲，又有什麼值得傚法的呢？

我幸運地生在這聖明強盛的時代，南方雲南的車馬，可以直通東北的遼陽；嶺南邊地的遊宦和商人，可以漫遊於河北一帶。在這方圓萬里的廣大區域內，有什麼事物不能耳聞目見呢！如果士人生在偏安的東晉初期或南宋末葉，他們會把河北、陝西、山西、河南的土產，看成外國的產品；與外國通商所換得的皮裘、帽子，和古代得到的肅慎國進貢的弓矢，又有什麼不同呢？而帝王的子孫，在深宮中長大，當御廚裡正飄著米飯的香味時，或想要看看生產這些糧食的農具；當宮裡正剪裁錦衣時，或會想像生產這些衣料的織機和絲帛。這個時候，打開這類圖書一看，不就像獲得至寶一樣嗎？

近年來寫了一部書，名叫《天工開物》。可惜本人實在是太窮困了，想購買一些珍奇的書物用於考證，卻缺乏錢財；想要招集志同道合的朋友共同討論，鑑別真偽，卻沒有用以招待的館舍。只能憑自己心中所記的孤陋見聞寫出來，難免有不當之處。我的好友涂伯聚先生，誠意可以感動上天，心智可以探知事理，凡是古往今來一言之嘉，有一點可取的，他都勤懇地幫助發表。去年，我所寫的《畫音歸正》，就由先生幫助刊行；現在遵照他的建議，又將這部書拿來出版，這種情誼或許是前世因緣所帶來的吧！

本書各章前後順序，首卷為《乃粒》，末卷為《珠玉》，是以五穀為貴而以金玉為賤的意思，《觀象》《樂律》二卷，其中的道理過於精深，自量不是己能勝任，所以在將要印刷時，將其刪去。追求功名的文士，可以將此書棄在桌子上，因為這書和求取功名一點關係也沒有。

明崇禎十年（1637）四月，奉新宋應星寫於家食之問堂

上卷

乃粒第一[1]

【原文】

宋子[2]曰：上古神農氏[3]若存若亡，然味其徽號兩言，至今存矣。生人不能久生，而五穀生之；五穀不能自生，而生人生之。土脈歷時代而異，種性隨水土而分。不然，神農去陶唐[4]粒食已千年矣，耒耜之利，以教天下[5]，豈有隱焉。而紛紛嘉種，必待后稷[6]詳明，其故何也？

紈褲[7]之子，以赭衣視笠蓑[8]；經生之家[9]，以農夫為詬詈[10]。晨炊晚餉，知其味而忘其源者眾矣！夫先農而系之以神，豈人力之所為哉！

【注釋】

①乃粒：《書經・益稷》：「烝民乃粒，萬邦作乂。」意謂百姓有糧食吃，天下才能安定。乃粒：指百姓以穀物為食。此處代指穀物。

②宋子：即本書作者宋應星自稱。《天工開物》各章前均有「宋子曰」一段作為引言。

③神農氏：上古傳說中的帝王，農業和醫藥的創始者。晉干寶《搜神記》卷一：「神農以赭鞭鞭百草，盡知其平毒寒溫之性，臭味所主。以播百穀，故天下號神農也。」

④陶唐：即堯，上古傳說中的帝王，國號陶唐，又稱陶唐氏。

⑤「耒耜之利」二句：語出《周易・繫辭下》，指神農氏時使用農具的技術得到推廣。耒耜：古代翻土農具。此處泛指農具。

⑥后稷：名棄，古代周族始祖，善於農作，曾在堯、舜時任農官。

⑦紈褲：亦作「紈袴」，本指細絹製成的褲子，泛指有錢人家的華美衣飾，代指富家子弟。

⑧赭（音者）衣：古代囚衣，因以赤土染成赭色，故稱。此處代指罪犯。笠蓑：斗笠與蓑衣。借指勞動人民。

⑨經生之家：讀書治學的書生。

⑩詬詈（音夠利）：辱罵。

【譯文】

宋子說：上古傳說中的神農氏，好像真的存在過又好像沒有此人，然而，仔細體味「神農」這個讚美褒揚開創農耕者的尊稱，就能夠理解「神農」這兩個字至今仍有著十分重要的意義。人類僅靠自身並不能長期生存，要靠五穀才能活下去；可是五穀並不能自己生長，要靠人類去種植。土質經過漫長的時代而有所改變，穀物的種類、特性也會隨著水土的不同而有所變異。不然的話，從神農時代到唐堯時代，人們食用五穀已達千年之久了，農耕的技術已傳遍天下，難道還有人不知道嗎？後來紛紛出現了許多良種穀物，一定要等到后稷出來才得到充分闡明，原因不正是如此嗎？

那些不務正業的富家子弟將勞動人民視為罪人，那些讀書人把「農夫」二字當作罵人的話。飽食終日，只知道早晚餐飯的味美，卻忘記了糧食是從哪裡得來的人，實在是太多了！因此，奉開創農業生產的先祖為神是很自然的，並不是勉強的。

總　名

【原文】

凡穀無定名，百穀指成數言。五穀則麻、菽、麥、稷、黍①，獨遺稻者，以著書聖賢起自西北也。今天下育民人者，稻居十七，而來、牟、黍、稷居十三②。麻、菽二者，功用已全入蔬、餌、膏饌之中，而猶繫之穀者，從其朔③也。

【注釋】

①菽：豆類總稱。稷：即粟，小米。黍：黃黏米。鄭玄注《周禮・天官・疾醫》以麻、菽、麥、稷、黍為五穀，而趙岐注《孟子・滕文公上》則以稻、稷、黍、麥、菽為五穀。

②來：小麥。牟（音眸）：大麥。

③朔：通「溯」，指根源、本源。

【譯文】

穀不是某種糧食的特定名稱，百穀是穀物的總體名稱，是說穀物種類繁多。「五穀」指的是麻、豆、麥、稷、黍，其中唯獨漏掉了稻，這是因為稱呼五穀的一些著書的先賢多是西北人。現在天下萬民所吃的糧食之中，稻占了十分之七，小麥、大麥、黍、稷共占十分之三。麻和豆這兩類的功用現已完全列入蔬菜、糕餅、油脂等食品中，之所以還將它們歸入五穀之中，只不過是沿用了古代的說法罷了。

稻

【原文】

凡稻種最多。不黏者禾曰粳[①]，米曰粳；黏者，禾曰稌，米曰糯（南方無黏黍，酒皆糯米所為）。質本粳而晚收帶黏（俗名「婺源光」之類），不可為酒，只可為粥者，又一種性也。凡稻穀形有長芒、短芒（江南名長芒者曰「瀏陽早」，短芒者曰「吉安早」）、長粒、尖粒、圓頂、扁面不一。其中米色有雪白、牙黃、大赤、半紫、雜黑不一。

濕種之期，最早者春分以前，名為社種[②]（遇天寒有凍死不生者），最遲者後於清明。凡播種，先以稻、麥稿[③]包浸數日，俟其生芽，撒於田中。生出寸許，其名曰秧。秧生三十日即拔起分栽。若田畝逢旱乾、水溢，不可插秧。秧過期，老而長節，即栽於畝中，生穀數粒，結果而已。凡秧田一畝所生秧，供移栽二十五畝。

凡秧既分栽後，早者七十日即收穫（粳有「救公饑」「喉下急」，糯有「金包銀」之類，方語百千，不可殫述），最遲者歷夏及冬二百日方收穫。其冬季播種、仲夏即收者，則廣南之稻，地無霜雪故也。

凡稻旬日失水，即愁旱乾。夏種冬收之穀，必山間源水不絕之畝。其穀種亦耐久，其土脈亦寒，不催苗也。湖濱之田，待夏潦已過，六月方栽者，其秧立夏播種，撒藏高畝之上，以待時也。

南方平原，田多一歲兩栽兩獲者。其再栽秧，俗名晚糯，非粳類也。六月刈④初禾，耕治老膏田⑤，插再生秧。其秧清明時已偕早秧撒布。早秧一日無水即死，此秧歷四五兩月，任從烈日暵⑥乾無憂。此一異也。

凡再植稻遇秋多晴，則汲灌與稻相終始。農家勤苦，為春酒之需也。凡稻旬日失水則死期至，幻出旱稻一種，粳而不粘者，即高山可插，又一異也。香稻一種，取其芳氣以供貴人，收實甚少，滋益全無，不足尚也。

【注釋】

①粳：粳稻。

②社種：社日浸種。古時以立春（農曆正月初）、立秋（七月初）之後的第五個戊日為春社、秋社。此處指春社，時在春分之前。

③稿：秸稈。

④刈（音易）：收割。

⑤老膏田：原來的肥沃之田。此指稻茬田。

⑥暵（音旱）：曝曬。

【譯文】

稻的品種最多。不黏的稻叫粳稻，米叫粳米；黏的稻叫稌稻，米叫糯米（南方沒有黏黃米，酒都是用糯米釀造的）。本來屬於粳稻的一種但晚熟而帶黏性的米（俗名叫「婺源光」一類），不能用來釀酒，只能用來煮粥，這又是一個稻種。稻穀外形有長芒、短芒（江南稱長芒稻為「瀏陽早」，稱短芒稻為「吉安早」）、長粒、尖粒、圓頂、扁粒等多種。其中稻米的顏色有雪白、淡黃、大紅、淡紫和雜黑等多種。

浸稻種的日期，最早在春分以前，叫作社種（這時遇到天寒，有被凍死而不生長的），最晚在清明以後。播種時，先用稻草或麥稈包好種子，放在水裡浸泡幾天，等發芽後再撒播到田裡。苗長到一寸多高，就叫作秧。稻秧長到三十天後，即可拔起分栽。如果稻田遇到乾旱或者水澇，都不能插秧。育秧期已過而仍不插秧，秧就會變老而拔節，這時即使再插到田裡，也不過長幾粒穀，不會再結更多穀實了。通常一畝秧田所培育的秧苗，可供移栽二十五畝稻田。

稻秧分栽後，早熟的品種大約七十天就能收割（粳稻有「救公饑」「喉下急」，糯稻有「金包銀」等品種。各地的品種叫法多樣，難以盡述），最晚熟的品種要經歷整個夏天直到冬天共二百多天才能收割。至於冬季播種，仲夏就能收穫的，那是廣東南部的稻，因為那裡終年沒有霜雪。

如果稻田缺水十天，就有乾旱之憂。夏種冬收的稻，必須種在有山間水源不斷的田裡，這種稻生長期較長，土溫也低，不能催苗速長。靠近湖邊的田地，要等到夏季洪水過後，大約六月份才能插秧。育這種秧的稻種要在立夏時節播種在地勢較高的秧田裡，以待農時。

南方平原地區，多是一年兩栽兩熟的。第二次插的秧俗名叫晚糯，不是粳稻之類。六月割完早稻，翻耕稻茬田，再插晚稻秧。晚稻秧在清明就已和早稻秧同時播種。早稻秧一天缺水就會死，而晚稻秧經過四、五兩月，任憑曝曬和乾旱都不怕，這是件奇怪的事。

種晚稻遇到秋季多晴天時，就要經常不斷地灌水。農家如此勤苦，是為了釀造春酒的需要。稻缺水十天就會死掉，於是育出一種旱稻，屬於粳稻但不黏，即使在高山上也可插秧，這又是件奇怪的事。還有一種香稻，由於它有香氣，通常專供富貴人家享用。但它產量很低，也沒有什麼滋補，不值得提倡。

稻宜[1]

【原文】

凡稻，土脈焦枯則穗、實蕭索。勤農糞田，多方以助之。人畜穢遺，榨油枯餅（枯者，以去膏而得名也。胡麻、萊菔子為上[2]，芸苔[3]次之，大眼桐[4]又次之，樟、柏、棉花[5]又次之），**草皮木葉，以佐生機，普天之所同也**（南方磨綠豆粉者，取溲漿[6]灌田肥甚。豆賤之時，撒黃豆於田，一粒爛土方三寸，得穀之息倍焉）。**土性帶冷漿者，宜骨灰蘸秧根**（凡禽獸骨），**石灰淹苗足，向陽暖土不宜也。土脈堅緊者，宜耕壟，疊塊壓薪而燒之，埴墳[7]、鬆土不宜也。**

【注釋】

①稻宜：種稻的土宜，指土壤改良。

②胡麻：即芝麻，又作脂麻，因據說是漢代張騫從西域引進，故稱胡麻。萊菔子：別稱蘿蔔籽、菜頭籽，十字花科植物蘿蔔的成熟種子。

③芸苔：即油菜。

④大眼桐：臭椿、樗的別稱。

⑤樟：此指樟樹籽餅。柏：此指柏樹籽餅。棉花：此指棉花籽餅。

⑥溲漿：發酵的液體。

⑦埴墳：黏土。《尚書·禹貢》：「厥土赤埴墳。」孔傳：「土黏曰埴。」

【譯文】

凡是稻子，如果種在貧瘠的稻田裡，生長出的稻穗、稻粒就會稀疏不飽滿。勤勞的農民便多施肥，想盡各種方法助苗成長。人畜的糞便、榨油的枯餅（因其中油已榨去，故稱。其中芝麻籽、蘿蔔籽榨油後的枯餅最好，油菜籽餅次之，大眼桐枯餅又次之，樟樹籽餅、烏柏籽餅、棉花籽餅又次之），還有草皮、樹葉，這些都能提高土壤肥力，促進水稻生長，普天之下都是這樣做的（南方磨綠豆粉時，用洩漿灌田，肥效相當不錯。在豆子便宜時，將黃豆撒在稻田裡，一粒黃豆腐爛後可肥稻田三寸見方，所得的收益是所耗黃豆成本的兩倍）。長年受冷水浸泡的稻田，宜用骨灰點蘸秧根（任意禽、獸骨灰都可以），或以石灰將秧根埋上，但向陽的暖土田便無須如此了。土質堅硬的田，要耕成壟，將硬土塊疊起堆放在柴草上燒碎，但黏土和土質疏鬆的稻田便無須如此。

稻　工

【原文】

凡稻田刈獲不再種者，土宜本秋耕墾，使宿稿[①]化爛，敵糞力一倍。或秋旱無水及怠農春耕，則收穫損薄也。凡糞田若撒枯澆澤，恐霖雨至，過水來，肥質隨漂而去。謹視天時，在老農心計也。凡一耕之後，勤者再耕、三耕，然後施耙[②]，則土質匀碎，而其中膏脈[③]釋化也。

凡牛力窮者，兩人以杠懸耜[④]，項背相望而起土，兩人竟日僅敵一牛之力。若耕後牛窮，製成磨耙，兩人肩手磨軋，則一日敵三牛之力也。凡牛，中國惟水、黃兩種，水牛力倍於黃。但畜水牛者，冬與土室禦寒，夏與池塘浴水，畜養心計亦倍於黃牛也。凡牛春前力耕汗出，切忌雨點，將雨，則疾驅入室。候過穀雨，則任從風雨不懼也。

吳郡力田者，以鋤代耜，不借牛力。愚見貧農之家，會計牛值與水草之資、竊盜死病之變，不若人力亦便。假如有牛者，供辦十畝，無牛用鋤，而勤者半之。既已無牛，則秋獲之後，田中無復芻[⑤]牧之患，而菽、麥、麻、蔬諸種，紛紛可種。以再獲償半荒之畝，似亦相當也。

凡稻分秧之後數日，舊葉萎黃而更生新葉。青葉既長，則耔（俗名撻禾）[⑥]可施焉。植杖於手，以足扶泥壅根，並屈[7]宿田水草，使不生也。凡宿田茵[8]草之類，遇耔而屈折。而稊、稗與荼、蓼[9]，非足力所可除者，則耘[10]以繼之。耘者苦在腰手，辨在兩眸。非類既去，而嘉谷茂焉。從此洩以防潦，溉以防旱，旬月而「奄觀銍刈[11]」矣。

【注釋】

①宿稿：舊稻茬。稿：穀類植物的莖稈。

②耙：把土塊弄碎的農具。

③膏脈：肥沃的土壤。此指土中肥質。

④耜：翻土農具。此指犁鏵。

⑤芻：餵牲畜的草。

⑥耔（音子）：即壅根，在植物根上培土。

⑦屈：通「曲」，此指使水草彎曲。

耕

⑧ 菵（音罔）：禾本科菵草屬，亦稱水稗子。

⑨ 稊（音提）：形似稗草的雜草。稗：禾本科稗草，稻田中的主要雜草，與穀形似。荼：菊科苦菜。蓼：蓼科田間雜草。

⑩ 耘：用手除草。

⑪ 奄觀銍刈：語出《詩經・周頌・臣工》，意謂周王要去視察開鐮收割。銍：古代收割用的一種短鐮刀。

【譯文】

凡是收割後不再種植的稻田，應該在當年秋季翻耕、開墾，使舊稻茬腐爛在稻田裡，這樣所取得的肥效將是糞肥的一倍。如果秋天乾旱無水，或是懶散的農家誤了農時，到來年春天才翻耕，最終的收穫就會減少。如果撒枯餅或澆糞水在田裡施肥，就怕碰上連綿大雨，雨水一衝，肥質就會隨水漂走。因此密切注意掌握天氣變化，就要靠老農的智慧了。稻田耕過一遍之後，有些勤快的農民還要耕上第二遍、第三遍，然後再耙地碎土，使土質匀碎，而其中的肥分自會均匀散開。

耙

有的農戶家中沒有耕牛，就兩個人以木杠懸著犁鏵，一前一後拉犁翻耕，兩個人辛苦幹一整天，才能抵得上一頭牛的勞動效率。如果犁耕後無牛可驅使，就做個磨耙，兩人用肩和手拉著耙碎土，這樣辛苦幹一整天相當於三頭牛的勞動效率。我國中原地區只有水牛、黃牛兩種，其中水牛力氣要比黃牛大一倍。但是蓄養水牛，冬季需要有土屋來禦寒，夏天還要放到池塘中浴水，蓄養水牛所花費的心力，要比黃牛多一倍。牛在春分之前用力耕地會出汗，切忌讓牛淋雨，將要下雨時就趕緊將牛趕進室內。等到過了穀雨之後，任

耔

耘

憑風吹雨淋也不怕了。

蘇州一帶耕田的農民，用鐵鋤代替犁，因此不用耕牛。依我愚見，貧苦的農戶，如果合計一下購買耕牛的本錢和水草飼料的費用，以及牛被盜、生病、死亡等意外損失，還不如用人力划算些。假如有牛的農戶能耕種十畝田，沒有牛而用鐵鋤辛勤耕作的農戶也能耕種五畝田。既然無牛，那麼秋收之後，也就無需考慮在田裡種飼草、放牧這些麻煩事，而豆、麥、麻、蔬菜等作物盡可種植。這樣，用第二次的收穫來補償少耕種五畝地的損失，似乎也與有牛的人家得失相當。

水稻插秧後數日，舊葉便枯黃而長出新葉來。新葉長出後，就可以耔田了（即撻禾）。方法即手裡把著木棍，用腳把泥培在稻禾根上，並且把原來田裡的小雜草踩彎，使它不能生長。稻田裡的水稗子草之類的雜草，可以在耔田時用腳踩折。但稊草、稗草與苦菜、水蓼等雜草卻不是用腳力就能除掉的，必須緊接著用手來耘。耘田的人腰和手會比較辛苦，而分辨稻禾和稗草則要靠雙眼。雜草除盡，禾苗就會長得很茂盛。此後，還要排水防澇，灌溉防旱，個把月後，就要準備開鐮收割了。

稻災

【原文】

凡早稻種，秋初收藏，當午曬時烈日火氣在內，入倉廩中關閉太急，則其穀粘帶暑氣。明年，田有糞肥，土脈發燒，東南風助暖，則盡發炎火，大壞苗穗，此一災也。若種穀晚涼入廩，或冬至數九天收貯雪水、冰水一甕，清明濕種時，每石以數碗激灑，立解暑氣，則任從東南風暖，而此苗清秀異常矣（祟[1]在種內，反怨鬼神）。

凡稻撒種時，或水浮數寸，其穀未即沉下，驟發狂風，堆積一隅，此二災也。謹視風定而後撒，則沉匀成秧矣。凡穀種生秧之後，防雀鳥聚食，此三災也。立標飄揚鷹俑，則雀可驅矣。凡秧沉腳未定，陰雨連綿，則損折過半，此四災也。邀天[2]晴霽三日，則粒粒皆生矣。凡苗既函之後，畝土肥澤連發，南風燻熱，函[3]內生蟲（形似蠶繭），此五災也。邀天遇西風雨一陣，則蟲化而穀生矣。

凡苗吐穡[4]後，暮夜「鬼火[5]」遊燒，此六災也。此火乃朽木腹中放出。凡木母火子[6]，子藏母腹，母身未壞，子性千秋不滅。每逢多雨之年，孤野墳墓多被狐狸穿塌，其中棺板為水浸，朽爛之極，所謂母質壞也，火子無附，脫母飛揚。然陰火不見陽光，直待日沒黃昏，此火沖隙而出，其力不能上騰，飄遊不定，數尺而止。凡禾穡、葉遇之立刻焦炎。逐火之人見他處樹根放光，以為鬼也，奮梃擊之，反有「鬼變枯柴」之說。不知向來鬼火見燈光而已化矣（凡火未經人間傳燈者[7]，總屬陰火，故見燈即滅）。

凡苗自函活以至穎栗[8]，早者食水三斗，晚者食水五斗，失水即枯（將刈之時少水一升，穀數雖存，米粒縮小，入碾、臼中亦多斷碎），此七災也。汲灌之智，人巧已無餘矣。凡稻成熟之時，遇狂風吹粒殞落；或陰雨競旬，穀粒沾濕自爛，此八災也。然風災不越三十里，陰雨災不越三百里，偏方厄難亦不廣被[9]。風落不可為。若貧困之家，苦於無霽，將濕穀盛於鍋內，燃薪其下，炸去糠膜，收炒糗[10]以充飢，亦補助造化之一端矣。

【注釋】

①祟（音歲）：迷信說法指鬼怪給人帶來的災禍。指形成災害的根源。

②邀天：期盼上天。

③函：此指剛生出尚未展開的新葉。

④吐穡（音瑟）：抽穗。

⑤鬼火：實為磷火，是棺木內屍體分解的磷質與空氣接觸後所產生的微弱綠光。

⑥木母火子：宋應星按古代五行相生之說，以為火生於木，故木為母，火為子。

⑦未經人間傳燈者：古時日常用火，多靠保存火種，日日相傳，或從別人家借火。

⑧穎栗：生成稻穗並形成稻粒。

⑨偏方：一方，局部區域。廣被：遍及。

⑩炒糗：作為乾糧的炒米。

【譯文】

早稻種子在初秋時收藏，如果正午在烈日下曝曬，稻種內含有火氣，收入倉庫又急忙關閉，稻種就會粘帶著暑氣（勤快的農家反會偏受此害）。次年播種，田裡的糞肥發酵使土壤溫度升高，再加上東南風帶來的暖熱氣息，整片稻禾就會如同受到火燒，這會給苗穗造成很大的損害，這是稻子的第一種災害。如果稻種在晚上涼了以後再入倉，或在冬至後的數九寒天時節收藏一缸雪水、冰水（立春之後就無效了），到來年清明浸種的時候，每石稻種激灑幾碗，暑氣就能夠立刻消除，播種後任憑東南暖風再吹，禾苗也長得清秀異常（這種災害的症結在稻種內部，無知的人卻埋怨是鬼神作怪）。

播撒稻種時，如果田裡水深數寸，稻種沒有來得及沉下，突然颳起狂風，把稻種吹走並堆積在一個角落，這是第二種災害。注意風勢，待風定後再撒種，這樣稻種就能均勻下沉並育成秧苗。稻種長出秧苗之後，就怕雀鳥飛來啄食，這是第三種災害。在田裡豎立一根桿子，上面懸掛些假鷹隨風飄揚，就可驅趕雀鳥了。移栽的稻秧還沒有完全紮根的時候，遇上陰雨連綿的天氣，就會損壞過半，這是第四種災害。要是遇到天晴三日，秧苗就能全部成活了。秧苗返青長出新葉之後，土裡肥力不斷散發，加上南風帶來的熱氣一熏，稻葉上就會生蟲（形似蠶繭），這是第五種災害。這時盼望老天來一場西風陣雨，害蟲就會死亡，稻穀就能正常生長了。

禾稻抽穗後，夜晚「鬼火」四處飄遊燒焦禾稻，這是第六種災害。「鬼火」是從腐爛的木頭中散放出來的。木與火如同母與子，火藏於木中，木未壞而火便在其中永不消失。每逢多雨的年份，荒野中的墳墓多被狐狸挖穿而塌陷，其中棺板被浸透而腐爛，這就是所謂母體壞了，火子失去依附，於是離開母體而四處飛揚。但陰火是見不得陽光的，直到黃昏太陽落山以後，這種鬼火才從墳墓的縫隙裡衝出，又無力上升，於是在數尺範圍內飄遊不定。禾葉和稻穗一旦遇到此火便立刻被燒焦。驅逐「鬼火」的人，一看見別處樹根放光，以為是鬼，便舉起棍棒用力去打，反而有「鬼變枯柴」之說。但不知歷來的鬼火見燈光即滅。

秧苗自返青生葉到抽穗結實，早稻每蔸需水量三斗，晚稻每蔸需水量五斗，沒有水就會枯死（快要收割時，缺水一升，穀粒數量雖一樣多，但米粒會變小，加工碾米時，也會破碎），這是第七種災害。在引水灌溉方面，人們的聰明才智已經得到充分的發揮。稻子成熟的時候，如果遇到刮狂風，稻粒就會被吹落；如果遇上連續十來天的陰雨天氣，穀粒就會沾濕腐爛，這是第八種災害。但是風災的範圍一般不超過方圓三十里，陰雨成災的範圍一般也不會超過方圓三百里，這都只是局部地區的災害，不會擴及廣泛地區。穀粒被風吹落是沒有辦法的。如果貧苦的農家苦於陰雨，可將濕稻穀放入鍋裡，鍋下點火，爆去糠殼，做炒米飯來充飢，這也是補救自然災害的一個辦法。

水利

【原文】

凡稻防旱借水，獨甚五穀。厥土沙、泥、磽[①]、膩，隨方不一。有三日即乾者，有半月後乾者。天澤不降，則人力挽水以濟。凡河濱有製筒車者，堰陂障流，繞於車下，激輪使轉，挽水入筒，一一傾於梘[②]內，流入畝中。晝夜不息，百畝無憂（不用水時，栓木礙止，使輪不轉動）。其湖池不流水，或以牛力轉盤，或聚數人踏轉。車身長者二丈，短者半之。其內用龍骨拴串板，關水逆流而上。大抵一人竟日之力，灌田五畝，而牛則倍之。

其淺池、小澮[③]不載長車者，則數尺之車，一人兩手疾轉，竟日之功可灌二畝而已。揚郡[④]以風帆數扇，俟風轉車，風息則止。此車為救潦，欲去澤水以便栽種。蓋去水非取水也，不適濟旱。用桔槔、轆轤[⑤]，功勞又甚細已。

【注釋】

①磽（音敲）：指土地不肥沃。
②梘（音見）：水槽。
③澮（音快）：田間的水溝。
④揚郡：今江蘇揚州地區。
⑤桔槔（音結高）、轆轤（音鹿盧）：皆為汲水工具。

【譯文】

五穀之中，水稻最需要防旱。稻田的土質有沙土、泥土、瘦土、肥土的差別，各地情況都不一樣。有的稻田不灌水三天就乾涸，也有半個月以後才乾涸的。如果天不降雨，就要靠人力引水澆灌來補救。靠近河邊的農家有製造筒車的，先築壩攔水，讓水流繞過筒車的下部，衝激筒車的水輪旋轉，再將水引入筒內，各個筒內的水分別倒進引水槽，再流

牛車

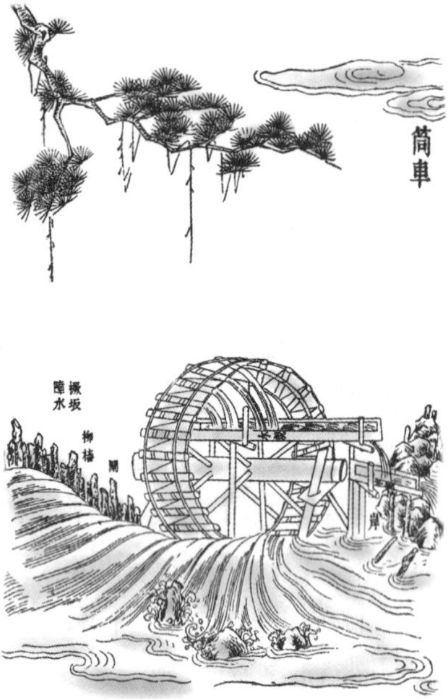

筒車

進田裡。這樣晝夜不停地引水，澆灌百畝稻田不成問題（不用水時，用木栓卡住水輪，水輪就不會轉動了）。在水不流動的湖邊、池塘邊，農家用牛力牽動轉盤，轉盤再帶動水車引水。也可以由數人踩踏來轉動水車。水車車身長的達兩丈，短的也有一丈，水車內用龍骨拴一串串木板，帶水逆行向上，再流入田裡。一人用水車工作一整天，大概能灌田五畝，用牛力的話效率可提高一倍。

淺水池和小水溝安放不下長水車，則用數尺長的拔車，一個人用兩手握住搖柄迅速轉動，一整日僅能灌溉兩畝。揚州一帶使用數扇風帆，以風力帶動水車，颳風時水車旋轉，風停止則水車停息。這種車專供排澇時使用，旨在排除積水以便於栽種。因為它是用來排澇而不是用於取水灌溉的，所以並不適用於抗旱。至於用桔槔和轆轤取水，那工效就更低了。

牛車

拔車

轆轤

桔槔

麥

【原文】

凡麥有數種：小麥曰來，麥之長也；大麥曰牟、曰穬；雜麥曰雀、曰蕎，皆以播種同時、花形相似、粉食同功而得麥名也。四海之內，燕、秦、晉、豫、齊、魯諸道，烝民[①]粒食，小麥居半，而黍、稷、稻、粱僅居半。西極川、雲，東至閩、浙、吳、楚腹焉，方圓六千里中種小麥者，二十分而一。磨麵以為捻頭、環餌、饅首、湯料之需[②]，而饔飧[③]不及焉。種餘麥者五十分而一，閭閻作苦[④]以充朝膳，而貴介[⑤]不與焉。

穬麥獨產陝西，一名青稞，即大麥，隨土而變。而皮成青黑色者，秦人專以飼馬，饑荒，人乃食之（大麥亦有黏者，河洛用以釀酒）。雀麥細穗，穗中又分十數細子，間亦野生。蕎麥實非麥類[⑥]，然以其為粉療飢，傳名為麥，則麥之而已。

凡北方小麥，歷四時之氣，自秋播種，明年初夏方收。南方者種與收期時日差短。江南麥花夜發，江北麥花晝發，亦一異也。大麥種獲期與小麥相同，蕎麥則秋半下種，不兩月而即收。其苗遇霜即殺，邀天降霜遲遲，則有收矣。

【注釋】

①烝民：眾民，百姓。

②捻頭、環餌、饅首、湯料：大致相當於今天的花捲、麵餅、饅頭及湯麵餛飩之類。

③饔飧（音雍孫）：早飯和晚飯，指主食正餐。

④閭閻（音驢炎）作苦：市井百姓中做苦力的人。

⑤貴介：富貴之家。

⑥蕎麥實非麥類：在現代的植物分科中，麥為禾本科，而蕎麥屬蓼科。

【譯文】

麥有很多品種：小麥叫「來」，是麥中最主要的品種；大麥叫「牟」或「穬」；雜麥叫「雀」或「蕎」。這些麥都是同一時間播種，花的形狀相似，又都是磨成麵粉食用的，所以都稱為麥。四海之內，河北、陝西、山西、河南、山東各省居民口糧中，小麥占了一半，而黍子、小米、稻子、高粱等加起來總共只占一半。西至四川、雲南，東到福建、浙江、江蘇及中部的楚地（今湖北、湖南、江西、安徽一帶），方圓六千里之中，種小麥的占二十分之一。將小麥磨成麵粉用來做花捲、糕餅、饅頭和湯麵等食用，但不做正餐。種其他麥類的，只有五十分之一，民間貧苦百姓用作早飯，富貴人家是不吃的。

穬麥只產於陝西一帶，一名青稞，即大麥，隨土質不同而有變種。外皮青黑色的，陝西人專用於餵馬，只有在饑荒的時候人們才吃它（大麥也帶有黏性，黃河、洛水地區的人，也會用來釀酒）。雀麥的麥穗比較細小，每個麥穗又分十幾個小穗，這種麥偶爾也有野生的。至於蕎麥，它實際上並不是麥類，然而因為人們將其磨成麵粉充飢，傳稱為麥，也姑且算是麥類吧。

北方的小麥，經歷秋、冬、春、夏四季的氣候變化，秋天播種，來年初夏才收割。南方的小麥，從播種到收割的時間相對短一些。江南麥子晚間開花，江北麥子白天開花，這也算一件奇事。大麥的播種和收割日期與小麥相同。蕎麥則在中秋時播種，不到兩個月就可以收割了。蕎麥苗遇霜就會凍死，所以希望能得天時，只要霜降得晚些，蕎麥就能豐收了。

麥　工

【原文】

凡麥與稻，初耕、墾土則同，播種以後則耘、耔諸勤苦皆屬稻，麥惟施耨[①]而已。凡北方厥土墳壚易解釋者[②]，種麥之法耕具差異，耕即兼種。其服牛起土者，耒不用耜[③]，並列兩鐵於橫木之上，其具方語曰耩[4]。耩中間盛一小斗，貯麥種於內，其斗底空梅花眼。牛行搖動，種子即從眼中撒下。欲密而多，則鞭牛疾走，子撒必多；欲稀而少，則緩其牛，撒種即少。既播種後，用驢駕兩小石團壓土埋麥。凡麥種緊壓方生。南方地不同北者，多耕多耙之後，然後以灰拌種，手指拈而種之。種過之後，隨以腳根壓土使緊，以代北方驢石也。

播種之後，勤議耨鋤。凡耨草用闊面大鎛[5]。麥苗生後，耨不厭勤（有三過、四過者）。餘草生機盡誅鋤下，則竟畝精華盡聚嘉實矣。功勤易耨，南與北同也。凡糞麥田，既種以後，糞無可施，為計在先也。陝洛之間憂蟲蝕者，或以砒霜[6]拌種子，南方所用惟炊燼[7]也（俗名地灰）。南方稻田有種肥田麥者，不糞麥實。當春小麥、大麥青青之時，耕殺田中，蒸罨土性，秋收稻穀必加倍也。

凡麥收空隙，可再種他物。自初夏至季秋，時日亦半載，擇土宜而為之，惟人所取也。南方大麥有既刈之後乃種遲生粳稻者。勤農作苦，明賜無不及也。凡蕎麥，南方必刈稻，北方必刈菽、稷而後種。其性稍吸肥腴，能使土瘦。然計其獲入，業償半穀有餘，勤農之家何妨再糞也。

【注釋】

①耨（音諾）：古代鋤草工具。

②厥：其。墳壚：本指高起的黑色硬土。此指鬆土。

③耜：一作「耕」，指犁頭。

④耩（音蔣）：北方播種兼翻土的農具，又叫耬。單耕叫耩地，兼播則叫搖耬。

⑤鎛鎛（音泊）：古代鋤草工具。

⑥砒霜：劇烈的殺蟲鼠或除草的藥劑。

⑦炊燼：即灶中草木灰。

北耕兼種

北蓋種

【譯文】

在耕地、翻土上，麥田與稻田的工序相同，但播種以後，稻田要勤於拔草、壅根，麥田則只要鋤草就可以了。北方土質疏鬆，易於分解，種麥的方法和所用耕具與種稻有所不同，耕和種是同時進行的。驅牛翻土，不裝犁頭，而是用橫木插上兩個並排的尖鐵，當地人稱為耩。耩中間裝個小斗，斗內盛麥種，斗底鑽些梅花眼。牛走時搖動斗，種子就從眼中撒下。如想要種得又密又多，就趕牛快走，種子就撒得多；如要稀些少些，就趕牛慢走，撒種就少。播種後，用驢拖兩個小石磙壓土埋麥種。麥種必須壓緊方能成活。南方土質與北方不同，麥田必須經過多次耕耙，再用草木灰拌種，用手指拈著種子點播。播種後，隨即用腳跟把土踩緊，代替北方用驢拉石磙子壓土。

播種後要勤於鋤草。鋤草要用寬面大鋤。麥苗生出來後，鋤得越勤越好（有鋤三次、四次的）。雜草鋤盡，田裡的全部肥分就都用來結成飽滿的麥粒了。工夫勤，草就容易除淨，這點南方和北方是一樣的。麥田在播種後就不必施肥了，應當在播種前預先施足基肥。陝西洛水地區

南種牟麥

耨

怕害蟲蛀蝕麥種，有用砒霜拌種的，南方則只用草木灰（俗稱地灰）拌種。南方稻田有種麥子來肥田的，並不指望收穫麥粒，而是當春天小麥、大麥長得青綠時，將其耕翻壓死在田裡，當作綠肥來改良土壤，秋收時稻穀的產量必定能倍增。

麥收後的空隙，可以再種其他作物。從初夏到秋末，有近半年時間，完全可以因地制宜地選種其他作物，這都由人決定。南方有在大麥收割後再種晚熟粳稻的。農民的辛勤勞動，總會得到酬報。至於蕎麥，南方在收割完稻後，北方在收割完豆、稷之後才播種，因為蕎麥的特性是吸收肥料較多，會使土壤變貧瘠。然而要是計算一下種蕎麥的收入，已經抵償原來收穫的穀物的一半有餘，勤勞的農家又何妨再施些肥呢！

麥　災

【原文】

凡麥妨患抵稻三分之一。播種以後，雪、霜、晴、潦皆非所計。麥性食水甚少，北土中春再沐雨水一升，則秀華成嘉粒矣。荊、揚以南[①]唯患霉雨。倘成熟之時晴乾旬日，則倉廩皆盈，不可勝食。揚州諺云「寸麥不怕尺水」，謂麥初長時，任水滅頂無傷；「尺麥只怕寸水」，謂成熟時寸水軟根，倒莖沾泥，則麥粒盡爛於地面也。

江南有雀一種，有肉無骨[②]，飛食麥田數盈千萬，然不廣及，罹害者數十里而止。江北蝗生，則大祲[③]之歲也。

【注釋】

①荊、揚以南：泛指長江流域及以南地區。

②有肉無骨：指雀肥，並非真無骨。

③大祲（音侵）：大災。

【譯文】

麥所受災害只有稻的三分之一。播種以後，雪、霜、旱、澇都不必顧慮。麥的特性是需水很少，北方在仲春時只要有一場能澆透地的大雨，麥子就能開花並結出飽滿的麥粒了。荊州、揚州以南地區，最怕的就是霉雨天氣。如果在麥子成熟期內連晴十來天，就會麥粒滿倉，吃也吃不完了。揚州有諺語說「寸麥不怕尺水」， 這是說麥子生長初期，就算水淹滅頂也無妨；所謂「尺麥只怕寸水」，這是說麥子成熟期內，一寸深的水就能把一兩尺的麥根泡軟，麥稈倒伏在田裡沾泥，麥粒也就都爛在地裡了。

江南有一種雀，有肉無骨，成千上萬地飛到麥田啄食麥子，但為害範圍不廣，受害地區不過方圓幾十里。可是江北地區一旦出現蝗蟲，便是大災之年了。

黍、稷、粱、粟

【原文】

凡糧食，米而不粉者種類甚多。相去數百里，則色、味、形、質隨方而變，大同小異，千百其名。北人唯以「大米」呼粳稻，其餘概以「小米」名之。凡黍與稷同類，粱與粟同類[1]。黍有黏有不黏（黏者為酒），稷有粳無黏。凡黏黍、黏粟統名曰秫，非二種外更有秫也。黍色赤、白、黃、黑皆有，而或專以黑色為稷，未是。至以稷米為先他穀熟，堪供祭祀，則當以早熟者為稷，則近之矣。

凡黍在《詩》《書》，有虋、芑、秬、秠等名[2]，在今方語有牛毛、燕頷、馬革、驢皮、稻尾等名。種以三月為上時，五月熟；四月為中時，七月熟；五月為下時，八月熟。揚花結穗總與來、牟不相見也。凡黍粒大小，總視土地肥磽、時令害育。宋儒拘定以某方黍定律[3]，未是也。

凡粟與粱統名黃米。黏粟可為酒。而蘆粟[4]一種，名曰高粱者，以其身長七尺如蘆、荻也[5]。粱、粟種類名號之多，視黍稷猶甚，其命名或因姓氏、山水，或以形似、時令，總之不可枚舉。山東人唯以穀子呼之，並不知粱粟之名也。

以上四米皆春種秋獲，耕耨之法與來、牟同，而種收之候則相懸絕云。

【注釋】

①黍與稷同類，粱與粟同類：黍又稱黍子、糜子，禾本科黍屬，黏者曰黍，脫殼後叫黃米或黃黏米，可釀酒。同種的另一變種為不黏者，稱為穄（音祭），古時也稱稷（音祭）。粱即穀子，北方叫小米，沒有黏性，是粟的一種，禾本科狗尾草屬。但古時另一種說法將稷粟列為

同種，是現在的穀子或小米，而黍為穈子或黃黏米，與其同種而不黏者叫穄。

②虋（音門）：《爾雅·釋草》：「虋，赤苗也。」郭璞註：「今之赤粱粟。」《爾雅》又稱：「芑（音起），白苗也。」郭璞註：「今之白粱粟。」又《詩經·大雅·生民》：「維秬維秠。」據孔穎達疏，秬（音巨）、秠（音匹）是黑粟中的兩種。

③宋儒拘定以某方黍定律：《宋史·律曆志》載宋仁宗時定百黍排列之長為一尺，不久因黍粒參差不齊而作罷。又以粒黍之重為一兩，以山西上黨黍粒為準。

④蘆粟：又稱蜀黍，即禾本科高粱。

⑤蘆：禾本科的蘆葦。荻：禾本科的荻草。

【譯文】

糧食作物之中，碾成粒而不磨成粉的，有很多種類。相距僅幾百里，這些糧食的顏色、味道、形狀和品質便因地而變，雖然大同小異，但名稱卻成百上千。北方人只將粳稻稱作大米，其餘的都稱作小米。黍與稷同屬一類，粱與粟又屬同一類。黍也有黏的（黏的可以釀酒），也有不黏的。稷只有不黏的，沒有黏的。黏黍、黏粟統稱為秫（音叔），而不是說除了這兩種還另有叫秫的作物。黍有紅、白、黃、黑等顏色，有人專把黑黍稱為稷，這是不正確的。至於說因為稷米比其他穀類早熟，可供作祭祀，因此把早熟的黍稱作稷，這個說法還差不多。

在《詩經》《尚書》的記載中，黍有虋、芑、秬、秠等名稱，現在的方言中也有牛毛、燕頷、馬革、驢皮、稻尾等名稱。黍最早的在三月播種，五月成熟；其次是在四月播種，七月成熟；最晚的在五月播種，八月成熟。其開花和結穗的時間總與大麥、小麥不同。黍粒的大小視土地肥瘦、時令好壞而定。宋朝的儒生刻板地以某一地區的黍粒作為度量衡的標準，這是錯誤的。

粟與粱統稱黃米，其中黏粟可釀酒。另有一種蘆粟，名叫高粱，因為其莖稈高達七尺，很像蘆、荻。粱、粟的種類和名稱比黍、稷還要多，其命名或因姓氏、山川，或根據形狀、時令，不勝枚舉。山東人統稱其為穀子，而不知粱、粟之名。

以上四種糧食都是春種秋收，其耕鋤方法與大麥、小麥相同，但播種和收割的時間，就和麥子相差懸殊了。

麻

【原文】

凡麻可粒可油者，唯火麻、胡麻二種①。胡麻即脂麻，相傳西漢始自大宛②來。古者以麻為五穀之一，若專以火麻當之，義豈有當哉？竊意《詩》《書》五穀之麻，或其種已滅，或即菽、粟之中別種，而漸訛其名號，皆未可知也。

今胡麻味美而功高，即以冠百穀不為過。火麻子粒壓油無多，皮為疏惡布，其值幾何？胡麻數龠③充腸，移時不餒。粔餌、飴餳得粘其粒④，味高而品貴。其為油也，髮得之而澤，腹得之而膏，腥羶得之而芳，毒癘得之而解。農家能廣種，厚實可勝言哉。

種胡麻法，或治畦圃，或壟田畝。土碎、草淨之極，然後以地灰微濕，拌勻麻子而撒種之。早者三月種，遲者不出大暑前。早種者花實亦待中秋乃結。耨草之功唯鋤是視。其色有黑、白、赤三者。其結角⑤長寸許，有四棱者房小而子少，八棱者房大而子多。皆因肥瘠所致，非種性也。收子榨油每石得四十斤餘，其枯用以肥田。若饑荒之年，則留供人食。

【注釋】

①火麻：即大麻，中國原產桑科大麻。胡麻：即芝麻。

②大宛：漢朝時西域小國，即今烏茲別克斯坦的費爾干納。北宋沈括《夢溪筆談》卷二十六載：「胡麻直是今油麻……張騫始自大宛得油麻之種……」但世紀年代，在浙江吳興的錢山漾新石器時代遺址中出

土了芝麻。

③龠（音月）：古代容量單位，二龠為一合，十合為一升。

④粔餌（音巨耳）：米糕。飴餳：指甜食。

⑤角：指芝麻的蒴果，由合生心皮的復雌蕊發育成的果實，子房一室或多室，每室有多粒種子。

【譯文】

麻類中既可當作糧食又可當作油料的，只有大麻和芝麻兩種。芝麻就是脂麻，據說是西漢時期才從中亞的大宛國傳入的。古時把麻列為五穀之一，如果是專指大麻，怎能說是恰當的呢？我私下以為，古代《詩經》《尚書》中所說五穀中的麻，或者已經絕種了，或者就是豆、粟中的別種，名稱逐漸以訛傳訛，亦未可知。

現在的芝麻，味道好，用途大，即使將其列為百穀首位也不過分。大麻籽出油不多，其皮織成粗麻布，能有多大價值？芝麻只要有少量進肚，很久都不會餓。糕餅、糖果上粘點芝麻，味美而品貴 。芝麻榨了油，抹在頭髮上會使頭髮光澤而發亮，吃到肚裡則增加滋養，放在羶腥食物裡會發出香味，塗在毒瘡上能解毒。農家如果能多種些芝麻，那好處是說不盡的。

種芝麻的方法，或在田裡用土埂等分隔成種植小區，或者培土壟。把土塊儘可能地打碎並把雜草除盡，然後將草木灰稍微濕潤一下，與芝麻種子拌勻，撒播在田裡。早種的芝麻在三月下種，晚種的芝麻要在大暑前。早種的芝麻也要到中秋才能開花結實。除草全靠用鋤。芝麻的顏色有黑、白、紅三種。所結的蒴果長約一寸多，呈四棱形的房小而粒少，八棱的房大而粒多，這都是由土地的肥瘠造成的，與品種的特性無關。芝麻收籽榨油，每石可得油四十多斤，其枯餅用來肥田。如遇災荒之年，就留給人吃。

菽

【原文】

凡菽種類之多，與稻、黍相等，播種、收穫之期，四季相承。果腹之功在人日用，蓋與飲食相終始。

一種大豆，有黑、黃兩色，下種不出清明前後。黃者有五月黃、六月爆、冬黃三種。五月黃收粒少，而冬黃必倍之。黑者刻期八月收。淮北長征騾馬必食黑豆，筋力乃強。

凡大豆視土地肥磽、耨草勤怠、雨露足慳，分收入多少。凡為豉、為醬、為腐，皆於大豆中取質焉。江南又有高腳黃，六月刈早稻方再種，九、十月收穫。江西吉郡種法甚妙，其刈稻田竟不耕墾，每禾稿[①]頭中拈豆三四粒，以指扱之，其稿凝露水以滋豆，豆性充發[②]，復浸爛稿根以滋。已生苗之後，遇無雨亢乾，則汲水一升以灌之。一灌之後，再耨之餘，收穫甚多。凡大豆入土未出芽時，防鳩雀害，驅之唯人。

一種綠豆，圓小如珠。綠豆必小暑方種，未及小暑而種，則其苗蔓延數尺，結莢甚稀。若過期至於處暑，則隨時開花結莢，顆粒亦少。豆種亦有二，一曰摘綠，莢先老者先摘，人逐日而取之。一曰拔綠，則至期老足，竟畝拔取也。凡綠豆磨澄曬乾為粉，蕩片搓索，食家珍貴。做粉溲漿灌田甚肥。凡蓄藏綠豆種子，或用地灰、石灰，或用馬蓼[③]，或用黃土拌收，則四五月間不愁空蛀。勤者逢晴頻曬，亦免蛀。

凡已刈稻田，夏秋種綠豆，必長接斧柄，擊碎土塊，發生乃多。凡種綠豆，一日之內遇大雨扳土則不復生。既生之後，防雨水浸，疏溝澮以洩之。凡耕綠豆及大豆田地，耒耜欲淺，不宜深入。蓋豆質根短而苗直，耕土既深，土塊曲壓，則不生者半矣。「深耕」二字不可施之菽類，此先農之所未發者④。

一種豌豆，此豆有黑斑點，形圓同綠豆，而大則過之。其種十月下，來年五月收。凡樹木葉遲⑤者，其下亦可種。

一種蠶豆，其莢似蠶形，豆粒大於大豆。八月下種，來年四月收。西浙桑樹之下遍繁種之。蓋凡物樹葉遮露則不生，此豆與豌豆，樹葉茂時彼已結莢而成實矣。襄、漢上流，此豆甚多而賤，果腹之功不啻黍稷也。

一種小豆，赤小豆入藥有奇功，白小豆（一名飯豆）當餐助嘉穀。夏至下種，九月收穫，種盛江淮之間。

一種稆豆，此豆古者野生田間，今則北土盛種。成粉蕩皮可敵綠豆。燕京負販者，終朝呼稆豆皮，則其產必多矣。

一種白扁豆，乃沿籬蔓生者，一名蛾眉豆。

其他豇豆、虎斑豆、刀豆，與大豆中分青皮、褐色之類，間繁一方者，猶不能盡述。皆充蔬代穀，以粒烝民者，博物者其可忽諸！

【注釋】

①禾稿：指收割後的稻茬。

②充發：為水所泡而充漲。

③馬蓼：蓼科的馬蓼，其子實可入藥。

④先農之所未發者：北魏賈思勰《齊民要術・大豆第六》引西漢人氾勝之的《氾勝之書》已提及「大豆……戴甲而生，不用深耕」。

⑤樹木葉遲：指樹木春天生葉遲，秋冬落葉亦晚。

【譯文】

豆子的種類與稻、黍一樣繁多，播種和收穫的時間，在一年四季中接連不斷。作為日常生活中的食物，豆類的功用與飲食是分不開的。

有一種大豆，分黑色和黃色兩種，播種期都在清明節前後。黃豆有「五月黃」「六月爆」和「冬黃」三種。五月黃產量低，冬黃則要比它多一倍。黑豆要到八月才能收穫。淮北地區長途運載貨物的騾馬，一定要吃黑豆才能筋強力壯。

大豆收穫的多少，視土地的肥瘠、鋤草的勤惰、雨水的多少而定。豆豉、豆醬和豆腐，都以大豆為原料。江南還有一種叫作「高腳黃」的大豆，等到六月割了早稻時才種，九、十月收穫。江西吉安一帶大豆的種法十分巧妙，收割後的稻茬田，竟不再耕墾，在每蔸（某些植物的根以及靠近根的莖）稻茬中用手指捅進三四粒豆種。稻茬所凝聚的露水滋潤著豆種，豆子發芽後，又用浸爛的稻根來滋養。豆子出苗後，遇到乾旱無雨，每蔸需澆灌約一升水。澆水以後，再將雜草除去，收穫必多。大豆播種後沒發芽的時候，要防避鳩雀為害，只有靠人去驅趕。

有一種綠豆，圓小如珠。綠豆必須在小暑時才能播種，不到小暑就種，則其苗秧就會蔓延數尺，結的豆莢非常稀少。如果過了小暑甚至到了處暑時才播種，則會隨時開花結莢，豆粒亦少。綠豆也有兩個品種，一種叫作「摘綠」，其豆莢先老的先摘，人們每天都要摘取。另一種叫作「拔綠」，要等全部熟透後再整塊地拔取。將綠豆磨成粉漿，澄去漿水，曬乾成綠豆粉，再做成粉皮、粉條，都是珍貴的食品。做綠豆粉剩下的溲漿可用來澆灌田地，肥效很高。儲藏綠豆種子，或用草木灰、石灰，或用馬蓼，或用黃土和種子拌收，這樣四、五月間不愁蛀空。勤快的農家遇到晴天經常曬一曬，也可以避免蟲蛀。

夏、秋兩季在收割後的稻田裡種綠豆，必須用長的斧柄將土塊打碎，這樣出苗才多。綠豆播種後，如果在當天遇上大雨，土壤板結，就長不出豆苗了。綠豆出苗以後，要防止雨水浸泡，疏通壟溝排水。種綠豆和大豆的田地，耕地要淺，不宜太深。因為豆類根短苗直，耕土過深的話，豆芽就會被土塊壓彎，起碼會有一半長不出苗來。因此「深耕」並不適用於豆類，這是先農們所不曾提到過的。

有一種豌豆，此豆上有黑斑點，形狀圓圓的如同綠豆，但又比綠豆大。十月播種，來年五月收穫。在落葉晚的樹下也可以種植。

有一種蠶豆，它的豆莢似蠶形，豆粒比大豆要大。八月播種，來年四月收穫。浙江西部地區在桑樹下普遍種植。大凡作物被樹葉遮蓋都長不好，但蠶豆和豌豆在樹葉茂盛時就已經結莢長成豆粒了。襄河、漢水上游產蠶豆多且價格便宜，作為糧食的功用不次於黍、稷。

小豆有赤小豆，入藥有奇效，白小豆（一名飯豆）是摻在米飯裡吃的好東西。小豆夏至時播種，九月收穫，大量種植於長江、淮河之間的地區。

有一種稆（音呂）豆，古時野生在田裡，現在北方已經大量種植。磨成粉做粉皮可抵得上綠豆。北京的小商販整天叫賣「稆豆皮」，可見它的產量一定是很多的。

有一種白扁豆，是沿著籬笆蔓生的，也叫蛾眉豆。

其他如豇豆、虎斑豆、刀豆以及大豆中的青皮、褐皮等品種，僅在某一地區種植，就不能一一詳盡敘述了。這些豆類都可充作蔬菜或代替糧食供百姓食用，博物學者怎麼能忽視它們呢！

粹精①第二

【原文】

宋子曰：天生五穀以育民，美在其中，有「黃裳」之意焉②。稻以糠為甲，麥以麩為衣，粟、粱、黍、稷毛羽隱然。播精③而擇粹，其道寧終秘也？飲食而知味者，食不厭精④。杵臼之利，萬民以濟，蓋取諸《小過》⑤。為此者豈非人貌而天者⑥哉？

【注釋】

①粹精：《周易・乾卦》：「大哉乾乎，剛健中正，純粹精也。」此指穀物加工，使其更加純粹。

②美在其中，有「黃裳」之意焉：《周易・坤卦》：「黃裳元吉，文在中也……美在其中，而暢於四肢。」此處借喻糧食顆粒外有黃衣包裹，而精華則在其中。

③播：通「簸」。播精：指簸取其精而擇其粹。

④食不厭精：《論語・鄉黨》：「食不厭精，膾不厭細。」
⑤小過：《周易・繫辭下》：「杵臼之利，萬民以濟，蓋取諸小過。」《小過》為《周易》第六十二卦，震（雷）上艮（山）下，或上動下靜，而杵臼的工作原理也是杵在上為動，臼在下為靜。
⑥人貌而天者：雖然是人的行為，卻能合於天道。

【譯文】

宋子說：自然界生長五穀養育萬民，而穀粒包藏在黃色穀殼裡，像身披「黃裳」一樣美。稻穀以糠皮為甲殼，麥子以麩皮為外衣，粟、粱、黍、稷都如同隱藏在毛羽之中。通過揚簸和碾磨等工序將穀物去殼、加工成米和麵，這方法難道是一種祕密嗎？講求飲食味道的人們，都希望糧食加工得越精美越好。加工穀物的杵臼，給萬民帶來了巨大的便利，這大概是受到了《小過》的卦象原理影響吧。發明這類技術的人，難道不是人類中的天才嗎？

攻　稻

【原文】

凡稻刈獲之後，離稿取粒。束稿於手而擊取者半，聚稿於場而曳牛滾石以取者半。凡束手而擊者，受擊之物或用木桶，或用石板。收穫之時雨多霽少，田稻交濕不可登場者，以木桶就田擊取。晴霽稻乾，則用石板甚便也。

凡服牛曳石滾壓場中，視人手擊取者力省三倍。但作種之穀，恐磨去殼尖，減削生機，故南方多種之家，場禾多借牛力，而來年作種者則寧向石板擊取也。

凡稻最佳者九穰一秕[①]，倘風雨不時，耘耔失節，則六穰四秕者容有之。凡去秕，南方盡用風車扇去。北方稻少，用揚法，即以揚麥、黍者揚稻，蓋不若風車之便也。

凡稻去殼用礱[2]，去膜用舂、用碾。然水碓主舂，則兼併礱功，燥乾之穀入碾亦省礱也。凡礱有二種，一用木為之，截木尺許（質多用松），斫合成大磨形，兩扇皆鑿縱斜齒，下合植榫穿貫上合，空中受穀。木礱攻米二千餘石，其身乃盡。凡木礱，穀不甚燥者入礱亦不碎，故入貢軍國、漕儲千萬，皆出此中也。一土礱，析竹匡圍成圈，實潔淨黃土於內，上下兩面各嵌竹齒。上合竅[3]空受穀，其量倍於木礱。穀稍滋濕者，入其中即碎斷。土礱攻米二百石，其身乃朽。凡木礱必用健夫，土礱即孱婦弱子可勝其任。庶民饔飧皆出此中也。

凡既礱，則風扇以去糠秕，傾入篩中團轉。穀未剖破者浮出篩面，重複入礱。凡篩大者圍五尺，小者半之。大者其中心偃隆而起，健夫利用；小者弦高二寸，其中平窪[4]，婦子所需也。凡稻米既篩之後，入臼而舂。臼亦兩種。八口以上之家，掘地藏石臼其上。臼量大者容五斗，小者半之。橫木穿插碓頭（碓嘴冶鐵為之，用醋滓合上），足踏其末而舂之。不及則粗，太過則粉，精糧從此出焉。晨炊無多者，斷木為手杵，其臼或木或石以受舂也。既舂以後，皮膜成粉，名曰細糠，以供犬豕之豢。荒歉之歲，人亦可食也。細糠隨風扇播揚分去，則膜塵淨盡而粹精見矣。

凡水碓，山國之人居河濱者之所為也，攻稻之法省人力十倍，人樂為之。引水成功，即筒車灌田同一制度也。設臼多寡不一，值流水少而地窄者，或兩三臼；流水洪而地室寬者，即並列十臼無憂也。

江南信郡水碓之法巧絕。蓋水碓所愁者，埋臼之地卑則洪潦為患，高則承流不及。信郡造法即以一舟為地，橛樁維之[5]。築土舟中，陷臼於其上。中流微堰石梁，而碓已造成，不煩椓木壅坡之力也。又有一舉而三用者，激水轉輪頭，一節轉磨成面，二節運碓成米，三節引水灌於稻田，此心計無遺者之所為也。

凡河濱水碓之國，有老死不見礱者，去糠去膜皆以臼相終始，唯風篩之法則無不同也。凡碨⑥砌石為之，承藉、轉輪皆用石。牛犢、馬駒唯人所使，蓋一牛之力，日可得五人。但入其中者，必極燥之穀，稍潤則碎斷也。

【注釋】

①穰：此指飽滿的穀粒。秕：不飽滿的穀粒。

②礱（音龍）：破殼去穀的碾磨型農具，狀如石磨，由鑲有木齒或竹齒的上下臼、搖臂及支座等組成。下臼固定，上臼旋轉，借臼齒搓擦使稻殼裂脫。

③篘（音抽）：本指竹製濾酒器具。此指漏斗。

④平室：或作「平窪」，此指凹陷。

⑤撅樁維之：在船邊打樁將船圍住，以固定船隻。一說在岸上打下木樁，用繩把船拴牢。

⑥碨（音畏）：據文意和插圖，當作「碾」。

【譯文】

稻子收割之後，要脫稃取粒。脫粒的方法中，手握稻稈以摔打方式脫粒的占一半，把稻子鋪在曬場上，用牛拉石磙進行脫粒的也占一半。手摔脫粒，被摔打之物或用木桶，或用石板。稻子收穫的時候，如果遇上多雨少晴的天氣，稻田和稻穀都很潮濕，則不可到曬場上脫粒，就用木桶在田間就地脫粒。如果遇上晴天稻子很乾，則用石板脫粒更為方便。

用牛拉石磙壓場脫粒，要比手摔脫粒省力三倍。但留作稻種的稻穀，恐怕被磨掉保護穀胚的殼尖而使種子發芽率降低，所以南方種植水稻較多的人家，在場上脫粒多借牛力，而來年做稻種的則寧可在石板上摔打脫粒。

濕田擊稻

場中打稻

趕稻及菽

木礱

土礱

最好的稻穀，每十棵中有九棵是顆粒飽滿的，只有一棵是乾癟的。倘若風雨不調，除草、壅根不及時，則間或有六棵飽滿、四棵乾癟的情況。去掉秕穀的方法，南方都用風車扇去。北方稻少，則用揚場的方法，就是用揚麥和黍的辦法來揚稻，但不如用風車方便。

稻穀去殼用礱，去皮用舂或碾。但是用水碓舂穀，則兼有礱的作用，乾燥的稻穀用碾加工也可以不用礱。礱有兩種，一種是用木頭做的，截木一尺多（多用松木），砍削併合成磨盤形狀，兩扇都鑿出縱向的斜齒，下扇用榫與上扇接合，穀從上扇孔中進入。木礱磨米二千多石就會損壞。用木礱磨米，即便是不太乾燥的稻穀也不會被磨碎，因此上繳的軍糧、官糧，漕運或庫存以千萬石計，都要用木礱加工。另一種是土礱，破開竹子編成一個圓筐，中間用乾淨的黃土填充壓實，上下兩扇各鑲上竹齒。上扇裝竹篾漏斗受穀，其量為木礱的兩倍。稻穀稍濕時，入土礱中就會磨碎。土礱磨米二百石就會損壞。使用木礱的必須是身體強壯的勞動力，而土礱即使是體弱力小的婦女兒童也能勝任。老百姓吃的米都是用土礱加工的。

風車

舂臼

稻穀經礱磨脫殼後，要用風車扇去糠秕，再倒進篩中團團轉動。未破殼的稻穀便會浮出篩面，再倒入礱中進行加工。大的篩子周長五尺，小的篩子周長約為大篩的一半。大篩的中心稍微隆起，供強壯的勞動力使用；小篩的邊高只有二寸，中心稍凹，供婦女兒童使用。稻米篩過以後，放到臼裡舂。臼也有兩種。八口以上的人家，掘地埋石臼。大臼的容量是五斗，小臼的容量約為大臼的一半。另外用橫木插入碓頭（碓嘴用鐵製成，用醋滓黏合），用腳踩踏橫木的末端舂米。舂得不足，米就會粗糙；舂得過分，米就細碎成粉了。精米都是這樣加工出來的。吃糧不多之戶，截木做成手杵，其臼用木製或用石製來舂搗。舂後的稻穀皮都成了粉，叫作細糠，可用來飼養豬狗。災荒歉收之年，人也可以吃。細糠被風車揚去，則稻穀就除盡了皮膜和塵土，便得到精白的米了。

水碓是住在山區靠河邊的人們所使用的，用它來加工稻穀，要比人工省力十倍，因此人們都樂意使用水碓。水碓的引水構件與灌田的筒車的引水構件有同樣的結構。水碓上設臼的數目多少不一，如果流水量小而地方也狹窄，就設置兩至三個臼；如果流水量大而地方又寬敞，那麼

水碓

石碾

即使並排設置十個臼也沒問題。

江南廣信府（今江西上饒地區）造水碓的方法非常巧妙。造水碓的難處在於埋臼的地方難選，地勢太低可能會被洪水淹沒，地勢太高水又流不上去。廣信府造水碓的方法是用一條船作為地，再在船邊打樁將船圍住。船中填土埋臼。如果在河的中游填石築壩，則安裝水碓便無須打樁圍堤了。更有一身而三用的水碓，激水轉動輪軸，水碓第一節帶動水磨磨面，第二節帶動水碓舂米，第三節引水澆灌稻田，這是考慮得非常周密的人所創造的。

使用水碓的河濱地區，有人一輩子也沒有見過礱，稻穀脫殼去糠都始終用石臼。只有使用風車和篩子這方法，各個地方都相同。碾子以石砌成，碾盤、轉輪皆用石。用牛犢或馬駒來拉碾都可以，隨人自便。一牛之力，一日可抵五人。但入碾中的必須是極乾燥的稻穀，稍濕一點，米就會被碾碎。

攻 麥

【原文】

凡小麥其質為麵。蓋精之至者，稻中再舂之米；粹之至者，麥中重羅之麵也。

小麥收穫時，束稿擊取，如去稻法。其去秕法，北土用揚，蓋風扇流傳未遍率土也。凡揚不在宇下，必待風至而後為之。風不至，雨不收，皆不可為也。

凡小麥既揚之後，以水淘洗塵垢淨盡，又復曬乾，然後入磨。凡小麥有紫、黃二種，紫勝於黃。凡佳者每石得麵一百二十斤，劣者損三分之一也。

凡磨大小無定形，大者用肥健[1]力牛曳轉。其牛曳磨時用桐殼掩眸，不然則眩暈。其腹繫桶以盛遺，不然則穢也。次者用驢磨，斤兩稍輕。又次小磨，則止用人推挨者。

凡力牛一日攻麥二石，驢半之。人則強者攻三斗，弱者半之。若水磨之法，其詳已載《攻稻・水碓》中，制度相同，其便利又三倍於牛犢也。

凡牛、馬與水磨，皆懸袋磨上，上寬下窄，貯麥數斗於中，溜入磨眼。人力所挨則不必也。

凡磨石有兩種，麵品由石而分。江南少粹白上麵者，以石懷沙滓，相磨發燒，則其麩並破，故黑顆[2]摻和麵中，無從羅去也。江北石性冷膩，而產於池郡之九華山[3]者美更甚。以此石製磨，石不發燒，其麩壓至扁秕之極不破，則黑疵一毫不入，而麵成至白也。凡江南磨二十日即斷齒，江北者經半載方斷。南磨破麩得麵百斤，北磨只得八十斤，故上麵之值增十之二。然麵筋、小粉皆從彼磨出，則衡數已足，得值更多焉。

凡麥經磨之後，幾番入羅，勤者不厭重複。羅筐之底用絲織羅地[4]絹為之。湖絲[5]所織者，羅麵千石不損，若他方黃絲所為，經百石而已朽也。凡麵既成後，寒天可經三月，春夏不出二十日則郁壞。為食適口，貴及時也。

凡大麥則就舂去膜，炊飯而食，為粉者十無一焉。蕎麥則微加舂杵去衣，然後或舂或磨以成粉而後食之。蓋此類之，視小麥，精粗貴賤大逕庭也。

【注釋】

①健：或作「犍」，指閹割過的公牛。

②黑纇（音類）：瑕疵。此指黑麩皮。

③池郡之九華山：今安徽池州境內的九華山。

④羅地：一種絲織品。

⑤湖絲：浙江湖州府產的絲。

【譯文】

小麥是麵粉原料。稻穀最精華者是舂過多次的精米，小麥最精粹者是反覆羅過的細白麵粉。

收穫小麥的時候，用手握住麥稈摔打脫粒，其方法和稻穀脫粒相同。去掉秕麥的方法，北方多用揚場的辦法，這是因為風車的使用還沒有普及全國。揚麥不能在屋簷下，而且一定要等有風的時候才能進行。風不來，雨不停，都不能揚麥。

小麥揚過後，用水淘洗，將塵垢完全洗乾淨，再曬乾，然後入磨。小麥有紫、黃兩種，紫勝於黃。好麥每石可磨得麵粉一百二十斤，劣麥少得三分之一。

磨的大小沒有固定的形制，大磨要用肥壯有力的牛來拉。牛拉磨時要用桐殼遮眼，否則牛會眩暈。牛腹下繫一隻桶以盛牛的糞便，不然就把地上弄髒了。小磨重量稍輕些，用驢來拉。再小的磨則只用人推。

用牛一日能磨兩石麥子，用驢一日則能磨一石。強壯的人一天能磨麥三斗，體弱的人則能磨一斗半。至於水磨之法，已詳載於《攻稻・水碓》一節中，結構相同，其功效又三倍於牛犢。

牛馬拉的磨與水磨，都要在磨上方懸掛一個上寬下窄的袋子，內裝麥數斗，緩緩自動滑入磨眼，人力推磨時就用不著了。

造磨的石料有兩種，麵粉的品質因石料而異。江南很少有細白上等的麵粉，因磨石石料含沙，相磨發熱，則麥麩破碎，以致黑麩混入麵中，無從羅去。江北石料性涼且細膩，池州府九華山出產的石料更好。以此石製成的磨，磨麵時石頭不會發熱，麥麩雖壓得很扁但不會破碎，所以黑麩皮一點都不會摻混到麵裡，這樣磨成的麵粉極白。江南的磨用二十天即斷齒，而江北的磨要用半年才斷齒。南方的磨因磨破麩皮，每石得面百斤，北方的磨只得八十斤，所以上等麵粉的價錢就要貴十分之二。然而從北方的磨裡出來的麩皮還可以提取麵筋和小粉，則總產量也是足夠了，收益更多。

麥子磨過以後，還要多次入羅，勤勞的人們不厭其煩。羅筐底用絲織羅地絹製作。如果是用湖州絲所製的羅底，那麼羅一千石麵也不會

水磨

麥羅

破，如果用其他黃絲製羅底，則羅過百石即已損壞。麵粉在磨好以後，在寒冷季節裡可以存放三個月，春夏時節則不出二十天就會受潮而變質。為使食物適口，貴在及時食用。

大麥舂後去膜便可燒飯，磨成麵粉食用的不到十分之一。蕎麥微加舂杵去皮，然後或舂或磨做成蕎麥粉食用。這些糧食與小麥相比，精粗貴賤就差得太遠啦！

攻黍、稷、粟、粱、麻、菽

【原文】

凡攻治小米，揚得其實，舂得其精，磨得其粹。風揚、車扇而外，簸法生焉。其法篾織為圓盤，鋪米其中，擠匀揚播。輕者居前，簸棄[1]地下；重者在後，嘉實存焉。凡小米舂、磨、揚、播製器，已詳《稻》《麥》之中。唯小碾一製在《稻》《麥》之外。北方攻小米者，家置石墩，中高邊下，邊沿不開槽。鋪米墩上，婦子兩人相向，接手而碾之。其碾石圓長如牛趕石，而兩頭插木柄。米墮邊時，隨手以小彗掃上。家有此具，杵臼竟懸[2]也。

凡胡麻刈獲，於烈日中曬乾，束為小把，兩手執把相擊。麻粒綻落，承以簟席也。凡麻篩與米篩小者同形，而目密五倍。麻從目中落，葉殘、角屑皆浮篩上而棄之。

凡豆菽刈獲，少者用枷，多而省力者仍鋪場，烈日曬乾，牛曳石趕而壓落之。凡打豆枷，竹木竿為柄，其端鑿圓眼，拴木一條，長三尺許，鋪豆於場，執柄而擊之。凡豆擊之後，用風扇揚去莢葉，篩以繼之，嘉實灑然入廩矣。是故舂、磨不及麻，碨[3]碾不及菽也。

【注釋】

①簸棄：或作「揲棄」。

②懸：懸置而不用也。

③碨：石磨。

【譯文】

加工小米的方法是：揚淨後得到實粒，舂後得到小米，磨後得到小米粉。除風揚、車扇外，還有一種簸法。其方法是用篾條編成圓盤，將米鋪入其中，均勻地揚簸。輕的揚到前面，拋棄到地上；重的留在後面，都是飽滿的米粒。加工小米用的舂、磨、揚、播等工具，已詳載於《攻稻》《攻麥》兩節中。只是小碾在《攻稻》《攻麥》兩節中沒有談到。北方加工小米，在家中安置一個石墩，中間高，四邊低，邊沿不開槽。米鋪在墩上，婦女兩人面對面，相互手持石磙碾壓。碾石是長圓形的，好像牛拉的石磙，兩頭插上木柄。米落到碾的邊沿時，就隨手用小

小碾

打枷

掃帚掃進去。家裡有了這種工具，就用不著杵臼了。

芝麻收割後，在烈日下曬乾，捆成小把，然後雙手各執一把相互拍打。芝麻粒就會脫粒，下面用竹蓆承接。芝麻篩和小的米篩形狀相同，但篩眼比米篩密五倍。芝麻粒從篩眼中落下，再將浮在篩上的殘葉、角屑等雜物拋棄。

豆類收穫後，量少的用打枷脫粒，如果量多，省力的辦法仍然是鋪在曬場上，在烈日下曬乾，用牛拉石磙來脫粒。打豆枷用竹竿或木桿作柄，柄的前端鑽個圓眼，拴上一條長約三尺的木棒。把豆鋪在場上，手執枷柄甩打。豆打落後，用風車揚去莢葉，再過篩，得到的飽滿豆粒就可入倉了。所以說，芝麻用不著舂和磨，豆類用不著磨和碾。

作鹹第三

【原文】

宋子曰：天有五氣，是生五味[①]。潤下作鹹，王訪箕子而首聞其義焉[②]。口之於味也，辛酸甘苦經年絕一無恙。獨食鹽禁戒旬日，則縛雞勝匹[③]，倦怠懨然。豈非天一生水[④]，而此味為生人生氣之源哉？四海之中，五服[⑤]而外，為蔬為穀，皆有寂滅之鄉，而斥鹵[⑥]則巧生以待。孰知其所已然？

【注釋】

①天有五氣，是生五味：按中國古代五行說，東方木，味酸；南方火，味苦；西方金，味辛；北方水，味鹹；中央土，味甘。見《尚書・洪範》及《禮記・月令》。

②潤下作鹹，王訪箕子而首聞其義焉：《尚書・洪範》序云：武王伐殷，既勝，以箕子歸鎬京，訪以天道，箕子為陳天地之大法，敘述其事，作《洪範》。《洪範》起首即說五行，且云：「水曰潤下，火曰炎上，木曰曲直，金曰從革，土曰稼穡。潤下作鹹，炎上作苦，曲直作酸，從革作辛，稼穡作甘。」

③縛雞勝匹：縛一隻雞，比捆四牛馬還吃力。
④天一生水：《漢書・律曆志》：「天以一生水，地以二生火，天以三生木，地以四生金，天以五生土。」
⑤五服：指邊荒之地。
⑥斥鹵：鹽滷。

【譯文】

宋子說：大自然有五行之氣，由此又產生五味。五行中的水濕潤而流動，具有鹽的鹹味，周武王訪問箕子後才率先懂得了這個道理。對於人來說，五味中的辣、酸、甜、苦，經年缺少其中之一，對身體都毫無影響。唯獨鹽，十天不吃，便會手無縛雞之力，疲倦不振，無精打采。這不正好說明大自然產生水，而水中產生的鹹味是人生命力的源泉嗎？四海之內，邊荒以外，到處都有不長蔬菜和穀物的不毛之地，而食鹽卻巧妙地分佈各處，以待人們取用。有誰能知道其中的道理呢？

鹽產

【原文】

凡鹽產最不一，海、池、井、土、崖、砂石，略分六種，而東夷樹葉①，西戎光明②不與焉。赤縣③之內，海鹵居十之八，而其二為井、池、土鹼。或假人力，或由天造。總之，一經舟車窮窘，則造物應付出焉。

【注釋】

①東夷樹葉：東北地區少數民族將泌鹽植物葉上的鹽霜刮取食用。如吉林產怪柳科的西河柳等。
②西戎光明：產於西北，無色透明晶體，可食用。《本草綱目》卷十一稱其多產山石上，有「開盲明目」之效。
③赤縣：華夏、中國。

【譯文】

鹽的出產來源不一，大略可分為海鹽、池鹽、井鹽、土鹽、崖鹽和砂石鹽等六種，而東北少數民族地區出產的樹葉鹽和西北少數民族地區出產的光明鹽還不包括在其中。中國境內，海鹽產量占十分之八，剩下十分之二是井鹽、池鹽和土鹽。這些鹽有的是靠人工提取出來的，有的則是天然生成的。總之，凡是在交通運輸不便、外地食鹽難以運到的地方，大自然都會就地提供鹽產，供人食用。

海水鹽

【原文】

凡海水自具鹹質。海濱地高者名潮墩，下者名草蕩，地皆產鹽。同一海鹵傳神，而取法則異。

一法：高堰地，潮波不沒者，地可種鹽。種戶各有區畫經界，不相侵越。度詰朝無雨①，則今日廣佈稻、麥稿灰及蘆茅②灰寸許於地上，壓使平勻。明晨露氣沖騰，則其下鹽茅③勃發。日中晴霽，灰、鹽一併掃起淋煎。

一法：潮波淺被地，不用灰壓，俟潮一過，明日天晴，半日曬出鹽霜，疾趨掃起煎煉。

一法：逼海潮深地，先掘深坑，橫架竹木，上鋪席葦，又鋪沙於葦席之上。候潮滅頂衝過，鹵氣由沙滲下坑中。撤去沙葦，以燈燭之，鹵氣沖燈即滅，取滷水④煎煉。總之功在晴霽，若淫雨連旬，則謂之鹽荒。又淮場地面，有日曬自然生霜如馬牙者，謂之大曬鹽。不由煎煉，掃起即食。海水順風飄來斷草，勾取煎煉，名蓬鹽。

凡淋煎法，掘坑二個，一淺一深。淺者尺許，以竹木架蘆席於上，將帚來鹽料（不論有灰無灰，淋法皆同），鋪於席上。四圍隆起作一堤壋形，中以海水灌淋，滲下淺坑中。

深者深七八尺，受淺坑所淋之汁，然後入鍋煎煉。

凡煎鹽鍋古謂之「牢盆[5]」，亦有兩種制度。其盆周闊數丈，徑亦丈許。用鐵者以鐵打成葉片，鐵釘拴合，其底平如盂，其四周高尺二寸。其合縫處一經滷汁結塞，永無隙漏。其下列灶燃薪，多者十二三眼，少者七八眼，共煎此盤。南海有編竹為者，將竹編成闊丈深尺，糊以蜃灰[6]，附於釜背。火燃釜底，滾沸延及成鹽。亦名鹽盆，然不若鐵葉鑲成之便也。凡煎鹵未即凝結，將皂角[7]椎碎，和粟米糠二味，鹵沸之時投入其中攪和，鹽即頃刻結成。蓋皂角結鹽，猶石膏之結腐也。

凡鹽淮揚場者，質重而黑，其他質輕而白。以量較之。淮場者一升重十兩，則廣、浙、長蘆[8]者只重六七兩。凡蓬草鹽不可常期，或數年一至，或一月數至。凡鹽見水即化，見風即鹵，見火愈堅。凡收藏不必用倉廩。鹽性畏風不畏濕，地下疊稿三寸，任從卑濕無傷。周遭以土磚泥隙，上蓋茅草尺許，百年如故也。

【注釋】

①度：推測。詰朝：第二天。

②蘆茅：禾本科蘆葦。將草木灰撒在海灘上，水將鹽分溶解，被草木灰吸收而變濃。日曬後食鹽在灰層中析出。

③鹽茅：鹽像茅草一樣叢生。

④滷水：含鹽分的水。主要成分是食鹽（氯化鈉），也有少量硫酸鈣、氯化鎂等雜質，味苦。

⑤牢盆：《本草綱目》卷十一食鹽條云：「其煮鹽之器，漢謂之牢盆。今或鼓鐵為之，南海人編竹為之。」

⑥蜃灰：蛤蜊殼燒成的灰。

⑦皂角：豆科皂角樹的莢果，又名皂莢。能發泡泡，用以絮聚滷水中雜質，促進食鹽結晶。

⑧長蘆：長蘆鹽場，我國四大鹽場之一，在今渤海沿岸。

【譯文】

海水本身就含鹽質。海濱地勢高的地方叫作潮墩，地勢低的地方叫作草蕩，這些地方都產鹽。雖然同樣的鹽出於海中，但製鹽的方法卻各不相同。

一種方法是：在海潮不能浸漫的堤岸高地上種鹽。種鹽戶各有劃定的區域和界限，互不侵越。預計次日無雨，則今日將一寸多厚的稻、麥稈灰及蘆茅灰遍地撒上，壓緊並使其均勻。次日早晨霧氣沖騰之時，鹽分便像茅草一樣在灰層中長出。白天晴朗時，將灰和鹽一起掃起來，並淋洗、煎煉。

布灰種鹽

海滷煎煉

另一種方法是：在潮水較淺的地方，不用草木灰壓。只等潮水過後，至次日天晴，半天就能曬出鹽霜，然後趕快掃起來，加以煎煉。

還有一種方法是：將海潮引至深處，預先挖掘一個深坑，上面橫架竹或木，上鋪葦席，葦席上鋪沙。當海潮淹沒坑頂而衝過之後，鹵氣便經過沙子滲入坑內。將沙子和葦席撤去，用燈放在坑內照著。當鹵氣能把燈沖滅的時候，就可以取滷水出來煎煉了。總之，成功的關鍵在於能否天晴，如果陰雨連綿十日，鹽被迫停產，則稱為鹽荒。在江蘇淮揚一帶，人們靠日光把海水曬乾，這種經過日曬而自然凝結的鹽霜好像馬牙的，就叫作大曬鹽。不需要煎煉，掃起來就可以食用。此外，順風從海水中漂來的海草，人們撈起來煎煉而製出的鹽叫作蓬鹽。

量較收藏

鹽的淋洗和煎煉的方法是挖一淺一深兩個坑。用竹或木將蘆席架在坑上，將掃起來的鹽料（無論是有灰的還是無灰的，淋洗的方法都一樣）鋪在席上。席的四周堆得高些，做成堤壩形，中間用海水灌淋，鹽滷水便可滲入淺坑中。深的坑約七八尺深，接收淺坑淋灌下的滷水，然後倒入鍋裡煎煉。

煎鹽的鍋，古時叫作「牢盆」，也有兩種形制。牢盆周圍數丈，直徑也有一丈多。如用鐵製成，則將鐵打成葉片，再用鐵釘鉚合，其底平如盂，邊高一尺二寸。接縫處一經滷水內鹽分結晶後堵塞，就永遠不會洩漏。牢盆下面砌灶燒柴，灶眼多的有十二三個，少的也有七八個，共同燒煮。南方沿海地區有用竹製成的，將竹編成闊一丈、深一尺的盆，糊上蜃灰，附於鍋背。鍋下燒火，滷水滾沸便逐漸成鹽。這種盆也叫作鹽盆，但不如鐵片鑲成的牢盆便利。煎煉鹽滷汁時，如果沒有即時凝結，可將皂角搗碎，攙和粟米糠，滷水沸騰時投入其中攪和，食鹽便頃刻結成。加入皂角而使鹽凝結，就好像做豆腐時使用石膏一樣。

江蘇淮揚一帶鹽場出產的鹽，質重而黑，其他地方出產的鹽輕且白。如以重量來對比，淮揚鹽場的鹽，一升重約十兩，而廣東、浙江、長蘆鹽場的鹽只有六七兩重。不能總期待有蓬草鹽，或數年來一次，或一月來數次。鹽遇水即溶解，見風即流鹽滷，見火則越發堅硬。儲藏鹽不必用倉庫。鹽的特性是怕風不怕濕，只要在地上鋪三寸厚的稻草稈，任憑地勢低濕亦無妨。如果周圍再用磚砌上，縫隙用泥封堵上，上面蓋上一尺多厚的茅草，則放置一百年也不會變質。

池　鹽

【原文】

凡池鹽，宇內有二， 一出寧夏，供食邊鎮；一出山西解池，供晉、豫諸郡縣。解池界安邑、猗氏、臨晉之間[1]，其池外有城堞，周遭禁禦。池水深聚處，其色綠沉。土人種鹽者，池旁耕地為畦壟，引清水入所耕畦中。忌濁水摻入，即淤淀鹽脈。

凡引水種鹽，春間即為之，久則水成赤色。待夏秋之交，南風大起，則一宵結成，名曰顆鹽，即古志所謂大鹽也。以海水煎者細碎，而此成粒顆，故得大名。其鹽凝結之後，掃起即成食味。種鹽之人，積掃一石交官，得錢數十文而已。其海豐、深州引海水入池曬成者[2]，凝結之時掃食不加人力，與解鹽同。但成鹽時日，與不借南風則大異也。

【注釋】

①安邑、猗氏、臨晉：皆為山西古縣名。解池實際位於晉南的安邑、解州（今山西運城地區）之間。

②海豐、深州：海豐即今廣東海豐縣。深州疑指海豐之一地。一說海豐即今河北鹽山縣，深州即今河北深縣，但此二地距海甚遠，當誤。

鹽　池

池鹽

【譯文】

我國有兩個池鹽產地，一處在寧夏，出產的食鹽供邊鎮食用；另一處在山西解池，出產的食鹽供山西、河南各郡縣食用。解池位於安邑、猗氏、臨晉之間，池外有城牆，周圍被護衛。池水深的地方，水呈深綠色。當地製鹽的人，在池旁犁地成畦壟，把池內清水引入所犁畦中。切忌濁水摻入，否則將造成泥沙淤積鹽脈。

引池水種鹽春季就要開始，時間晚了水就成了紅色。等到夏秋之交，南風勁吹，一夜之間就能凝結成鹽，這種鹽叫作顆鹽，也就是古書上所說的大鹽。因為海水煎煉的鹽細碎，而池鹽則成顆粒狀，故名大鹽。此鹽凝結之後，掃起即可食用。製鹽的人，積掃一石鹽上交給官府，只得幾十文銅錢而已。海豐、深州地區引海水入池曬成的鹽，不需煎煉，凝結之時掃起即食，這點與解池鹽相同。但成鹽的時間以及它不依靠南風這兩點，與解池鹽大不相同。

井　鹽

【原文】

凡滇、蜀兩省遠離海濱，舟車艱通，形勢高上，其鹹脈即蘊藏地中。凡蜀中石山去河不遠者，多可造井取鹽。鹽井周圍不過數寸，其上口一小盂覆之有餘，深必十丈以外乃得鹵信①，故造井功費甚難。

其器冶鐵錐，如碓嘴形②，其尖使極剛利，向石上舂鑿成孔。其身破竹纏繩，夾懸此錐。每舂深入數尺，則又以竹接其身使引而長。初入丈許，或以足踏碓梢，如舂米形。太深則用手捧持頓下。所舂石成碎粉，隨以長竹接引，懸鐵盞挖之而上。大抵深者半載，淺者月餘，乃得一井成就。

蓋井中空闊，則鹵氣游散③，不克結鹽故也。井及泉後，擇美竹長丈者，鑿淨其中節，留底不去。其喉下安消息④，吸水入筒，用長絙⑤繫竹沉下，其中水滿。井上懸桔槔、轆轤諸具，製盤駕牛。牛拽盤轉，轆轤絞絙，汲水而上。入於釜中煎煉（只用中釜，不用牢盆），頃刻結鹽，色成至白。

西川有火井⑥，事奇甚。其井居然冷水，絕無火氣。但以長竹剖開去節，合縫漆布，一頭插入井底，其上曲接，以口緊對釜臍，注滷水釜中。只見火意烘烘，水即滾沸。啟竹而視之，絕無半點焦炎意。未見火形而用火神，此世間大奇事也。

凡川、滇鹽井逃課掩蓋至易，不可窮詰。

【注釋】

①鹵信：鹽層。或作「鹵性」。

②碓嘴形：即打鑽工具的鑽頭，相當於頓鑽，即衝擊式鑽井工具。

③「蓋井中空闊」二句：井口寬，則井下易遇淡水，滷水難以凝結。空闊：寬闊。

④消息：相當於閥門。竹筒至井下，其下閥門受滷水壓力而張開，滷水進入筒內。提升竹筒，筒中滷水又將閥門關閉。這是用唧筒原理製成的提鹵裝置。

⑤長縆（音更）：長粗繩。

⑥火井：即如今的天然氣井，主要含沼氣或甲烷，易燃。四川臨邛一帶在漢代已有火井。

【譯文】

雲南和四川遠離海濱，交通不便利，地勢較高，故其鹽脈蘊藏於地中。四川境內離河不遠的石山上，多可鑿井取鹽。鹽井的周圍不過數寸，其上口蓋一個小盆尚且有餘，而鹽井的深度必須在十丈以上，才能到達鹽層，因此鑿井特別費功夫，十分困難。

開井口

鑿井的工具用碓嘴形的鐵錐，要把鐵錐的尖端做得非常堅固鋒利，才能將石層沖鑿成孔。夾懸此鐵錐的錐身用破開兩半的竹片做成，再用繩纏緊。每鑿進數尺深，則以竹將其接長。最初鑿入一丈深，可用腳踏碓梢，就像舂米那樣。太深時則用手持鐵錐向下沖鑿。所舂的岩石已成碎粉，隨後接引長竹，懸上鐵勺，將碎石挖上來。打一口深井大約需要半年時間，淺井則需要一個多月才能鑿成一口。

井口寬闊，鹵氣就會游散，以致不能凝結成鹽。鹽井鑿到鹽滷泉水時，挑選一根長約一丈的好竹子，將竹筒內的節都鑿穿，只保留最底下的一節。在竹節的下端安一個吸水的單向閥門以便汲取鹽水，用長粗繩拴上竹筒沉到井下就會汲滿了鹽水。井上懸桔槔、轆轤等提水工具，架起轉盤並套上車。牛拉盤轉轆轤絞繩吸水而上。然後將滷水倒進鍋裡煎

下木竹

鑿井

制木竹

井火煮鹽

汲滷

川滇載運

煉（只用中號鍋子，而不用牢盆），很快就能凝結成鹽，顏色雪白。

四川西部地區有一種火井，非常奇妙。火井裡居然全都是冷水，完全沒有一點火氣。但是以長竹筒劈開去掉中節，借漆與布將合縫封閉，將一頭插入井底，另一頭接以曲管，其口對準鍋底正中，將滷水注入鍋中。只見火焰烘烘，滷水即刻沸騰。可是打開竹筒一看，竹筒卻沒有被燒焦的痕跡。火井中的氣沒有火的形狀，但引燃後卻有火的功用，這是世間的一大奇事，四川、雲南的鹽井，很容易逃避官稅，難以追查。

末鹽、崖鹽

【原文】

凡地鹼煎鹽，除并州末鹽外[1]，長蘆分司[2]地土人，亦有

場竈煮鹽

刮削煎成者，帶雜黑色，味不甚佳。凡西省階、鳳等州邑[3]，海井交窮。其岩穴自生鹽，色如紅土，恣人刮取，不假煎煉。

【注釋】

①并州：今山西中部太原一帶。末鹽：細末狀的鹽。

②長蘆分司：明朝廷駐北海長蘆鹽場鹽運使在滄州與青州設二分司，掌管鹽業。

③階：階州，今甘肅武都。鳳：鳳州，今陝西鳳縣。

【譯文】

由地鹼煎熬的鹽，除了并州的末鹽，長蘆鹽場鹽運使分司管轄的地區內，也有人刮土熬成鹽的，這種鹽含有雜質，顏色比較黑，味道也不太好。陝西省的階州、鳳縣等地區，既沒有海鹽又沒有井鹽。但當地岩穴中卻自成岩鹽，色如紅土，任人刮取，不必熬煉。

甘嗜[1]第四

【原文】

宋子曰：氣至於芳，色至於艷[2]，味至於甘，人之大欲存焉。芳而烈，艷而豔，甘而甜，則造物有尤異之思矣。世間作甘之味，十八產於草木，而飛蟲竭力爭衡，採取百花釀成佳味，使草木無全功。孰主張是，而頤養遍於天下哉？

【注釋】

①甘嗜：即愛好甜味，此指製糖釀蜜或泛指製糖。語出《尚書・甘誓》：「太康失邦……甘酒嗜音。」漢人劉熙《釋名》云：「豉嗜也，五味調和須之而成，乃甘嗜也。」

②黵（音慶）：青黑色。此指顏色豔麗。

【譯文】

宋子說：芳香馥郁的氣味，濃豔美麗的顏色，甜美可口的滋味，人們對這些都有著強烈的慾望。有些天然產物芳香特別濃烈，有些顏色特別豔麗，有些滋味尤其可口，這都是大自然的特殊安排。世間具有甜味的東西，十之八九來自於草木，而蜜蜂也竭力爭衡，採集百花釀成佳蜜，使草木不能獨占全部功勞。誰在主宰這一切，使草木和蜜蜂產生甜味而滋養天下人呢？

蔗　種

【原文】

凡甘蔗有二種，產繁閩、廣間，他方合併得其十一而已。似竹而大者為果蔗[①]，截斷生啖，取汁適口，不可以造糖；似荻而小者為糖蔗[②]，口啖即棘傷唇舌，人不敢食，白霜、紅砂皆從此出。凡蔗古來中國不知造糖，唐大曆間，西僧鄒和尚遊蜀中遂寧始傳其法[③]。今蜀中種盛，亦自西域漸來也。

凡種荻蔗，冬初霜將至，將蔗斫伐，去杪與根，埋藏土內（土忌窪聚水濕處）。雨水前五六日，天色晴明即開出，去外殼，斫斷約五六寸長，以兩節為率，密佈地上，微以土掩之，頭尾相枕，若魚鱗然。兩芽平放，不得一上一下，致芽向土難發。芽長一二寸，頻以清糞水澆之，俟長六七寸，鋤起分栽。

凡栽蔗必用夾沙土，河濱洲土為第一。試驗土色，掘坑尺五許，將沙土入口嘗味，味苦者不可栽蔗。凡洲土近深山上流河濱者，即土味甘亦不可種。蓋山氣凝寒，則他日糖味亦焦苦。去山四五十里，平陽洲土擇佳而為之（黃泥腳地，毫不可為）。

凡栽蔗治畦，行闊四尺，犁溝深四寸。蔗栽溝內，約七尺列三叢，掩土寸許，土太厚則芽發稀少也。芽發三四個或六七個時，漸漸下土，遇鋤耨時加之。加土漸厚，則身長根深，庶免攲倒之患。凡鋤耨不厭勤過，澆糞多少視土地肥磽。長至一二尺，則將胡麻或芸苔枯浸和水灌，灌肥欲施行內。高二三尺則用牛進行內耕之。半月一耕，用犁一次墾土斷旁根，一次掩土培根。九月初培土護根，以防斫後霜雪。

【注釋】

①果蔗：禾本科竹蔗。

②糖蔗：禾本科荻蔗。

③「唐大曆間」二句：宋人王灼《糖霜譜》稱唐大曆年間有鄒和尚至四川遂寧傳製糖法。但這只能理解為遂寧製糖之始，且鄒和尚是漢人。又據南朝梁陶弘景《本草經集注》，中國以蔗製糖早在六朝時已開始，並非始於唐。

【譯文】

甘蔗有兩種，盛產於福建、廣東一帶，其他地方所種植的，總共加起來也不過是這兩地的十分之一。甘蔗中形似竹但比竹大的，叫作果蔗，截斷後可以直接生吃，汁液甜蜜可口，但不能製糖；形似荻但比荻小的，叫作糖蔗，生吃容易刺傷唇舌，所以人們不敢生吃，白糖、紅砂糖都是由這種甘蔗生產的。中國古代不知用甘蔗製糖，唐朝大曆年間，西域僧人鄒和尚游經四川遂寧，始傳製糖之法。現在四川大量種植甘蔗，也是從西域逐漸傳來的。

種植荻蔗的方法是，在初冬將要下霜的時候，將荻蔗砍倒，去掉梢和根，埋在泥土裡（不能埋在低窪積水的潮濕土裡）。來年雨水節氣的前五六日，趁天氣晴朗時將荻蔗挖出，剝去外殼，砍成五六寸長一段，以每段都要有兩個節為準，密排在地上，蓋上少量土，使頭尾相疊，魚鱗似的。每段荻蔗上的兩個芽都要平放，不能一上一下，致使向下的芽難以萌發出土。荻蔗芽長到一二寸的時候，要經常澆灌清糞水，等到長至六七寸的時候，便可挖出來移植分栽了。

栽種甘庶必須用夾沙土，靠近江河邊的沙泥土是最好的。鑑別土質的方法是，挖一個深約一尺五寸的坑，將坑裡的沙土放入口中嘗味，味苦者不能用來栽種甘蔗。但靠近深山的河流上游的河邊土，即便是土味甘甜也不可栽種甘蔗。這是因為山地氣候寒冷，將來製成的蔗糖的味道也會是焦苦的。在距山四五十里的平坦寬闊、陽光充足的河邊土地，選擇最好的地段來種植（黃泥土根本不適合種植）。

栽種甘蔗時要整地造畦，每行寬四尺，犁四寸深的溝。將甘蔗栽在溝內，約七尺栽三棵，蓋上一寸多厚的土，土太厚出芽就會稀少。每棵長到三四個或六七個芽時，逐漸培土，每逢中耕鋤草時都要培土。培的土越來越厚，蔗稈便會長高而根也會扎深，這樣就可避免倒伏的危險。中耕除草不嫌次數多，澆糞多少視土地肥瘦而定。等到長到一二尺高時，則將芝麻枯餅或油菜籽枯餅泡水澆肥，肥料要澆灌在行內。蔗高兩三尺時，則要用牛進入行間耕作。每半月犁耕一次，一次用來翻土並犁斷旁根，一次用來掩土培根。九月初則要培土護根，以防砍後蔗根被霜雪凍壞。

蔗　品

【原文】

凡荻蔗造糖，有凝冰、白霜、紅砂三品。糖品之分，分於蔗漿之老嫩。凡蔗性至秋漸轉紅黑色，冬至以後由紅轉褐，以成至白。五嶺[1]以南無霜國土，蓄蔗不伐以取糖霜。若韶、雄以北[2]，十月霜侵，蔗質遇霜即殺，其身不能久待以成白色，故速伐以取紅糖也。凡取紅糖，窮十日之力而為之。十日以前，其漿尚未滿足。十日以後恐霜氣逼侵，前功盡棄。故種蔗十畝之家，即製車、釜一副以供急用。若廣南無霜，遲早唯人也。

【注釋】

①五嶺：即跨越湘、贛二省及廣東的五嶺山脈。嶺南指廣東、廣西。

②韶、雄以北：廣東的韶關和南雄以北，即五嶺以北。

【譯文】

荻蔗造出的糖有凝冰糖、白霜糖和紅砂糖三個品種。糖的品種由荻蔗蔗漿的老嫩來決定。荻蔗的外皮到秋天就會逐漸變成深紅色，冬至以後就會由紅色轉變為褐色，最後變成白色。五嶺以南沒有霜凍的地區，荻蔗冬天也留在地裡不砍收，讓它長得更好些，用來製造白糖。但廣東韶關、南雄以北地區，十月即降霜，蔗質一經霜凍即遭破壞，那裡的荻蔗不能在田裡久放等它變成白色，故而迅速砍伐以取紅糖。製造紅糖，要儘力在霜降前十天內完成。再早則荻蔗漿還沒有生長充足。再晚則又怕霜凍侵襲而導致前功盡棄。所以種蔗多達十畝的人家，應製作一套榨糖和煮糖用的車和鍋以供急用。至於廣東南部沒有霜凍的地區，荻蔗收割的早遲就隨人自主決定。

造　糖

【原文】

凡造糖車，製用橫板二片，長五尺，厚五寸，闊二尺，兩頭鑿眼安柱。上榫出少許，下榫出板二三尺，埋築土內，使安穩不搖。上板中鑿二眼，並列巨軸兩根（不用至堅重者），軸木大七尺圍方妙。兩軸一長三尺，一長四尺五寸。其長者出榫安犁擔。擔用屈木，長一丈五尺，以便駕牛團轉走。軸上鑿齒，分配雌雄，其合縫處須直而圓，圓而縫合。夾蔗於中，一軋而過，與棉花趕車同義。

蔗過漿流，再拾其滓，向軸上鴨嘴扱入，再軋，又三軋之，其汁盡矣，其滓為薪。其下板承軸，鑿眼只深一寸五分，使軸腳不穿透，以便板上受汁也。其軸腳嵌安鐵錠於中，以便捩轉[1]。凡汁漿流板有槽梘，汁入於缸內。每汁一石下石灰五合[2]於中。凡取汁煎糖，並列三鍋如「品」字，先將稠汁聚入一鍋，然後逐加稀汁兩鍋之內。若火力少束薪，其糖即成頑糖[3]，起沫不中用。

【注釋】

①捩轉：轉動。

②下石灰五合：蔗汁內雜質妨礙糖分結晶，加石灰可令雜質沉澱。五合：半升，一升為十合。

③頑糖：無法結晶的膠狀糖質。

軋蔗取漿

【譯文】

製造糖車要用兩塊橫板，各長五尺、厚五寸、寬二尺，在橫板兩端鑿孔安上柱子。柱子上端的榫頭從上橫板露出少許，下端的榫頭要穿過下橫板二三尺，這樣才能埋在地下，使整個車身安穩而不搖晃。在上橫板的中部鑿兩個孔眼，並排安放兩根大木軸（要用又硬又重的木料），做軸的木料的周長大於七尺為最好。兩根木軸中一根長三尺，另一根長四尺五寸。長軸的榫頭露出上橫板以便安裝犁擔。犁擔用一根長一丈五尺的曲木做成，以便駕牛轉圈走動。軸上鑿互相咬合的凹凸轉動齒輪，兩軸合縫處必須又直又圓，這樣縫隙才能密合。把甘蔗夾在兩軸之間一軋而過，這與軋棉花的趕車是同樣的道理。

甘蔗經過壓榨便會流出蔗漿，再拾起蔗渣插入軸上的鴨嘴處進行第二次壓榨，然後再壓榨第三次，蔗汁便被榨盡了，剩下的蔗渣可當柴燒。支承雙軸的下橫板上鑿兩個深一寸五分的眼，使軸腳不能穿透下橫板，以便在板面上承接蔗汁。軸的下端要鑲鐵以便於轉動。接受蔗汁的下橫板上有槽，蔗汁通過槽流入缸內。每石蔗汁要加入五合石灰。取蔗汁熬糖時，將三口鐵鍋排列成「品」字形，先將濃蔗汁集中在一口鍋內，再逐步將稀蔗汁加入另兩口鍋內。如果火力不足，哪怕只少一把柴，也會把糖漿熬成質量低劣的頑糖，只起泡沫而沒有用處。

造白糖

【原文】

凡閩、廣南方經冬老蔗，用車同前法。榨汁入缸，看水花為火色。其花煎至細嫩，如煮羹沸，以手捻試，粘手則信來矣。此時尚黃黑色，將桶盛貯，凝成黑沙[①]。然後以瓦溜[②]（教陶家燒造）置缸上。其溜上寬下尖，底有一小孔，將草塞住，傾桶中黑沙於內。待黑沙結定，然後去孔中塞草，用黃泥水[③]淋下，其中黑滓入缸內，溜內盡成白霜。最上一層厚五寸許，潔白異常，名曰西洋糖（糖絕白美，故名）。下者稍黃褐。

造冰糖者，將白糖煎化，蛋青澄去浮滓，候視火色。將新青竹破成篾片，寸斬撒入其中。經過一宵，即成天然冰塊。造獅、象、人物等，質料精粗由人。凡白糖④有五品，「石山」為上，「團枝」次之，「甕鑑」次之，「小顆」又次，「沙腳」為下。

【注釋】

①黑沙：蔗汁熬煮後的濃液冷卻時呈黑色，即黑色糖膏。
②瓦溜：用糖膏重力分離糖蜜以取得砂糖的陶製工具，類似過濾漏斗。
③黃泥水：取黃泥水上層溶液，起脫色、除蜜作用。
④白糖：當作「冰糖」。

【譯文】

福建、廣東南部整個冬天放在田裡的老蔗，用糖車壓榨與前面所講過的方法相同。榨出的蔗汁流入缸中，熬糖時通過觀察蔗汁沸騰時的水花來控制火候。當熬到水花呈細珠狀，好像煮沸的肉羹時，就用手捻試一下，如果粘手就說明已經熬到火候了。這時的糖漿還是黃黑色，盛到桶裡，讓它凝結成黑色糖膏。然後將瓦溜放到缸上（請陶工專門燒製）。這種瓦溜上寬下尖，底部有一個小孔，用草將小孔塞住，把桶裡的黑色糖膏倒入瓦溜中。等黑色糖膏凝固後，就除去塞住小孔的草，用黃泥水從上淋下，

凡造獸糖者每巨釜一口受糖五十斤其下發火慢煎火從一角燒灼則糖頭滚旋而起若釜心發火則盡盡沸溢于地每釜用雞子三个去黃取清入冷水五升化解逐匙滴下用火糖頭之上則浮漚黑滓盡起水面以笊籬撈去其糖清白之甚然後打入銅銚下用自風慢火溫之看定火色然後入模凡獅象糖模兩合如瓦爲之杓寫糖入隨手覆轉傾下模冷糖燒自有糖一膜靠模凝結名曰享糖華筵用之

澄結糖霜瓦器

其中黑滓就會淋進缸內，留在瓦溜中的盡成白糖。最上面的一層約有五寸多厚，潔白異常，名叫西洋糖（顏色超白，因而得名）。下面的稍帶黃褐色。

製造冰糖的方法是，將白糖熬化，用雞蛋清澄去浮渣，注意控制火候。將新鮮的青竹破截成一寸長的篾片，撒入糖汁中。經過一夜，就自然凝結成天然冰塊那樣的冰糖。製作獅、象及人物等形狀的糖，糖質的精粗可隨人決定。冰糖分為五等，其中「石山」為最上等，「團枝」稍差，「甕鑑」又差些，「小顆」更差些，「沙腳」為最下等。

造獸糖

【原文】

凡造獸糖者，每巨釜一口受糖五十斤，其下發火慢煎。火從一角燒灼，則糖頭滾旋而起。若釜心發火，則盡盡沸溢於地。每釜用雞子三個，去黃取清，入冷水五升化解。逐匙滴下，用火糖頭之上，則浮漚、黑滓盡起水面，以笊籬[1]撈去，其糖清白之甚。然後打入銅銚[2]，下用自風慢火溫之，看定火色然後入模。凡獅、象糖模，兩合如瓦為之。杓寫糖入[3]，隨手覆轉傾下。模冷糖燒，自有糖一膜靠模凝結，名曰享糖，華筵用之。

【注釋】

①笊籬（音兆籬）：一種能漏水的用具，用竹篾、柳條、鉛絲等編成。似漏勺，有眼，可用來撈取食物。

②銅銚（音到）：帶柄有嘴的小銅鍋。

③杓：通「勺」。寫：通「瀉」，指傾倒。

【譯文】

製作獸糖的方法是，在每口大鍋中放糖五十斤，鍋下點火慢慢加熱熬煎。火從鍋的一角慢慢燒熱，則溶化的糖液便滾旋而起。如果火在鍋底中心燃起，則糖液便會全面沸騰而濺溢到地上。每鍋用三個雞蛋，去蛋黃取蛋清，入冷水五升化開。將蛋清水一勺一勺地澆在糖液滾沸之處，糖液中的泡沫和黑渣便會浮起，這時用笊籬撈去，糖液就變得特別清白。然後將糖液放入有柄及出水口的小銅釜內，下面用慢火保溫，看準火候後倒入糖模中。獅糖模和象糖模是由兩塊像瓦一樣的模件構成的。用勺將糖液倒進糖模中，隨手翻轉，再將糖倒出。因為糖模冷而糖液熱，自然會有一層靠近糖模壁的糖膜凝結成相應形狀，稱為享糖，盛大的筵席上有時會用到它。

蜂　蜜

【原文】

凡釀蜜蜂普天皆有，唯蔗盛之鄉則蜜蜂自然減少。蜂造之蜜，出山岩、土穴者十居其八，而人家招蜂造釀而割取者，十居其二也。凡蜜無定色，或青或白，或黃或褐，皆隨方土、花性而變。如菜花蜜、禾花蜜之類，百千其名不止也。

凡蜂不論於家於野，皆有蜂王。王之所居造一台如桃大。王之子世為王[①]。王生而不採花，每日群蜂輪值分班，採花供王。王每日出遊兩度（春夏造蜜時），遊則八蜂輪值以侍。蜂王自至孔隙口，四蜂以頭頂腹，四蜂傍翼，飛翔而去。遊數刻而返，翼頂如前。

畜家蜂者或懸桶簷端，或置箱牖下，皆錐圓孔眼數十，俟其進入。凡家人殺一蜂、二蜂皆無恙，殺至三蜂則群起螫之，謂之蜂反。凡蝙蝠最喜食蜂，投隙入中，吞噬無限。殺一蝙蝠懸於蜂前，則不敢食，俗謂之「梟令[2]」。凡家畜蜂，東鄰分而之西舍，必分王之子去而為君，去時如鋪扇擁衛。鄉人有撒酒糟香而招之者。

凡蜂釀蜜，造成蜜脾[3]，其形鬣鬣然[4]。咀嚼花心汁吐積而成，潤以人小遺，則甘芳並至，所謂「臭腐神奇[5]」也。凡割脾取蜜，蜂子多死其中[6]，其底則為黃蠟。凡深山崖石上有經數載未割者，其蜜已經時自熟。土人以長竿刺取，蜜即流下。或未經年而攀緣可取者，割煉與家蜜同也。土穴所釀多出北方，南方卑濕，有崖蜜而無穴蜜[7]。凡蜜脾一斤煉取十二兩。西北半天下，蓋與蔗漿分勝云。

【注釋】

①王之子世為王：此說引自《本草綱目》卷三十九《蜜蜂》條，李時珍錄王元之《蜂記》云：「蜂王無毒，窠之始營必造一台，大如桃李。王居台上生子於中，王子復為王。」所謂「王台」，指王蜂（母蜂）房。蜂王之子世世為王，這是古人的想像，並無根據。

②梟令：即梟示，此處相當於「殺一儆百」。

③蜜脾：蜜蜂營造的可以釀蜜的巢房。

④鬣鬣（音列）然：似馬鬃動而直上貌。

⑤臭腐神奇：《莊子・知北遊》：「腐朽復化為神奇。」《本草綱目》卷三十九云：「蜂采無毒之花，釀以大便而成蜜，所謂臭腐生神奇也。」按，蜂有時飛至糞便處，以攝取水分或鹽分，與釀蜜無關。

⑥蜂子多死其中：指用布包巢脾絞出蜜汁，巢中幼蟲、蜂蛹多致死。

⑦崖蜜：野蜂在石崖中做巢後所生的蜜，又稱石蜜。穴蜜：北方野蜂在土穴中做巢釀蜜，又稱土蜜。

【譯文】

釀蜜的蜜蜂普天之下到處都有，唯獨盛產甘蔗的地方，蜜蜂自然減少。蜜蜂釀的蜜，出自山崖、土穴的野蜂占十分之八，出自人工飼養的蜂只占十分之二。蜂蜜沒有固定的顏色，有青色的、白色的、黃色的、褐色的，隨各地方的花性而變。如菜花蜜、禾花蜜之類，名目何止成百上千啊！

所有蜜蜂，不論是野蜂還是家蜂，都有蜂王。蜂王所居之處，構築一個如桃子般大小的台。蜂王之子世代為王。蜂王生來就不採花，每日群蜂輪流分班，採集花蜜供蜂王食用。蜂王每天出遊兩次（在春夏造蜜的季節），出遊時，有八隻蜜蜂輪流值班服侍。蜂王自己爬至巢口時，就有四隻蜂用頭頂著蜂王的肚子，把它頂出，另外四隻蜂在周圍護衛著蜂王，飛翔而去。出遊不多久就返回，照先前那樣頂著蜂王的肚子並護衛著把蜂王送進巢中。

養家蜂的人將蜂桶懸掛在房簷一頭，或將蜂箱置於窗下，蜂桶、蜂箱都要鑽幾十個小圓孔，讓蜂群進入。養蜂的人打死一兩隻家蜂是無妨的，但打死三隻以上家蜂時，蜜蜂就會群起螫人，這叫作「蜂反」。 蝙蝠最喜歡吃蜜蜂，如乘機鑽入蜂巢，便會吃掉無數蜜蜂。於是殺死一隻蝙蝠懸掛在蜂桶前，別的蝙蝠就不敢再來吃蜜蜂了，俗話叫作「梟令」。 家養的蜜蜂從東鄰分群到西舍時，必須分一個蜂王之子去當新的蜂王，屆時群蜂排成扇形陣勢簇擁護衛新的蜂王飛走。鄉人有撒酒糟的，用其香氣招引蜜蜂分房。

蜜蜂釀造蜂蜜，要先造成蜜脾，其形狀如同一片排列整齊豎直向上的鬃毛。蜜蜂咀嚼花心汁液，吐積而成蜂蜜，再以人尿滋潤，則蜂蜜甘甜而芳香，這便是所謂的「化臭腐為神奇」。割取蜜脾提製蜂蜜時，幼蜂多死於其中，蜜脾的底層是黃色的蜂蠟。深山崖石上有經數年未割取過的蜜脾，其中的蜜早已成熟。當地人用長竹竿把蜜脾刺破，蜂蜜就會流下來。也有的蜜脾不足一年，而人可以爬上去割取，割煉方法與家蜂蜜相同。土穴中所釀的蜜多出產在北方，南方地勢低氣候潮濕，只有「崖蜜」而無「穴蜜」。 一斤蜜脾可煉取十二兩蜂蜜。西北地區出產的蜜占全國的一半，可與南方出產的蔗糖相媲美。

飴餳

【原文】

凡飴餳[1]，稻、麥、黍、粟皆可為之。《洪範》云：「稼穡作甘。」[2]及此乃窮其理。其法用稻、麥之類浸濕，生芽暴乾，然後煎煉調化而成。色以白者為上，赤色者名曰膠飴，一時宮中尚之，含於口內即溶化，形如琥珀。南方造餅餌者，謂飴餳為小糖，蓋對蔗漿而得名也。飴餳人巧千方以供甘旨，不可枚述。惟尚方用者名「一窩絲[3]」，或流傳後代不可知也。

【注釋】

①飴餳（音怡情）：古代用麥芽或谷芽熬成的糖。

②《洪範》：《尚書》篇名。稼穡作甘：言甜味出自百穀。稼穡：播種並收穫糧食。

③一窩絲：以飴糖製成的拔絲糖，酥鬆可口。

【譯文】

飴餳用稻、麥、黍、粟皆可製造。《尚書・洪範》篇中說：「糧食可以產生甜味。」從這裡可以瞭解其中的道理。製作飴餳的方法是，將稻、麥之類泡濕，待其發芽後曬乾，然後煎煉調化而成。色澤以白色的為上等，紅色的叫作膠飴，一時在皇宮內很受歡迎，這種糖含在口中即融化，形狀像琥珀。南方製作糕點的人稱飴餳為小糖，這是針對蔗糖而取的名字。人們通過各種技巧將飴餳製成很多甜美食品，種類不勝枚舉。唯有宮內食用的名為「一窩絲」，是否流傳後世就不知道了。

膏液第五

【原文】

宋子曰：天道平分晝夜，而人工繼晷以襄事①，豈好勞而惡逸哉！使織女燃薪、書生映雪②，所濟成何事也？草木之實，其中蘊藏膏液，而不能自流，假媒水火，憑藉木石，而後傾注而出焉。此人巧聰明，不知於何稟度③也。

人間負重致遠，恃有舟車。乃車得一銖而轄轉④，舟得一石而罅完⑤，非此物之為功也不可行矣。至葅蔬⑥之登釜也，莫或膏之，猶啼兒之失乳焉。斯其功用一端而已哉？

【注釋】

①晷（音軌）：日光，此指時光。襄：幫助。

②書生映雪：用晉代孫康「映雪讀書」典。

③稟度：受教。

④一銖：此指少量的潤滑油。轄：車輪。

⑤一石：此指大量的油灰。罅（音嚇）：裂縫。

⑥葅（音居）蔬：指菜餚。

【譯文】

宋子說：按自然規律，一天要平分晝夜，然而人們卻夜以繼日地勞動，難道只是愛好勞動而厭惡安逸嗎？如果讓織女借燃柴的光亮織布，讓書生在雪光映照下讀書，這又能做得成什麼事呢？草木的果實中蘊藏著油膏脂液，但它不會自己流出來，要通過人藉助水火之力，憑藉木榨和石磨作用於草子果實，然後才能傾注而出油。人的這種聰明和技巧，也不知是如何傳下來的。

人間將重物運到遠處，依靠的是船和車。車只需少量潤滑油，車輪就可以轉動；船要用大量油灰才能把全部縫隙補好。沒有油脂在其中起作用，船和車也就無法通行了。至於在鍋內烹飪，如果沒有油，就好比嬰兒沒有奶吃，都是不行的。如此看來，油脂的功用豈止於一種呢？

油　品

【原文】

凡油供饌食用者，胡麻、萊菔子、黃豆、菘菜子（一名白菜）為上。蘇麻[①]（形似紫蘇[②]，粒大於胡麻）、芸苔子（江南名菜子）次之，茶[③]子（其樹高丈餘，子如金櫻子[④]，去肉取仁）次之，莧菜[⑤]子次之，大麻仁（粒如胡荽子，剝取其皮，為緈索用者）[⑥]為下。

燃燈則柏仁內水油為上，芸苔次之，亞麻子（陝西所種，俗稱壁虱脂麻，氣惡不堪食）次之，棉花子次之，胡麻（燃燈最易竭）次之，桐油與柏混油為下（桐油毒氣熏人，柏油連皮膜則凍結不清）。造燭則柏皮油為上，蓖麻[⑧]子次之，柏混油每斤入白蠟凍結次之，白蠟結凍諸清油又次之，樟樹子油又次之（其光不減，但有避香氣者），冬青子油又次之（韶郡專用[⑨]，嫌其油少，故列次），北土廣用牛油，則為下矣。

凡胡麻與蓖麻子、樟樹子，每石得油四十斤。萊菔子每石得油二十七斤（甘美異常，益仁五臟）。芸苔子每石得油三十斤，其耨勤而地沃、榨法精到者，仍得四十斤（陳歷一年，則空內而無油）。茶子每石得油一十五斤（油味似豬脂甚美，其枯則止可種火及毒魚用）。桐子仁每石得油三十三斤。柏子分打時，皮油得二十斤，水油得十五斤；混打時共得三十三斤（此須絕淨者）。冬青子每石得油十二斤。黃豆每石得油九斤（吳下[⑩]取油食後，以其餅充豕糧）。菘菜子每石得油三十斤（油出清如綠水）。棉花子每百斤得油七斤（初出甚黑濁，澄半月甚清）。莧菜子每石得油三十斤（味甚甘美，嫌性冷滑）。亞麻、大麻仁每石得油二十餘斤。此其大端，其他未窮究試驗，與夫一方已試而他方未知者，尚有待云。

【注釋】

①蘇麻：又稱白蘇，唇形科，種子油可食用，亦作為乾性油用於漆器製造業。
②紫蘇：唇形科一年生草本植物。
③茶：即油茶樹。
④金櫻子：薔薇科植物金櫻子的乾燥成熟果實。
⑤莧菜：又稱雁來紅，莧科植物，可食。
⑥大麻：中國原產，大麻科。胡荽：即芫荽，傘形科植物，今稱香菜。
⑦桕（音究）：烏桕，大戟科烏桕屬落葉喬木。
⑧蓖麻：大戟科蓖麻屬一年生或多年生草本植物。
⑨冬青：冬青科常綠喬木。韶郡：廣東韶州府。今廣東韶關地區。
⑩吳下：今江蘇南部及浙江北部地區。

【譯文】

食用油中，以芝麻油、蘿蔔籽油、黃豆油和菘菜籽油為上品。蘇麻油、油菜籽油次之，茶籽油次之，莧菜籽油次之，大麻仁油為下品。

燃燈用的油，以桕仁中的水油為上品，菜籽油次之，亞麻籽油次之，棉花籽油次之，芝麻油次之，桐油與桕混油則為下品。製造蠟燭，則以桕皮油為上品，蓖麻籽油次之，每斤加入白蠟而凝結的桕混油次之，加白蠟凝結的各種清油又次之，樟樹籽油又次之，冬青籽油又次之，北方蠟燭普遍使用牛油，則是下等的油料了。

芝麻與蓖麻籽、樟樹籽，每石榨油四十斤。萊菔籽每石可榨油二十七斤。油菜籽每石可榨油三十斤，如果除草勤、土壤肥、榨的方法又得當的話，也可得油四十斤。茶籽每石可榨油十五斤。桐子仁每石可榨油三十三斤。將烏桕子實及外殼分開榨油，則得皮油二十斤、水油十五斤；混在一起榨油則可得桕混油三十三斤。冬青籽每石可榨油十二斤。

黃豆每石可榨油九斤。菘菜籽每石可榨油三十斤。棉花籽每百斤可榨油七斤。莧菜籽每石可榨油三十斤。亞麻籽、大麻仁每石可榨油二十多斤。以上所列舉的只是大概的情況而已，至於其他油料及其榨油率，未做深入考察或試驗，或者有的已經在某個地方試驗過了只是其他地方還不知道，尚有待查考。

法　具

【原文】

凡取油，榨法而外，有兩鑊煮取法，以治蓖麻與蘇麻。北京有磨法，朝鮮有舂法，以治胡麻。其餘則皆從榨出也。凡榨，木巨者圍必合抱，而中空之。其木樟為上，檀、杞次之（杞木為者防地濕，則速朽）[①]。此三木者脈理循環結長，非有縱直紋。故竭力揮椎，實尖其中，而兩頭無璺拆[②]之患，他木有縱紋者不可為也。中土江北少合抱木者，則取四根合併為之，鐵箍裹定，橫栓串合而空其中，以受諸質，則散木有完木之用也。

凡開榨空中，其量隨木大小。大者受一石有餘，小者受五斗不足。凡開榨，辟中鑿劃平槽一條，以宛鑿入中，削圓上下，下沿鑿一小孔，削一小槽，使油出之時流入承藉器中。其平槽約長三四尺，闊三四寸，視其身而為之，無定式也。實槽尖與枋[③]唯檀木、柞子木兩者宜為之，他木無望焉。其尖過斤斧而不過刨，蓋欲其澀，不欲其滑，懼報轉也。撞木與受撞之尖，皆以鐵圈裹首，懼披散也。

榨具已整理，則取諸麻、菜子入釜，文火慢炒（凡柏、桐之類屬樹木生還者，皆不炒而碾蒸），透出香氣，然後碾碎受蒸。凡炒諸麻、菜子，宜鑄平底鍋，深止六寸者，投子仁於內，翻拌最勤。若釜底太深，翻拌疏慢，則火候交傷，減喪油質。炒鍋亦斜安灶上，與蒸鍋大異。凡碾埋槽土內（木為者以鐵片掩之），其上以木桿銜鐵陀，兩人對舉而推之。資本廣者則砌石為牛碾，一牛之力可敵十人。亦有不受碾而受磨者，則棉子之類是也。既碾而篩，擇粗者再碾，細者則入釜甑受蒸。蒸氣騰足，取出以稻秸與麥秸包裹如餅形，其餅外圈箍或用鐵打成，或破篾絞刺而成，與榨中則寸相吻合。

凡油原因氣取，有生於無。出甑之時，包裹怠緩，則水火鬱蒸之氣遊走，為此損油。能者疾傾、疾裹而疾箍之，得油之多，訣由於此。榨工有自少至老而不知者。包裹既定，裝入榨中，隨其量滿，揮撞擠軋，而流泉出焉矣。包內油出滓存，名曰枯餅。凡胡麻、萊菔、芸苔諸餅，皆重新碾碎，篩去秸芒，再蒸、再裹而再榨之。初次得油二分，二次得油一分。若柏、桐諸物，則一榨已盡流出，不必再也。

若水煮法，則並用兩釜。將蓖麻、蘇麻子碾碎，入一釜中注水滾煎，其上浮沫即油。以杓掠取，傾於乾釜內，其下慢火熬乾水氣，油即成矣。然得油之數畢竟減殺。北磨麻油法，以粗麻布袋捩④絞，其法再詳。

【注釋】

①檀：亦稱黃檀，豆科落葉喬木。杞：或稱杞柳，楊柳科喬木。

②璺（音問）拆：開裂破散。

③枋：四棱矩形木塊，裝入榨槽中間，以楔打緊，用以擠壓油料出油。

④捩：扭轉。

【譯文】

製取油料的方法，除了壓榨法，還有用兩口鍋煮取的方法，用來製

柏皮油及諸芸苔胡麻皆同

取萞麻油和蘇麻油。北京有磨法，朝鮮有舂法，用來製取芝麻油。其餘的都是用壓榨法製取。用巨木做的榨具，圍粗必須用雙手可以合抱的，將中間挖空。木料以樟木為最好，檀木與杞木次之（杞木柞具，怕地面潮濕，容易腐朽）這三種木材的紋理呈長圓圈狀，一圈圍著一圈，沒有縱直紋。因此將尖楔插入其中，並儘力捶打時，木材的兩頭才沒有斷裂之患，其他有縱紋的木材則不適宜。中原長江以北很少有合抱木，則取四根木頭拼合起來，用鐵箍箍緊，再用橫栓串合起來，中間挖空，以便放進各種榨油原料，這樣散木也有完木的功用。

製作榨具要將木料中間掏空，挖空多少要看木料的大小，大的可裝一石多油料，小的還裝不到五斗。製造榨具，還要在木料中空部分鑿開一條平槽，用彎鑿在木料裡面上下削圓，再在下沿鑿一個小孔。再削出一條小槽，使榨出的油能流入承受器中。平槽長約三四尺，寬約三四寸，視木料大小而定，沒有固定的形式。插入槽裡的尖楔和枋，只有用檀木、柞木做才合適，其他木料是不行的。尖楔用刀斧砍成，不必刨過，取其粗糙而不令其光滑，以免它滑出。撞木與受撞的尖楔都要用鐵圈箍住頭部，以免木料披散。

榨具已準備好，則將各種麻籽或菜籽放入鍋中，用文火慢炒（凡柏、桐之類樹上生的，切不必炒碾碎後蒸之），到透出香氣時就取出來，然後碾碎再蒸。炒各種麻籽或菜籽時，宜用平底鍋，深六寸即可，將籽仁放進鍋中，不停地翻拌。如果鍋底太深，翻拌疏慢，則火候不均，會損傷油質。炒鍋斜安在灶上，跟蒸鍋大不一樣。碾槽埋在土內（木製的則用鐵片包起來），上面用木桿穿個圓鐵餅，兩人對舉而推碾。資本寬裕的則用石塊砌成牛碾，一牛之力可抵十人。也有些籽實用磨而不用碾，如棉籽之類。碾過之後再篩，擇粗的再碾，細的放入鍋中受蒸。蒸氣透足物料後取出，將其用稻稈或麥稈包裹成餅狀，餅外圍的箍用鐵打成，或用竹篾絞成。餅箍尺寸要與榨具中間空槽的尺寸相符合。

油料中的油是通過蒸氣提取出來的，似乎是油生於氣。出甑的時候，若包裹動作太慢，則水火集結之氣逸走，這樣便會使油損失。技術熟練的人能夠做到快倒、快裹、快箍，得油多的訣竅便在這裡。有的榨工從小做到老都不知此理。油料包裹好後，便可裝入榨具中，根據其量大小而裝滿榨槽，然後揮動撞木把尖楔打進去擠壓，油就像泉水那樣流出來了。包裹裡的油出盡後，剩下的渣滓叫作枯餅。芝麻、蘿蔔籽、油菜籽等的初次枯餅，都可以重新碾碎，篩去莖稈和殼刺，再蒸、再包、再榨。第二次得油為初次的一半。如果是柏籽、桐籽之類，則第一次榨油已流盡，就不必再榨了。

水煮法取油，則並用兩口鍋。將蓖麻籽、蘇麻籽碾碎，放入一口鍋內，加水煮至沸騰，上浮的泡沫便是油。用勺取出，倒入另一口沒有水的乾鍋中，鍋下用慢火熬乾水分，便成油了。不過用這種方法，得油量畢竟有所降低。北方用磨提取芝麻油，將磨過的油料放入粗麻布袋中扭絞，其法待日後詳考。

皮油

【原文】

凡皮油造燭，法起廣信郡。其法取潔淨柏子，囫圇入釜甑蒸，蒸後傾於臼內受舂。其臼深約尺五寸，碓以石為身，不用鐵嘴。石取深山結而膩者，輕重斫成限四十斤，上嵌橫木之上而舂之。其皮膜上油盡脫骨而紛落，挖起，篩於盤內再蒸，包裹、入榨皆同前法。皮油已落盡，其骨為黑子。用冷膩小石磨不懼火鍛者（此磨亦從信郡深山覓取），以紅火矢[1]圍壅鍛熱，將黑子逐把灌入疾磨。磨破之時，風扇去其黑殼，則其內完全白仁，與梧桐子無異。將此碾、蒸，包裹、入榨與前法同。榨出水油清亮無比，貯小盞之中，獨根心草燃至天明，蓋諸清油所不及者。入食饌即不傷人，恐有忌者，寧不用耳。

其皮油造燭，截苦竹[2]筒兩破，水中煮漲（不然則黏滯），小篾箍勒定，用鷹嘴鐵勺挽油灌入，即成一枝。插心於內，頃刻凍結，捋箍開筒而取之。或削棍為模，裁紙一方，卷於其上而成紙筒，灌入亦成一燭。此燭任置風塵中，再經寒暑，不敝壞也。

推柏子黑粒去殼取仁

【注釋】

①紅火矢：本指紅火箭，此指燒紅的木炭。

②苦竹：禾本科竹類，竿呈圓筒形。

【譯文】

用桕皮油製造蠟燭，是廣信郡始創的。其方法是將潔淨的烏桕子整個放入甑裡蒸，蒸後倒入臼內舂搗。臼深約一尺五寸，碓身為石製，不用鐵嘴。石料取自深山中堅實而細滑的石塊，斫成後重量限定為四十斤，上部嵌在橫木之上，便可舂搗。其表皮內油脂層都離開桕實而脫落，挖起來，在盤內過篩後，再蒸。包裹、入榨，皆同前述之法。表皮內油脂脫落後，其內核為黑子。用不怕火燒的冷滑小石磨（其石料亦從廣信府的山中取得），周圍堆起燒紅的炭火加以烘熱，再將黑子逐把投入磨中迅速磨破。磨破之時，用風扇去掉黑殼，則剩下的全是裡面的白仁，如梧桐子一樣。將這種白仁碾碎、上蒸，包裹與入榨都與前法同。榨出的油叫作水油，清亮無比，裝入小燈盞中，用一根燈芯草就可點燃到天明，其他的清油都比不上它。食用也並不會對人有傷害，但也有人忌食，寧可不食用（否則會黏帶皮油）。

用皮油製造蠟燭的方法是：將苦竹筒破成兩半，放在水裡煮漲後，用小篾箍箍緊，用鷹嘴鐵勺舀油灌入竹筒中，再插進燭芯，便成了一支蠟燭。過一會兒待蠟凍結後，順筒捋下篾箍，打開竹筒，將蠟燭取出。或將木棍削成蠟燭模型，裁一張紙，卷在木棍上面做成紙筒，然後灌入皮油，也能製成一根蠟燭。這種蠟燭即使放在風塵中，歷經寒暑，都不會變壞。

乃服[1]第六

【原文】

宋子曰：人為萬物之靈，五官百體，賅[2]而存焉。貴者垂衣裳[3]，煌煌山龍[4]，以治天下；賤者短褐、枲裳[5]，冬以禦寒，夏以蔽體，以自別於禽獸。是故其質則造物之所具也。屬草木者，為枲、麻、苘、葛[6]，屬禽獸與昆蟲者為裘、褐、絲、綿。各載其半，而裳服充焉矣。

天孫機杼[7]，傳巧人間。從本質而見花，因繡濯而得錦。乃杼柚[8]遍天下，而得見花機之巧者，能幾人哉？「治亂」「經綸」字義[9]，學者童而習之，而終身不見其形象，豈非缺憾也！先列飼蠶之法，以知絲源之所自。蓋人物相麗，貴賤有章，天實為之[10]矣。

【注釋】

①乃服：此指衣服。漢韓嬰《韓詩外傳》：「於是黃帝乃服黃衣。」梁周興嗣《千字文》：「乃服衣裳。」

②賅：完備。

③垂衣裳：《周易・繫辭》：「黃帝、堯、舜垂衣裳而天下治。」註：垂衣裳以辨貴賤。

④煌煌：鮮明貌。山龍：繪繡在衣裳上的圖案。《尚書・益稷》：「予欲觀古人之象，日、月、星辰、山、龍、華蟲。」註：畫日、月、星辰、山、龍、華蟲於衣服旌旗。

⑤短褐：古時窮人穿的粗布短衣。枲裳：麻織的粗衣。枲（音洗）：大麻的雄株，只開雄花，不結果實。

⑥苘（音請）：錦葵科　麻，俗稱青麻。葛：豆科葛屬，多年生藤本植物，莖皮纖維可織葛布。

⑦天孫：天上的織女。《史記・天官書》：「織女，天女孫也。」機杼：織布機。杼：織布梭子。

⑧杼柚：都是織機上的梭子，一緯一經。《詩經・小雅・大東》：「杼柚其空。」朱熹《詩集傳》：杼，持緯者；柚，受經者。

⑨「治亂」「經綸」字義：治亂、經綸，皆用作治國的名詞，其實這兩組詞全是由治絲、織布演變而來。所以學童自小誦讀它，卻不明其本源。

⑩貴賤有章，天實為之：人有貴賤，是天經地義，即以所穿衣服的等級而言，老天就生有絲、麻，以為區別。這種封建等級觀念顯然是不妥當的。

【譯文】

宋子說：人為萬物之靈長，五官和全身肢體都長得很齊備。尊貴的人穿著飾有山、龍等圖案的華服統治天下；卑賤的人身著粗麻布衣服，冬天用來禦寒，夏天藉以遮掩身體，以與禽獸相區別。因此，人們所穿衣服的原料是自然界所提供的。其中屬於植物一類的有棉、大麻、苘麻、葛，屬於禽獸昆蟲之類的有皮、毛、絲、綿。二者各占一半，做衣服就足夠了。

如同天上織女那樣的紡織技術，已經傳遍了人間。人們把原料紡成帶有花紋的布匹，又經過刺繡、染色而製成華美的錦緞。雖然織機普及天下，但是真正見識過提花機紡織技巧的有多少人呢？像「治亂」「經綸」這些詞的原意，讀書人自小就學習過，但他們終生都沒有見過它的實際形象，這難道不是巨大的缺憾嗎！這裡我先敘述養蠶的方法，讓讀者明白絲是從何而來的。其次敘述紡織技術，以說明衣料是怎樣製造出來的。因為人和衣服相稱，貴與賤從衣服可以顯示出來，這是上天的安排吧！

蠶　種

【原文】

凡蛹變蠶蛾，旬日破繭而出，雌雄均等。雌者伏而不動，雄者兩翅飛撲，遇雌即交，交一日、半日方解。解脫之後，雄者中枯而死，雌者即時生卵。承藉卵生者，或紙或布，隨方所用（嘉、湖[1]用桑皮厚紙）。一蛾計生卵二百餘粒，自然粘於紙上，粒粒勻鋪，天然無一堆積。蠶主收貯，以待來年。

【注釋】

① 嘉、湖：今浙江嘉興、湖州一帶。

【譯文】

蠶由蛹變成蠶蛾，需經十天才能破繭而出，雌蛾和雄蛾數目大致相等。雌蛾伏著不活動，雄蛾振動兩翅飛撲，遇到雌蛾就交配，交配半天甚至一天才相互解脫。解脫之後，雄蛾因體內精力枯竭而死，雌蛾則立即產卵。用紙或布來承接蠶卵，因地制宜（浙江嘉興，湖州用厚桑皮紙，次年仍可用）。一隻雌蛾可產卵二百多粒，這些蠶卵自然地黏在紙上，一粒一粒均勻鋪開，天然無一堆積。養蠶的人把蠶卵收藏起來，以待來年之用。

蠶浴

【原文】

凡蠶用浴法①，唯嘉、湖兩郡。湖多用天露、石灰，嘉多用鹽滷水。每蠶紙一張，用鹽倉走出滷水②二升，摻水浸於盂內，紙浮其面（石灰仿此）。逢臘月十二即浸浴，至二十四，計十二日，周即漉起，用微火烘乾。從此珍重箱匣中，半點風濕不受，直待清明抱產。

其天露浴者，時日相同。以篾盤盛紙，攤開屋上，四隅小石鎮壓。任從霜雪、風雨、雷電，滿十二日方收。珍重、待時如前法。蓋低種經浴，則自死不出，不費葉故，且得絲亦多也。晚種不用浴。

【注釋】

①蠶用浴法：指古人人工淘汰低劣蠶種的辦法。

②滷水：製鹽時產生的含鈉、鎂等鹽類的苦味溶液，用來消毒。

【譯文】

蠶種用浴洗方法處理的，只有嘉興、湖州兩個地方。湖州多採用天露浴法和石灰浴法，嘉興則多採用鹽水或滷水浴法。每張粘有蠶卵的紙，用鹽倉內流出來的滷水兩升，摻水倒入盆內，紙便會浮在水面上（石灰浴仿照此法）。每逢臘月十二開始浸浴，至二十四為止，共十二天，到時把蠶紙撈起，滴乾水，再用微火烤乾。然後小心妥善保管在箱盒裡，不讓蠶種受半點風寒、濕氣，直到清明節時取出蠶卵進行孵化。

蠶浴

用天然露水浴蠶，時間同上。用竹篾盤盛蠶紙，攤開平放在屋頂上。四角用小石塊壓住。任憑它經受霜雪、風雨、雷電，滿十二天後再收起來。保存方式、時間與前述方法相同。孱弱的蠶種經過浴洗，就會自然死亡而不出幼蠶，所以不會浪費桑葉，收繭得絲也較多。而對於一年中孵化、飼養兩次的「晚蠶」則不需要浴種。

種忌

【原文】

凡蠶紙用竹木四條為方架，高懸透風避日梁枋之上，其下忌桐油、煙煤火氣。冬月忌雪映，一映即空。遇大雪下時，即忙收貯，明日雪過，依然懸掛，直待臘月浴藏。

【譯文】

用四根竹棍或木棍做成方架，把蠶紙放在上面，再把方架高掛在通風避光的房樑上，下面千萬不要有桐油、煙煤火氣。冬天要避免雪光映照，蠶卵一經雪光映照就會變成空殼。因此，遇到下大雪時，要趕緊將蠶紙收貯起來，次日雪過，依然掛起來，直到臘月浴種後收藏。

種　類

【原文】

凡蠶有早、晚二種[1]。晚種每年先早種五六日出，結繭亦在先，其繭較輕三分之一。若早蠶結繭時，彼已出蛾生卵，以便再養矣（晚蛹戒不宜食）。凡三樣浴種，皆謹視原記，如一錯誤，或將天露者投鹽浴，則盡空不出矣。凡繭色唯黃、白二種，川、陝、晉、豫有黃無白，嘉、湖有白無黃。若將白雄配黃雌，則其嗣變成褐繭。黃絲以豬胰[2]漂洗，亦成白色，但終不可染漂[3]白、桃紅二色。

凡繭形亦有數種，晚繭結成亞腰葫蘆樣，天露繭尖長如榧子形，又或圓扁如核桃形。又一種不忌泥塗葉者，名為賤蠶，得絲偏多。

凡蠶形亦有純白、虎斑、純黑、花紋數種，吐絲則同。今寒家有將早雄配晚雌者，幻出嘉種，一異也。野蠶[4]自為繭，出青州、沂水等地，樹老即自生。其絲為衣，能禦雨及垢污。其蛾出即能飛，不傳種紙上。他處亦有，但稀少耳。

【注釋】

①早、晚二種：早蠶為一年孵化一次，晚蠶則一年孵化兩次。

②豬胰：從豬脂肪中提製而成的肥皂。

③漂：疑當作「縹」，青白色。

④野蠶：即柞蠶，鱗翅目天蠶蛾科，以山毛櫸科櫟屬（遼東柞、麻櫟）樹葉為食物。

【譯文】

蠶分早蠶和晚蠶兩種。晚蠶每年比早蠶先孵出五六天，結繭也在早蠶之前，但它的繭約比早蠶的繭輕三分之一。當早蠶結繭時，晚蠶已出蛾產卵，以供再養了（晚蠶蠶蛹不可食用）。用上述三種方法浴種，都要認真注意原來的標記，一旦弄錯了，比如將已用天露水浴過的蠶種再放到鹽滷水中進行鹽浴，那麼蠶卵就會全部變空，不會出蠶了。蠶繭的顏色只有黃、白兩種，四川、陝西、山西、河南有黃繭而無白繭，嘉興、湖州有白繭而無黃繭。如果將白繭雄蛾和黃繭雌蛾交配，則其後代就會結出褐色繭。黃色的蠶絲用豬胰漂洗，也可以變成白色，但始終不能染成青白、桃紅兩種顏色。

蠶繭的形狀也有好幾種。晚蠶結成束腰像葫蘆形的繭，天然露水浴過的蠶結成尖長像榧子形的繭，也有圓扁像核桃形的繭。還有一種不怕吃沾泥土的桑葉的蠶，名叫「賤蠶」，吐絲反而比較多。

蠶的體色也有純白、虎斑、純黑、花紋色幾種，吐絲都是一樣的。現在的貧苦人家有用雄性早蠶蛾與雌性晚蠶蛾交配，而培育出良種，真是令人驚奇啊。有一種野蠶，無須飼養，自行結繭，多產於山東的青州及沂水等地，樹葉枯黃時即自生蛾。用這種蠶吐的絲織成的衣服，能防雨且耐髒。其蠶蛾鑽出繭殼即能飛，不在紙上產卵傳種。其他地方也有野蠶，但很稀少。

抱　養

【原文】

凡清明逝三日，蠶㸚[①]即不偎衣、衾暖氣，自然生出。蠶室宜向東南，周圍用紙糊風隙，上無棚板者宜頂格[②]，值寒冷則用炭火於室內助暖。凡初乳蠶，將桑葉切為細條。切葉不束稻麥稿為之，則不損刀。摘葉用甕壇盛，不欲風吹枯悴。

二眠以前，騰筐[③]方法皆用尖圓小竹筷提過。二眠以後則不用箸，而手指可拈矣。凡騰筐勤苦，皆視人工。怠於騰者，厚葉與糞濕蒸，多致壓死。凡眠齊時，皆吐絲而後眠。若騰過，須將舊葉些微揀淨。若粘帶絲纏葉在中，眠起之時，恐其即食一口，則其病為脹死。三眠已過，若天氣炎熱，急宜搬出寬涼所，亦忌風吹。凡大眠後，計上葉十二餐方方騰，太勤則絲糙。

【注釋】

①蠶妙（音苗）：幼蠶。

②頂格：以木為格，扎於屋頂。

③騰筐：又稱「除沙」。養蠶宜潔，為清除蠶筐中的蠶糞及殘葉，須將蠶移入另一筐內。

【譯文】

清明節過後三天，不必用衣、被來保暖，幼蠶就會自然而出。蠶室最好是面向東南方，周圍牆壁上透風的縫隙要用紙糊好，室內頂部如果沒有棚板的要裝上頂棚，遇到寒冷天則用炭火給室內加溫。餵養初生的幼蠶，要把桑葉切成細條。切桑葉的墩子用稻麥稈捆紮成，這樣就不會損壞刀口了。摘下的桑葉要用甕壇裝好，不要被風吹乾了水分。

在蠶二眠以前，騰筐的方法都是用尖圓的小竹筷將蠶提過去。二眠以後則可以不用竹筷子，直接用手拈了。騰筐是否勤，全在人工。騰筐不勤，則殘葉與蠶糞堆得較厚，就會變得濕熱，常常會把蠶給壓死。蠶總是先吐絲而後入睡。如在這個時候騰筐，則須將零碎的殘葉都揀乾淨了。如果有粘著絲的殘葉留下來的話，蠶覺醒之後，哪怕只吃一口殘葉，也會得病脹死。三眠過後，如果天氣炎熱，應儘快將蠶搬到寬敞涼爽的地方，但也忌風吹。大眠之後，要餵食十二次桑葉以後再騰筐，騰筐太勤，蠶吐的絲就會變得粗糙。

養　忌

【原文】

凡蠶畏香，復畏臭。若焚骨灰、淘毛圊[1]者，順風吹來，多致觸死。隔壁煎鮑魚、宿脂[2]，亦或觸死。灶燒煤炭，爐爇沉、檀[3]，亦觸死。懶婦便器[4]動氣侵，亦有損傷。若風則偏忌西南，西南風太勁，則有合箔皆僵者。凡臭氣觸來，急燒殘桑葉，煙以抵之。

【注釋】

①毛圊（音青）：廁所，糞坑。

②鮑魚：鹹魚。宿脂：放置時間過長而變質的豬油。

③爇（音弱）：燒。沉、檀：沉香、檀香。

④懶婦便器：懶惰婦人所用的便溺器具，必甚污穢。

【譯文】

蠶既害怕香味，又害怕臭味。如果有燒骨頭或掏廁所的氣味順風吹來，觸到蠶，往往會把蠶熏死。隔壁煎鹹魚或不新鮮的油脂，其氣味也能把蠶熏死。灶裡燒煤炭，香爐裡燃沉香、檀香，其氣味也會把蠶熏死。懶婦搖動便桶時散發出的臭氣，也會損傷蠶。如果颳風，蠶只怕西南風，西南風吹得太猛，滿筐的蠶都會凍僵的。遇有臭氣襲來，要趕緊燃燒殘桑葉，用煙來抵擋。

葉　料

【原文】

凡桑葉無土不生。嘉、湖用枝條垂壓，今年視桑樹傍生條，用竹鉤掛臥，逐漸近地面，至冬月則拋土壓之，來春每節生根，則剪開他栽。其樹精華皆聚葉上，不復生葚與開花矣。欲葉便剪摘，則樹至七八尺即斬截當頂，葉則婆娑可扳伐，不必乘梯緣木也。其他用子種者，立夏桑葚紫熟時取來，用黃泥水搓洗，並水澆於地面，本秋即長尺餘。來春移栽，倘灌糞勤勞，亦易長茂。但間有生葚與開花者，則葉最薄少耳。又有花桑，葉薄不堪用者，其樹接①過，亦生厚葉也。

又有柘②葉一種，以濟桑葉之窮。柘葉浙中不經見，川中最多。寒家用浙種，桑葉窮時，仍啖柘葉，則物理一也。凡琴絃、弓弦絲，用柘養蠶，名曰棘繭，謂最堅韌。凡取葉必用剪，鐵剪出嘉郡桐鄉者最犀利，他鄉未得其利。剪枝之法，再生條次月葉愈茂，取資既多，人工復便。凡再生條葉，仲夏以養晚蠶，則止摘葉而不剪條。二葉摘後，秋來三葉復茂，浙人聽其經霜自落，片片掃拾以飼綿羊，大獲絨氈之利。

【注釋】

①接：嫁接。

②柘（音浙）：桑樹柘科，又稱黃桑，葉可喂蠶。

【譯文】

桑樹在各個地方都可以種植。浙江嘉興、湖州用壓條法培植桑樹，選當年桑樹上長的側枝用竹鉤拉下來，使它逐漸接近地面，到了冬天就用土壓住枝條。第二年春天，每節樹枝都能長出根來，這時便可以剪開分別移栽了。用這種方法培植的桑樹，精華都聚積在葉片上，不再結葚、開花了。要想使桑葉便於剪摘，可以等桑樹長到七八尺高時，斬截去樹頂，繁茂的枝葉就會披散下來，可扳枝摘取，不必登梯爬樹了。此外，用種子種的桑樹，立夏時摘下熟得發紫的桑葚果，用黃泥水搓洗，然後連水一塊澆到地裡，當年秋天就可以長到一尺多高，來年春天再進行移栽。如果勤於澆水施肥，枝葉也很容易長得茂盛。但也間有結葚、開花的，葉子就會薄且少。還有一種花桑，葉子太薄不能用，但通過嫁接也能長出厚葉。

另外還有一種柘葉，可以接濟桑葉的不足。柘樹在浙江並不常見，而在四川最多。窮苦人家飼養浙江蠶種，在桑葉不夠喂時，就用柘葉充之，同樣能夠將蠶餵養大。琴絃和弓弦所用的絲，都來自柘葉餵養的蠶，所得蠶繭名叫「棘繭」，據說其蠶絲最為堅韌。採摘桑葉必須用剪刀，嘉興府桐鄉縣出產的鐵剪最為鋒利，別處的剪刀都比不上它。桑樹經過剪枝之後，新生枝條一個月後就會長出茂盛的葉子，這樣取得的桑葉又多，摘取也方便。再生枝條的桑葉，農曆五月用以餵養晚蠶，則只是摘葉而不剪枝。第二茬桑葉摘取後，到秋天第三茬桑葉又茂盛起來，浙江人任其經霜自落，然後將落葉全都掃拾起來，用來飼養綿羊，可大獲羊毛氈絨的收益。

食　忌

【原文】

凡蠶大眠以後，徑食濕葉。雨天摘來者，任從鋪地加餐；晴日摘來者，以水灑濕而飼之，則絲有光澤。未大眠時，雨天摘葉用繩懸掛透風簷下，時振其繩，待風吹乾。若用手掌拍乾，則葉焦而不滋潤，他時絲亦枯色。凡食葉，眠前必令飽足而眠，眠起即遲半日上葉無妨也。霧天濕葉甚壞蠶，其晨有霧，切勿摘葉。待霧收時，或晴或雨，方剪伐也。露珠水亦待旰乾[1]而後剪摘。

【注釋】

①旰（音須）乾：晾乾。

【譯文】

蠶經大眠以後，就可直接吃潮濕的桑葉了。雨天摘下的葉子，可隨便鋪在地上餵蠶；晴天摘下的葉子，要用水灑濕後再去餵蠶，這樣蠶吐出的絲才更有光澤。但蠶在未大眠時，雨天摘下的桑葉要用繩子懸掛在通風的屋簷下，不時地振動繩子，讓風吹乾葉子。若用手掌輕輕拍乾，則葉焦而不新鮮滋潤，將來蠶吐的絲也不會有光澤。餵葉時，蠶眠前必須令其吃飽而後眠；眠起後，即使遲半日上葉也無妨。霧天潮濕的桑葉對蠶的危害很大，因此一旦看見早晨有霧，切勿摘葉。等霧散後，無論晴雨都可以剪摘桑葉。有露水時，要等曬乾後再進行剪摘。

病　症

【原文】

凡蠶卵中受病，已詳前款[①]。出後濕熱積壓，防忌在人。初眠騰時，用漆盒者不可蓋掩逼出氣水。凡蠶將病，則腦上放光，通身黃色，頭漸大而尾漸小。並及眠之時，遊走不眠，食葉又不多者，皆病作也。急擇而去之，勿使敗群。凡蠶強美者必眠葉面，壓在下者或力弱或性懶，作繭亦薄。其作繭不知收法，妄吐絲成闊窩者，乃蠢蠶，非懶蠶也。

【注釋】

①前款：前面的章節。

【譯文】

蠶卵所遇到的病害，前面已經詳細敘述了。蠶從卵中孵出後要防止濕熱、積壓，這關鍵在於養蠶人的工作狀況。蠶初眠騰筐時，用漆器做蓋物的，就不要蓋上蓋，以免捂出水氣。蠶要發病時，腦部發光，全身發黃，頭部漸漸變大而尾部漸漸變小。此外，有些蠶在該入眠時仍遊走不眠，吃桑葉又不多，這都是病態。應該立即挑揀淘汰出去，以免傳染蠶群。健康而色澤美好的蠶一定會在葉面上入睡，壓在桑葉下面的蠶，不是體弱便是懶惰，所結的蠶繭亦薄。那些作繭不得法，胡亂吐絲結成鬆散絲窩的，是蠢蠶而非懶蠶。

老　足

【原文】

凡蠶食葉足候，只爭時刻。自卵出，多在辰、巳二時①，故老足結繭亦多辰、巳二時。老足者，喉下兩唊②通明。捉時嫩一分則絲少，過老一分，又吐去絲，繭殼必薄。捉者眼法高，一隻不差方妙。黑色蠶不見身中透光，最難捉。

【注釋】

①辰：辰時，上午七至九時。巳：巳時，上午九至十一時。

②唊（音甲）：蠶胸部下邊兩旁的絲腺。

老足

【譯文】

當蠶吃足桑葉並日趨成熟時，要力爭儘早捉蠶結繭。蠶卵孵化多在辰時和巳時，所以發育成熟的蠶結繭也多在這個時間。老熟的蠶喉下兩頰透明。捉蠶時，如果捉的蠶嫩一分、未完全成熟的話，吐絲就少；如果捉的蠶老一分、過於成熟的話，因為它已吐掉一部分絲，這樣其繭殼必定較薄。捉蠶的人眼法高明，若能捉得一隻不差才算妙。體色黑的蠶，即便老熟了也看不見其身體內透明的部分，因此最難辨捉。

結　繭

【原文】

凡結繭必如嘉、湖，方盡其法。他國不知用火烘，聽蠶結出，甚至叢稈之內、箱匣之中，火不經，風不透。故所為屯、漳等絹①，豫、蜀等綢，皆易朽爛。若嘉、湖產絲成衣，即入水浣濯百餘度，其質尚存。其法析竹編箔，其下橫架料木約六尺高，地下擺列炭火（炭忌爆炸），方圓去四五尺即列火一盆。初上山②時，火分兩略輕少，引他成緒③，蠶戀火意，即時造繭，不復緣走。

繭緒既成，即每盆加火半斤，吐出絲來隨即乾燥，所以經久不壞也。其繭室不宜樓板遮蓋，下慾火而上欲風涼也。凡火頂上者，不以為種，取種寧用火偏者。其箔上山用麥稻稿斬齊，隨手糾捩④成山，頓插箔上。做山之人最宜手健。箔竹稀疏，用短稿略鋪灑，防蠶跌墜地下與火中也。

【注釋】

①屯：安徽屯溪。漳：福建漳州。

②上山：上簇，將熟蠶逐個捉起放在結繭的蠶箔上的山簇上。

③成緒：吐出絲縷的頭緒。

④糾捩：扭結。

【譯文】

結蠶繭時，必須要採用嘉興、湖州的方法行事，才能達到完善的地步。其他地方都不懂得怎樣用火烘烤除濕，任由蠶隨便吐絲結繭，甚至讓繭結到叢稈之中或箱匣裡，既不用火烘，也不通風。因此，用這種蠶絲織成的屯溪、漳州的絹，河南、四川的綢，都容易朽爛。如果用嘉興、湖州產的蠶絲做衣服，即使放在水裡洗上一百多次，絲質還是完好的。嘉興、湖州的做法是，削竹編成竹蓆狀的蠶箔，下面用木料搭架，離地約六尺高，地面放置炭火（要防炭塊燃燒時爆裂），前後左右每隔四五尺就擺放一個火盆。蠶開始上簇結繭時，火力稍微小一些，引蠶吐絲，因為蠶喜歡溫暖，便即時造繭，不再到處遊走。

山箔

繭衣結成後，每盆炭火再添上半斤炭，則蠶吐出的絲隨即乾燥，所以這種絲能經久不壞。供蠶結繭的屋子不應當用樓板遮蓋，因為結繭時下面要用火烘，而上面需要通風。凡是火盆正頂上的蠶繭不能用作蠶種，取蠶種要用遠離火盆的。蠶箔上的山簇用切割整齊的稻麥稈隨手扭結而成，垂直插在蠶箔上。做山簇的人最好手力要大。蠶箔上的竹條稀疏時，可以略鋪一些短稻草稈，以防蠶掉到地上或火盆中。

取　繭

【原文】

凡繭造三日，則下箔而取之。其殼外浮絲，一名絲匡者，湖郡老婦賤價買去（每斤百文），用銅錢墜打成線，織成湖綢。去浮之後，其繭必用大盤攤開架上，以聽治絲、擴綿。若用廚箱掩蓋，則浥鬱①而絲緒斷絕矣。

取繭

【注釋】

①浥鬱：霉濕氣悶，不通風。

【譯文】

蠶結繭三天後，就可拿下蠶箔而取繭。蠶繭殼外面的浮絲叫「絲匡」，湖州的老婦用很便宜的價錢買回去（每斤大約一百文），用銅錢墜子做紡錘，將其打成線，織成湖綢。剝掉浮絲後的蠶繭，必須攤開在大盤裡，放在架子上，以待繅絲或制絲綿。如用櫥櫃、箱子把蠶繭裝蓋起來，會使其氣悶受潮，造成斷絲。

物　害

【原文】

凡害蠶者，有雀、鼠、蚊三種。雀害不及繭，蚊害不及早蠶，鼠害則與之相終始。防驅之智是不一法，唯人所行也（雀屎黏葉，蠶食之立刻死爛）。

【譯文】

危害蠶的有麻雀、老鼠、蚊子三種害物。麻雀危害不到繭，蚊子危害不到早蠶，而老鼠的危害則始終存在。防害除害的辦法是多種多樣的，隨人施行（麻雀屎黏在桑葉，蠶吃了會立刻死亡、腐爛）。

擇　繭

【原文】

凡取絲必用圓正獨蠶繭，則緒不亂。若雙繭並四五蠶共為繭，擇去取綿用。或以為絲，則粗甚。

【譯文】

繅絲用的繭，必須選擇圓滑端正的獨頭繭，這樣繅絲時絲緒就不會亂。若有兩個蠶或四五條蠶共結的雙宮繭，則應挑出來製絲綿。若用這類繭繅（音搔）絲（將蠶繭煮過，抽出絲來），絲就會很粗。

擇繭

造　綿

【原文】

凡雙繭並繅絲鍋底零餘，並出種繭殼，皆緒斷亂不可為絲，用以取綿。用稻灰水煮過（不宜石灰），傾入清水盆內。手大指去甲淨盡，指頭頂開四個，四四數足，用拳頂開又四四十六拳數，然後上小竹弓。此《莊子》所謂「洴澼絖①」也。

湖綿獨白淨清化者，總緣手法之妙。上弓之時，唯取快捷，帶水擴開。若稍緩，水流去，則結塊不盡解，而色不純白矣。其治絲餘者名鍋底綿，裝綿衣、衾內以禦重寒，謂之「挾纊②」。凡取綿人工，難於取絲八倍，竟日只得四兩餘。用此綿墜打線織湖綢者，價頗重。以綿線登花機者名曰花綿，價尤重。

【注釋】

①洴澼絖（音屏譬況）：指在水中漂洗綿絮。《莊子・逍遙游》：「宋人有善為不龜手藥者，世世以洴澼絖為事。」

②挾纊（音斜礦）：指裡面裝有絲綿的衣或被。

【譯文】

雙宮繭和繅絲後殘留在鍋底的碎絲斷繭，以及種繭出蛾後的繭殼，都絲緒斷亂而無法繅絲，卻可用來造絲綿。將其用稻灰水煮後（不宜用石灰），倒在清水盆內。將大拇指的指甲剪乾淨，用指頭頂開四個蠶繭，連續疊套在其餘指頭上，四個指頭中每個手指都疊套四個蠶繭，即所謂「四四數足」。再用拳將繭頂開，拉寬到一定範圍，如此共頂四四一十六拳，可頂開十六個蠶繭，然後用小竹弓敲打。這就是《莊子》所說的「洴澼絖」。

湖州的絲綿特別潔白、純淨，是由於造絲綿的手法非常巧妙。上弓操作時，貴在動作敏捷，帶水將絲綿拉開。如果動作稍慢，水已流去，則絲綿結塊而不能完全均勻地拉開，顏色看起來也就不純白了。那些繅絲剩下的，叫作鍋底綿，將其裝入衣被裡用來禦寒，稱為「挾纊」。造絲綿所費的人工，八倍於繅絲，每人勞動一整天也只得四兩多絲綿。用這種絲綿墜打成線織成湖綢，價值很高。用這種綿線在提花機上織出的產品叫作「花綿」，價錢更貴。

治　絲

【原文】

凡治絲，先製絲車①。其尺寸、器具開載後圖。鍋煎極沸湯，絲粗細視投繭多寡，窮日之力一人可取三十兩。若包頭絲，則只取二十兩，以其苗長也。凡綾羅絲，一起投繭二十枚，包頭絲只投十餘枚。凡繭滾沸時，以竹籤撥動水面，絲緒自見。提緒入手，引入竹針眼②，先繞星丁頭（以竹棍做成，如香筒樣）③，然後由送絲竿④勾掛，以登大關車⑤。

斷絕之時，尋緒丟上，不必繞接。其絲排勻不堆積者，全在送絲竿與磨不⑥之上。川蜀絲車製稍異，其法架橫鍋上，引四五緒而上，兩人對尋鍋中緒，然終不若湖製之盡善也。

凡供治絲薪，取極燥無煙濕者，則寶色不損。絲美之法有六字，一曰出口乾，即結繭時用炭火烘。一曰出水乾，則治絲登車時，用炭火四五兩盆盛，去關車五寸許，運轉如風轉時，轉轉火意照乾，是曰出水乾也（若晴光又風色，則不用火）。

【注釋】

①絲車：即繅車。

②竹針眼：即集緒眼，將多個繭的緒集聚起來的部件。
③星丁頭：導絲用的滑輪。
④送絲竿：即移絲竿。
⑤大關車：腳踏轉動的繞絲部件。
⑥磨不：指使移絲竿擺動的腳踏搖柄。很多版本誤作「磨木」。

【譯文】

凡繅絲，先要製作繅車。繅車的尺寸、部件及其組合構造都列在後面的插圖中。繅絲時首先要將鍋內的水煮至極沸，將蠶繭投入鍋中，生絲的粗細取決於投繭多少。一個人勞累一整天，可繅絲三十兩。如果繅包頭巾用的絲，只能得到二十兩，因為這種絲比較細長。繅綾羅用的絲，一次要投入鍋內二十個蠶繭，繅包頭巾用的絲只需投入十幾個蠶繭。當繭在鍋內滾沸時，用竹籤撥動水面，絲緒自會出現。用手牽住緒絲引入竹針眼，先繞過星丁頭（以竹棍做成，如香筒形狀），然後將絲勾掛在送絲竿上，再連接到大關車上。

治絲一

治絲二

遇到斷絲時，只要找到緒絲頭搭上去，不必繞接原來的絲。想要使絲在大關車上排列均勻而不堆積在一起，全靠送絲竿和磨的作用。四川繅車的形式稍有不同，其繅絲的方法是把繅車橫架在鍋上，兩人面對面地各自尋找鍋中的緒絲，一次牽出四五根緒絲上車，但這種方法終究不如湖州繅車完善。

供繅絲用的柴薪，要選擇非常幹燥且無煙濕之氣的，這樣才不會損害絲的色澤。想使絲質美好，有六字口訣，一叫「出口乾」，即蠶結繭時用炭火烘乾；一叫「出水乾」，就是說在繅絲上大關車時，用盆盛裝四、五兩炭生火，放在離大關車五寸左右的地方，當大關車飛快旋轉時，生絲借火溫邊轉邊乾，絲一邊轉一邊被火烘乾，這就是所說的「出水乾」（如果是晴天又有風，就不用火來烘了）。

調　絲

【原文】

凡絲議織時，最先用調。透光檐端宇下，以木架鋪地，置竹四根於上，名曰絡篤。絲匡竹上，其旁倚柱高八尺處，釘具斜安小竹偃月掛鉤。懸搭絲於鉤內，手中執籰①旋纏，以俟牽經、織緯之用。小竹墜石為活頭②，接斷之時，扳之即下。

調絲

【注釋】

①籰（音月）：繞絲、線的工具。

②活頭：即圖中之「活套」。

【譯文】

準備織絲時，首先要繞絲。在光線明亮的屋簷下，將木架平放在地上，木架上直插四根竹竿，叫作「絡篤」。將絲套在四根竹上，絡篤旁邊的立柱上高八尺的地方，用鐵釘固定一根帶有半月形掛鉤的傾斜的小竹竿。將絲懸掛在半月形鉤內，手裡拿著繞絲棒旋轉繞絲，以備牽經、織緯時用。小竹竿一端垂下一個小石塊作為活頭，斷絲時一拉小繩，掛鉤就落下來了。

緯絡[1]

【原文】

凡絲既篗之後，以就經緯。經質用少而緯質用多。每絲十兩，經四緯六，此大略也。凡供緯篗，以水沃濕絲，搖車轉鋌[2]而紡於竹管之上（竹用小箭竹）。

【注釋】

①緯絡：即卷緯，捲繞供織絲用的緯線。

②鋌：絲錠。或作「錠」。

【譯文】

絲在篗上繞好後，就可做

紡車

經緯線了。經線用絲少，緯線用絲多。每十兩絲，經線用四兩，緯線用六兩。供卷緯線用的籰，要將上面的絲用水濕潤，再搖卷緯車帶動錠子轉動，將絲纏繞於竹管之上（竹用小箭竹）。

經　具

【原文】

凡絲既籰之後，牽經就織。以直竹竿穿眼三十餘，透過篾圈，名曰溜眼。竿橫架柱上，絲從圈透過掌扇，然後纏繞經耙之上。度數既足，將印架捆卷。既捆，中以交竹二度，一上一下間絲，然後扱於簆內（此簆非織簆[1]）。扱簆之後，以的槓[2]與印架相望，登開五七丈。或過糊者，就此過糊；或不過糊，就此卷於的槓，穿綜[3]就織。

溜眼掌扇經耙

【注釋】

①織筘：織機部件，呈梳狀，將經線穿入梳齒，使其按一定寬度排列，以控制織品的寬度，故又稱「定幅筘」。

②的槓：織機上捲繞經線的經軸。

③綜：織機上使經線上下交錯以受緯線的部件。

【譯文】

絲線繞在籰上以後，便可牽拉經線準備織造了。在一根直竹竿上鑽出三十多個小眼，眼內穿上篾圈，名叫溜眼。將這根竹竿橫架在木柱子上，絲通過篾圈再穿過掌扇（分絲筘），然後纏繞在經耙（牽緯架）上。絲達到足夠長度時，就卷在印架（卷經架）上。捲好以後，中間用兩根交竹（經錢分交棒）把絲分隔成一上一下兩層，然後插於梳絲筘內（此絲筘不是織機上的筘）。穿過梳絲筘後，把的槓與印架相對拉開五至七丈遠。需要漿絲的，就此漿絲；不需要漿絲的則就此卷在的槓上，便可穿綜筘而投梭織造了。

過　糊

【原文】

凡糊用麵筋內小粉為質。紗、羅所必用，綾、綢或用或不用。其染紗不存素質[①]者，用牛膠水為之，名曰清膠紗。糊漿承於筘上，推移染透，推移就乾。天氣晴明，頃刻而燥，陰天必借風力之吹也。

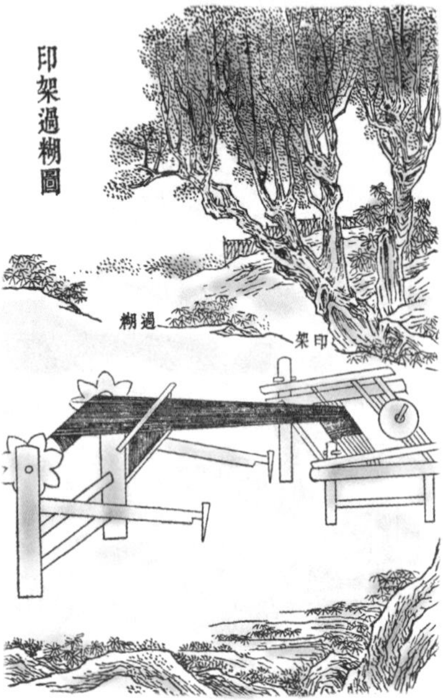

印架過糊

【注釋】

①素質：絲的本來性質。

【譯文】

漿絲用的糊要用揉麵筋沉下的小粉為原料。織紗、羅的絲必須要漿過，織綾、綢的絲則可以漿也可以不漿。用染過的絲織紗，因絲已失掉原來本性，要用牛膠水過漿，這種紗叫作清膠紗。漿絲的糊料放在梳絲筘上，來回推移梳絲筘將絲漿透，隨推隨乾。如果天氣晴朗，絲頃刻即乾，陰天則要藉助風力把絲吹乾。

邊　維

【原文】

凡帛不論綾、羅，皆別牽邊，兩旁各二十餘縷。邊縷必過糊，用筘推移梳乾。凡綾、羅必三十丈、五六十丈一穿，以省穿接繁苦。每匹應截畫墨於邊絲之上，即知其丈尺之足。邊絲不登的槓，別繞機梁之上。

【譯文】

絲織品不管是厚的綾還是薄的羅，紡織時都要另外進行牽邊，其兩邊各牽引經線二十多根。邊經線必須過漿，用筘推移梳乾。一般來說，綾羅的經絲，每三十丈或五六十丈穿一次筘，以省去穿接的繁苦。每織一匹（四丈）應該在邊經線上用墨畫記號，以掌握長度。牽邊的絲線不是繞在的槓（經軸）上，而是另外繞在織機的橫樑上。

經　數

【原文】

凡織帛，羅、紗筘以八百齒為率。綾、絹筘以一千二百齒為率。每筘齒中度經過糊者，四縷合為二縷，羅、紗經計三千二百縷，綾、綢經計五千、六千縷。古書八十縷為一升①，今綾、絹厚者，古所謂六十升布也。凡織花文必用嘉、湖出口、出水，皆乾絲為經，則任從提挈，不憂斷接。他省者即勉強提花，潦草而已。

【注釋】

①古書八十縷為一升：《儀禮・喪服》：「緦者十五升，抽其半，有事其縷，無事其布，曰緦。」鄭玄註：「云緦者十五升抽其半者，以八十縷為升。」

【譯文】

織相對薄的羅、紗用的筘以八百個齒為標準，織相對厚的綾、絹用的筘則以一千二百個齒為標準。每個筘齒中穿入過漿的經線，每四根合成兩股，羅、紗的經線共計有三千二百根，綾、綢的經線總計有五六千根。古書記載每八十根為一升，現在較厚的綾、絹也就是古時所說的六十升布。織帶花紋的絲織品必須用浙江嘉興、湖州所產結繭和繅絲時都用火烘乾的絲作經線，這種絲可任意提拉，也不必擔心會斷頭。其他地區的絲，即使能勉強提花，也相對粗糙而不精緻。

花機式

【原文】

凡花機通身度長一丈六尺，隆起花樓，中托衢盤，下垂衢腳（水磨竹棍為之，計一千八百根）。對花樓下掘坑二尺許，以藏衢腳（地氣濕者，架棚二尺代之）。提花小廝坐立花樓架木上。機末以的槓卷絲，中用疊助木兩枝，直穿二木，約四尺長，其尖插於筘兩頭。

疊助，織紗羅者，視織綾絹者減輕十餘斤方妙。其素羅不起花紋，與軟紗、綾絹踏成浪梅小花者，視素羅只加桄[1]兩扇。一人踏織自成，不用提花之人，閒住花樓，亦不設衢盤與衢腳也。其機式兩接，前一接平安，自花樓向身一接斜倚低下尺許，則疊助力雄。若織包頭細軟，則另為均平不斜之機。坐處斗二腳，以其絲微細，防遏疊助之力也。

【注釋】

①桄：通「框」。

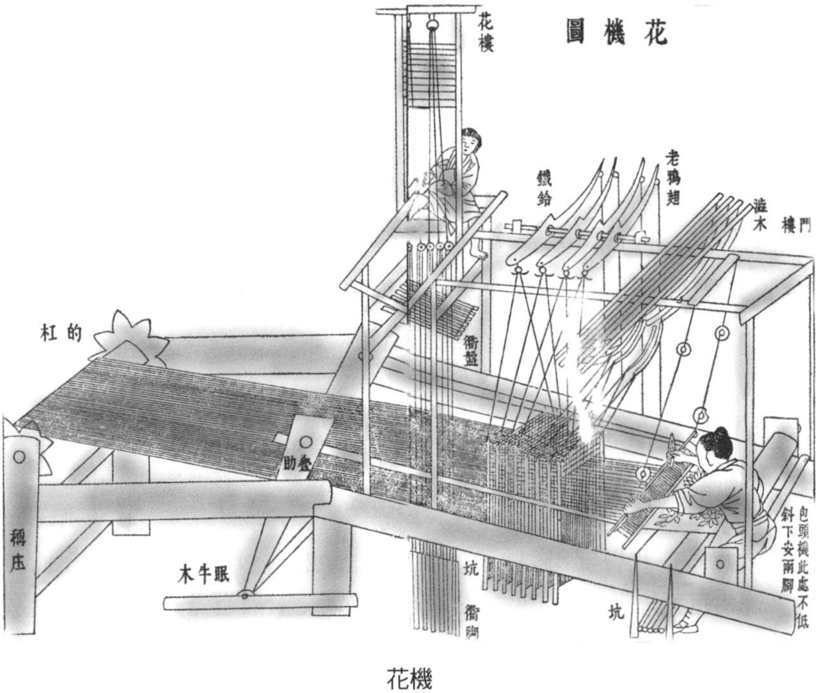

花機

【譯文】

提花機全長約一丈六尺，其中高高隆起的是花樓，中間托著的是衢盤，下面垂著的是衢腳。在花樓的正下方挖一個約兩尺深的坑，用來安放衢腳。提花的徒工坐立在花樓的木架子上。提花機的末端以的槓卷絲，中間用兩根疊助木，垂直穿接兩根約四尺長的木棍，棍尖分別插入織筘的兩端。

織紗、羅用的疊助木，比織綾、絹的輕十幾斤才算好。織素羅不用起花紋，要在軟紗、綾絹上織出波浪和梅花等小花紋，比織素羅只多加兩扇綜框，由一個人踏織就可以了，不用提花的人閒坐在花樓上，也不用設置衢盤與衢腳。其織機形制分為兩段，前一段水平安放，自花樓朝向織工的一段，向下傾斜一尺多，這樣疊助木的衝力就會大些。如果織包頭巾一類的細軟絲織物，則要重新安放水平而不傾斜的織機。在人坐的地方裝上兩個腳架，這是因為織包頭巾的絲很細，要防止疊助木的衝力過大。

腰機式

【原文】

凡織杭西、羅地等絹，輕素等綢，銀條、巾帽等紗，不必用花機，只用小機。織匠以熟皮一方置坐下，其力全在腰尻之上，故名腰機。普天織葛、苧、棉布者，用此機法，布帛更整齊堅澤，惜今傳之猶未廣也。

【譯文】

織杭西、羅地等絹，輕素等綢，以及銀條、巾帽等紗，都不必使用提花機，而只用小織機就可以了。織匠用一塊熟皮（皮革）作靠背，操作時全靠腰部和臀部用力，所以又叫作腰機。各地織葛、苧麻、棉布的，都用這種織機。織出的布、帛更整齊、結實而有光澤，可惜至今還沒有廣泛流傳。

腰機

結花本

【原文】

凡工匠結花本[1]者，心計最精巧。畫師先畫何等花色於紙上，結本者以絲線隨畫量度，算計分寸杪忽[2]而結成之。張懸花樓之上，即織者不知成何花色，穿綜帶經，隨其尺寸、度數提起衢腳[3]，梭過之後居然花現。蓋綾絹以浮經而現花，紗羅以糾緯而現花。綾絹一梭一提，紗羅來梭提，往梭不提。天孫機杼，人巧備矣。

【注釋】

①結花本：挑花結本，根據畫稿花紋圖案，用經緯交織挑製出花紋，其中最重要的工序就是挑花。

②杪（音秒）忽：極小，甚微，這裡指計算精確。

③衢腳：使提花機上經線復位的機件。

【譯文】

擔任結織花紋工序的工匠，心思最為精細巧妙。畫師先將某種花紋圖案畫在紙上，工匠能用絲線按照畫樣仔細量度，精確算計得毫無差錯而織結出紋樣。花樣懸掛在花樓上，即便織工不知道會織出什麼花樣，但只要穿綜帶經，按照紋樣的尺寸、度數，提起衢腳，穿梭織造後，花樣就會呈現出來。因為綾絹是以浮起經線而顯花紋，紗羅是糾集緯線而顯現花紋。因此織綾絹是投一梭提一次衢腳，織紗羅是來梭時提，回梭時不提。天上織女的紡織技術，人間的巧匠也已全面掌握了。

穿經

【原文】

凡絲穿綜度經，必用四人列坐。過筘之人手執筘耙先插，以待絲至。絲過筘，則兩指執定，足五七十筘，則絛結之。不亂之妙，消息全在交竹①。即接斷，就絲一扯即長數寸。打結之後，依還原度，此絲本質自具之妙也。

【注釋】

①交竹：一種工具，可將絲上下分開，不致紊亂。

【譯文】

將經線穿過綜再穿過織筘，需要四個人前後排列坐著操作。穿織筘的人手握筘鉤先插入筘齒中，等對面的人將絲遞過來。絲過筘後，用兩個手指捏住，每穿好五十至七十個筘齒，就把絲扭結起來。絲之所以不亂的奧妙，全在於可將絲上下分開的交竹。接斷絲時，將絲一拉就能拉長幾寸。打好結後，仍回縮到原來的長度。這種良好的彈性是絲本身就具有的。

分名

【原文】

凡羅，中空小路以透風涼，其消息全在軟綜之中。衮頭①兩扇打綜，一軟一硬②。凡五梭三梭（最厚者七梭）之後，踏起軟綜，自然糾轉諸經，空路不粘。若平過不空路而仍稀者曰紗，消息亦在兩扇衮頭之上。直至織花綾綢，則去此兩扇，而用桄綜③八扇。

凡左右手各用一梭交互織者，曰縐紗。凡單經曰羅地，雙經曰絹地，五經曰綾地。凡花分實地與綾地，綾地者光，實地者暗。先染絲而後織者曰緞（北地屯綢，亦先染絲）。就絲綢機上織時，兩梭輕，一梭重，空出稀路者，名曰秋羅，此法亦起近代。凡吳、越秋羅，閩、廣懷素[④]，皆利搢紳當暑服，屯絹則為外官、卑官遜別錦繡用也。

【注釋】

①衮頭：相當於花機中的老鴉翅，即織地紋的提綜槓桿。

②軟：即軟綜，又稱絞綜，以軟線製成，用以織平紋。硬：即硬綜，織糾紋或網紋。兩綜並用可織平紋，又可起絞孔。

③桄綜：軈踏牽動的綜，八扇桄綜，此起彼伏，即織成花紋。

④懷素：即熟羅。

【譯文】

羅之類絲織物，中間有一小列紗孔排成橫路，用來透風取涼，其織造的關鍵全在於織機上的軟綜。用兩扇衮頭打綜，一軟綜一硬綜，既可織成平紋，又可起絞孔。一般織五梭或三梭緯線之後，踏起軟綜，自然會使兩股經絲絞組成絞紗孔，而不併合起來，形成網眼。如果一直織下去，不排成橫路而普遍稀疏有孔的，叫作紗。織紗的關鍵也在於軟綜的兩扇衮頭上。直至織花綾綢時，則去掉兩扇衮頭，改用桄綜八扇。

左右手各用一梭交互織成的叫縐紗；經線單起單落織成的叫羅地；用經線雙起雙落織成的叫絹地；經線每隔四根提起一根織成的叫綾地。提花織物分平紋實地與斜紋綾地兩種，綾地光亮，實地較暗。先染絲而後織成質地較厚密的織物叫作緞。絲在織機上如織兩梭平紋、一梭起絞綜，形成一排排稀疏橫路的，叫作秋羅，這種織法也是近代才出現的。江蘇南部和浙江的秋羅以及福建、廣東的熟羅，都是供官紳做夏服用的，而屯絹則是地方官、小官用作錦繡的代用品衣料。

熟　練[1]

【原文】

凡帛織就猶是生絲，煮練方熟。練用稻稿灰入水煮，以豬胰脂[2]陳宿一晚，入湯浣之，寶色燁然。或用烏梅者，寶色略減。凡早絲為經、晚絲為緯者，練熟之時每十兩輕去三兩。經、緯皆美好早絲，輕化只二兩。練後日乾張急，以大蚌殼磨使乖鈍，通身極力刮過，以成寶色。

【注釋】

①熟練：即煮練。除去生絲中所含絲膠等雜質的過程。

②豬胰脂：從豬脂肪中提製的肥皂。

【譯文】

絲織品織成後還是生絲，要經過煮練之後，才能成為熟絲。煮練方法是先將生絲用稻稈灰加水一起煮，再加上豬胰脂浸泡一晚，再放進熱水中洗濯，則絲色鮮明。如果用烏梅水煮，絲色就會差些。用早蠶的蠶絲為經線並以晚蠶的蠶絲為緯線而織成的絲，煮練後每十兩會減輕三兩。如果經緯線都用上等的早蠶絲，那麼十兩隻減輕二兩。煮練後要用熱水洗掉鹼性並立即晾乾繃緊，再用磨光滑的大蚌殼用力將絲織品全面地刮磨一遍，使它顯出光澤來。

龍　袍

【原文】

凡上供龍袍，我朝局在蘇、杭。其花樓高一丈五尺，能手兩人扳提花本，織過數寸即換龍形。各房鬥合，不出一手。赭、黃亦先染絲，工器原無殊異，但人工慎重與資本皆數十倍，以效忠敬之誼。其中節目微細，不可得而詳考云。

【譯文】

供皇帝用的龍袍，我朝的織造局設在蘇州和杭州兩地。生產龍袍的織機的花樓高達一丈五尺，由兩名技術精湛的織造能手，手拿設計好的花樣提花，每織成幾寸之後，便變換提織龍形圖案的另一部分。一件龍袍要由機房各部分工織造單獨部分，再拼合而成，而不是由一個人完成的。所用的絲先染成赭、黃等色，所用織具本沒有什麼特別，但織工須小心謹慎，工作繁重，人工和成本都要多增加幾十倍，以表示對朝廷忠誠敬重之意。至於織造過程中的許多細節，無法詳細考察。

倭　緞①

【原文】

凡倭緞製起東夷，漳、泉海濱傚法為之。絲質來自川蜀，商人萬里販來，以易胡椒歸里。其織法亦自夷國傳來，蓋質已先染，而斫線②夾藏經面，織過數寸即刮成黑光。北虜互市者見而悅之。但其帛最易朽污，冠弁之上頃刻集灰，衣領之間移日損壞。今華夷皆賤之，將來為棄物，織法可不傳云。

【注釋】

①倭緞：此指帶有金屬線的天鵝絨，或稱漳絨。其製法是否源於日本，恐有疑問。

②線：其他版本誤作「綿」。從技術上看，此處應剪銅線夾織到經線裡，故應作「線」，為銅線之省義。

【譯文】

製作倭緞的方法源自日本，福建漳州、泉州等沿海地區曾加以仿製。織倭緞的絲來自四川，由商販萬里販來，交易得胡椒而歸。這種倭緞的織法也是從日本傳來的，先將絲進行染色作為緯線，再將剪斷的銅線夾織入經線之中，織成數寸以後，將織物刮成黑光。北方少數民族的商人在互市貿易時一看見這種織物就很喜歡。但因其最易污損，用它製成帽子戴上後，很快便會積滿灰塵，製成衣領穿不了幾天就會損壞。因此現在各地都不看重它，將來這種倭緞或許會被淘汰，其織法未必會流傳下去。

布　衣

【原文】

凡棉衣禦寒，貴賤同之。棉花古書名枲麻[①]，種遍天下。種有木棉、草棉兩者[②]，花有白、紫二色。種者白居十九，紫居十一。凡棉春種秋花，花先綻者逐日摘取，取不一時。其花粘子於腹，登趕車而分之。去子取花，懸弓彈化。（為挾纊[③]溫衾，襖者，就此止功）。彈後以木板搓成長條以登紡車，引緒糾成紗縷。然後繞籰，牽經就織。凡紡工能者一手握三管紡於鋌上（捷則不堅）。

凡棉布寸土皆有，而織造尚松江，漿染尚蕪湖。凡布縷緊則堅，緩則脆。碾石取江北性冷質膩者（每塊佳者十餘金）。石不發燒，則縷緊不鬆泛。蕪湖巨店首尚佳石。廣南為布藪，而偏取遠產，必有所試矣。為衣敝浣，猶尚寒砧搗聲，其義亦猶是也。

外國朝鮮造法相同，唯西洋則未核其質，並不得其機織之妙。凡織布有雲花、斜文、象眼等，皆仿花機而生義。然既曰布衣，太素[④]足矣。織機十室必有，不必具圖。

趕棉

彈棉

【注釋】

① 枲（音洗）麻：指大麻之雄株，與棉花無涉。古書稱棉為白疊、吉貝。

② 木棉：木棉科樹棉。草棉：錦葵科棉屬草本。

③ 挾纊（音斜況）：把絲綿裝入衣衾內，製成棉袍、棉被。

④ 太素：指最樸實的織法，即織平紋。

【譯文】

用棉衣禦寒，富人和窮人都一樣。在古書中棉花被稱為「枲麻」，全國各地都有種植。棉花有木棉和草棉兩種，花也有白色和紫色兩種。其中種白棉花的占十分之九，種紫棉花的占十分之一。棉花在春天播種，秋天結棉桃，先裂開吐絮的棉桃逐天摘取，而不是所有棉桃同時摘取。棉絮與棉籽黏在棉桃內，需要用軋花、脫籽的趕車才能將二者分開。棉花去籽後，用懸弓來彈鬆（做棉被、棉衣的棉花，就加工到此為止）。棉花彈鬆後在木板上搓成長條，再在紡車上牽引棉絮紡成棉紗。

擦條

紡縷

然後將棉紗繞在籰子上，就可牽經織布了。紡織能手一隻手能同時握住三個紡錘，把三根棉紗紡在錠子上。

棉布各地都有生產，但織造技術以松江為最高，漿染以蕪湖為最高。棉紗紡得緊密，棉布就結實；紡得鬆，棉布就不結實。碾石要選用江北所產性冷而質細的石料（好的石料，每塊值十多兩銀子）。用這種碾石碾布時不容易發熱，則棉紗緊密而不鬆散。蕪湖的大布店最注重用好碾石。廣東是棉布的集中地，但廣東人卻偏用遠地出產的碾石，一定是經過試驗才這樣做的。人們漿洗舊衣服時也習慣放在性冷的石板上捶打，道理也是如此。

外國朝鮮織棉布的方法也與中國相同，只是西洋棉布還沒有進行研究，也不瞭解其機織技術。棉布上可以織出雲花、斜紋、象眼等花紋，都是仿照花機原理而織出的。但既然叫作布衣，織成平紋也就夠了。每十家之中必有織機，就不必附圖了。

枲著

【原文】

凡衣、衾挾纊禦寒，百人之中，止一人用繭綿，餘皆枲著[①]。古縕袍，今俗名胖襖。棉花既彈化，相衣、衾格式而入裝之。新裝者附體輕暖，經年板緊，暖氣漸無。取出彈化而重裝之，其暖如故。

【注釋】

① 枲著：本指麻衣，因作者將枲誤為棉之古稱，故此處指棉衣。

【譯文】

做棉衣和棉被禦寒的，採用絲綿的人只有百分之一，其餘都用棉絮。古時的縕袍，今俗稱為胖襖（大棉襖，江西土語）。將棉花彈鬆以後，根據衣被的式樣將棉花放進去。新做的棉衣、棉被穿蓋起來既輕柔又暖和，用過幾年以後，就會變得緊實板結，逐漸就不暖和了。這時將其中的棉花取出來彈鬆軟，再重新裝製，仍可像原來一樣暖和。

夏服

【原文】

凡苧麻[①]無土不生。其種植有撒子、分頭兩法（池郡[②]每歲以草糞壓頭，其根隨土而高。廣南青麻[③]撒子種田甚茂）。色有青、黃兩樣。每歲有兩刈者，有三刈者，績為當暑衣裳、帷帳。

凡苧皮剝取後，喜日燥乾，見水即爛。破析時則以水浸之，然只耐二十刻，久而不析則亦爛。苧質本淡黃，漂工化成至白色（先取稻灰，石灰水煮過，入長流水再漂，再曬，以成至白）。紡苧紗能者用腳車，一女工並敵三工，唯破析時窮日之力只得三五銖重。織苧機具與織棉者同。凡布衣縫線、革履串繩，其質必用苧糾合。

凡葛④蔓生，質長於苧數尺。破析至細者，成布貴重。又有苘麻⑤一種，成布甚粗，最粗者以充喪服。即苧布有極粗者，漆家以盛布灰，大內以充火炬。又有蕉紗，乃閩中取芭蕉⑥皮析績為之，輕細之甚，值賤而質枵⑦，不可為衣也。

【注釋】

①苧麻：蕁麻科苧麻屬。
②池郡：今安徽池州地區。
③青麻：苧麻的一種。
④葛：豆科藤本，莖皮纖維可織葛布。
⑤苘（音請）麻：錦葵科一年生草本。
⑥芭蕉：芭蕉科芭蕉屬。
⑦質枵（音蕭）：質地鬆虛。

【譯文】

苧麻沒有哪個地方不能生長，種植方法有播種和分根兩種。苧麻顏色有青色、黃色兩種。每年有收割兩次的，也有收割三次的，紡織成布後可以用來做夏天的衣服和帷帳。

苧麻剝皮後，最好在太陽下曬乾，否則見水就會腐爛。將麻皮撕破成纖維時先要用水浸泡，但只能浸泡二十刻（五小時），時間久了不撕破就會爛掉。苧麻本是淡黃色的，經過漂洗則變成白色。一個熟練的紡苧紗能手用腳踏紡車，一女工可抵三人。但是撕破麻皮，一個人幹一整天，也只能得三五銖重纖維。織苧麻的機具與織棉布的相同。縫布衣的線、緔皮鞋的串繩，都是用苧麻搓成的。

葛是蔓生的，其纖維要比苧麻的長數尺。用撕得很細的葛纖維織布，十分貴重。另外還有一種苘麻，織成的布很粗，最粗的用來做喪服。即使是苧麻布也有極粗的，油漆工用以蘸灰擦磨漆器，而宮內則用作火把。還有一種蕉紗，是福建地區取芭蕉的韌皮破析、紡織而成的，非常輕盈纖弱，價值低微且又不結實，不能用來做衣服。

裘

【原文】

凡取獸皮製服，統名曰裘。貴至貂①、狐，賤至羊、麂②，值分百等。貂產遼東外徼建州③地及朝鮮國。其鼠好食松子，夷人夜伺樹下，屏息悄聲而射取之。一貂之皮方不盈尺，積六十餘貂僅成一裘。服貂裘者立風雪中，更暖於宇下。眯入目中，拭之即出，所以貴也。色有三種，一白者曰銀貂，一純黑，一黯黃（黑而長毛者，近值一帽套已五十金）。凡狐、貉④亦產燕、齊、遼、汴諸道。純白狐腋裘價與貂相仿，黃褐狐裘值貂五分之一，禦寒溫體功用次於貂。凡關外狐，取毛見底青黑，中國者吹開見白色，以此分優劣。

羊皮裘母賤子貴。在腹者名曰胞羔（毛文略具），初生者名曰乳羔（皮上毛似耳環腳），三月者曰跑羔，七月者曰走羔（毛文漸直）。胞羔、乳羔為裘不羶。古者羔裘為大夫之服，今西北縉紳亦貴重之。其老大羊皮硝熟⑤為裘，裘質痴重，則賤者之服耳，然此皆綿羊所為。若南方短毛革，硝其鞟⑥如紙薄，止供畫燈之用而已。服羊裘者，腥羶之氣習久而俱化，南方不習者不堪也。然寒涼漸殺，亦無所用之。

麂皮去毛，硝熟為襖、褲，禦風便體，襪、靴更佳。此物廣南繁生外，中土則積集聚楚中，望華山為市皮之所。麂皮且禦蠍患，北人製衣而外，割條以緣衾邊，則蠍自遠去。虎、豹至文，將軍用以彰身。犬、豕至賤，役夫用以適足。西戎尚獺⑦皮，以為毳衣領飾。襄黃⑧之人窮山越國射取而遠貨，得重價焉。殊方異物如金絲猿⑨，上用為帽套；扯裡猻⑩禦服以為袍，皆非中華物也。獸皮衣人，此其大略，方物則不可殫述。飛禽之中有取鷹腹、雁脅毳毛，殺生盈萬，乃得一裘，名天鵝絨者，將焉用之？

【注釋】

①貂：紫貂，哺乳綱食肉目鼬科。毛皮極珍貴，分佈於中國東北。貂皮與人參、鹿茸並稱為「關東三寶」。

②麂（音幾）：黃麂，哺乳綱鹿科。似鹿，腿細而有力，善跳躍，皮軟可製革。

③建州：明代奴兒干都司建州女真部，在今東北吉林、遼寧境內。

④貉（音何）：即狸，哺乳綱犬科，亦稱「狗獾」。

⑤硝熟：用芒硝、朴硝等鞣製動物皮革使之變軟。

⑥鞟（音擴）：皮革去毛之後稱「鞟」。

⑦獺：水獺，哺乳綱鼬科，毛皮珍貴。

⑧襄黃：似指今湖北襄陽一帶，襄陽、房縣，古稱黃棘，或以襄黃稱之。一說指東北女真鑲黃旗人。

⑨金絲猿：即金絲猴，哺乳綱疣猴科，珍貴毛皮動物。

⑩扯裡猻：即猞猁猻、猞猁，哺乳綱貓科。

【譯文】

凡用獸皮做的衣服，統稱為裘。貴重的有貂皮、狐皮，便宜的有羊皮、麂皮，價格的等級約有上百種之多。貂產於遼東塞外的建州地區及朝鮮國一帶。貂鼠喜歡吃松子，滿族地區的捕貂人，夜裡悄悄躲藏在松樹下守候，屏息悄聲，伺機射取。一張貂皮不到一尺見方，積六十多張貂皮連綴起來才能做成一件皮衣。穿貂皮衣的人站在風雪之中，比待在室內還覺得暖和。遇到灰沙進入眼睛，用貂皮一擦即出，所以十分貴重。貂皮的顏色有三種，一種白色的叫作銀貂，一種是純黑色，一種是暗黃色的。狐和貉也產於北方的河北、山東、遼寧和河南等地。純白色的狐腋皮衣價值與貂皮相仿，黃褐色的狐皮衣價值則是貂皮衣的五分之一，禦寒暖體的功效次於貂皮。關外出產的狐皮，撥開毛露出的皮板是青黑色的，內地出產的狐皮把毛吹開露出的皮板則是白色的，用這種方法來區分優劣。

皮衣中，老羊皮價格低賤而羔皮衣價格貴重。懷在腹中的羊羔叫胞羔，剛出生的叫作乳羔，三個月大的叫作跑羔，七個月大的叫作走羔。用胞羔、乳羔的皮做皮衣沒有羊羶氣。古時羔皮衣為大夫之服，現今西北的官紳也很看重它。老羊皮經過芒硝鞣製之後，做成的皮衣穿起來顯得很笨重，是下層人穿的，然而這些皮衣都是綿羊皮做的。如果是南方的短毛羊皮，經過芒硝鞣製之後皮板就變得像紙一樣薄，只能用來做畫燈了。穿羊皮衣的人，對於羊皮的腥羶氣味，穿久了就習慣了，但南方不習慣此味的人則受不了。不過往南天氣逐漸變暖，皮衣也沒什麼用處了。

麂皮去毛，用芒硝鞣製後做成襖、褲，穿起來遮風蔽體，做成鞋子、襪子更好。這種動物除了繁生於廣東，在中原地區則集中於湖南、湖北一帶，望華山是毛皮交易的場所。麂皮還能防禦蠍患，北方人除了用麂皮做衣服，還剪成長條鑲被邊，這樣蠍子就會避得遠遠的。虎、豹皮的花紋最美，將軍們用來制戰服裝飾自己，顯示威武。豬、狗皮最不值錢，腳伕、苦力用來做鞋子穿。西北少數民族最看重水獺皮，用來鑲飾細毛皮衣的領子。襄黃人翻山越嶺去獵取水獺後，賣到很遠的地方去，可以賺很多錢。異域他鄉的珍奇物產，如金絲猴的皮，皇帝用來做帽套；猞猁猻皮，皇帝用來做皮袍，這些都不是中原所出產的。用獸皮做衣服的大致情況便是如此，各地特產不能盡述。飛禽之中，有取鷹腹、雁腋的細毛做衣服的，殺生過萬，才製得一件，稱之為天鵝絨，如何忍心穿呢？

褐、氈

【原文】

凡綿羊有二種，一曰蓑衣羊[①]，剪其毳為氈、為絨片，帽、襪遍天下，胥此出焉。古者西域羊未入中國，作褐為賤

者服，亦以其毛為之。褐有粗而無精，今日粗褐亦間出此羊之身。此種自徐、淮以北州郡，無不繁生，南方唯湖郡飼畜綿羊，一歲三剪毛（夏季稀革不生）。每羊一隻歲得絨襪料三雙。生羔牝牡合數得二羔，故北方家畜綿羊百隻，則歲入計百金云。

一種矞芀[2]羊，唐末始自西域[3]傳來。外毛不甚蓑長，內毳細軟，取織絨褐。秦人名曰山羊，以別綿羊。此種先自西域傳入臨洮，今蘭州獨盛，故褐之細者皆出蘭州，一曰蘭絨，番語謂之孤古絨，從其初號也。山羊毳絨亦分兩等，一曰搊[4]絨，用梳櫛下，打線織帛，曰褐子、把子諸名色。一曰拔絨，乃毳毛精細者，以兩指甲逐莖撏下，打線織絨褐。此褐織成，揩面如絲帛滑膩。每人窮日之力打線只得一錢重，費半載工夫方成匹帛之料。若搊絨打線，日多拔絨數倍。凡打褐絨線，冶鉛為錘，墜於緒端，兩手宛轉搓成。

凡織絨褐機大於布機，用綜八扇，穿經度縷，下施四踏輪，踏起經隔二拋緯，故織出紋成斜現。其梭長一尺二寸。機織、羊種皆彼時歸夷[5]傳來（名姓再詳），故至今織工皆其族類，中國無與也。凡綿羊剪毳，粗者為氈，細者為絨。氈皆煎燒沸湯投於其中搓洗，俟其黏合，以木板定物式，鋪絨其上，運軸趕成。凡氈絨白、黑為本色，其餘皆染色，其氍毹、氆氌等名稱[6]，皆華夷各方語所命。若最粗而為毯者，則駑馬諸料雜錯而成，非專取料於羊也。

【注釋】

①蓑衣羊：即蒙古羊，是中國分佈最廣的綿羊品種，因其外貌披散如蓑衣，故名。

②矞芀（音育勒）：當為羭芀，即羖䍽羊，《本草綱目・獸部・羊》引宋人蘇頌《圖經本草》云：「羊之種類甚多，而羖羊亦有褐色、黑

色、白色者，毛長尺餘，亦謂之羖羺羊。」又宋人寇宗奭《本草衍義》云：「羖羺羊出陝西、河東。」

③西域：今新疆境內，唐代時新疆少數民族東遷，將哈薩克種肥尾綿羊引入甘肅、陝西。

④搊（音抽）：從下面向上用力扶起（人）或掀起（重物）。

⑤歸夷：歸化之夷，即內附的少數民族。

⑥氍毹（音渠魚）：新疆地區少數民族製造的有花紋的毛織地毯。此詞漢代就已出現，《三輔黃圖・未央宮》：「規地以罽（音季）賓（古中亞國名）氍毹。」罽賓即古中亞國名，今與新疆交界的克什米爾一帶。氆氇（音普嚕）：藏語音譯，藏族生產的斜紋毛織物，用作衣料，唐代以來為藏族地區主要毛織品。

【譯文】

綿羊有兩種，一種叫蓑衣羊，剪下它的細毛製成毛氈、絨片，全國各地的絨帽、絨襪，都以此為原料。古時西域的羊還沒有傳到中原，下層人製衣用的毛布，也是這種羊毛。毛布只有粗糙的而沒有太精緻的，現在的粗毛布也有用這種羊毛的。這種羊在徐州地區和淮河以北各地都被大量飼養，南方只有浙江湖州飼養綿羊，一年剪羊毛三次。一隻羊每年所剪的毛可作三雙絨襪的用料。能生羊羔的公羊和母羊配種後可生兩隻小羊，所以一個北方家庭如果飼養百隻綿羊，一年可收入百兩銀子。

還有一種羖羺羊，唐代末年才從西域傳入中原。這種羊外毛披散得不是很長，但內毛很細軟，可用來織絨毛布。陝西人稱之為山羊，以區別於綿羊。這種羊先從西域傳到甘肅臨洮，現在唯獨蘭州養得最多，所以細毛布都出自蘭州，又名蘭絨，西北少數民族稱之為孤古絨，這是根據早期的叫法。山羊的細毛絨也分兩等：一種叫作搊絨，是用梳篦從羊身上梳下來的，打成線織成絨毛布，叫褐子、把子等名稱；另一種叫作拔絨，是細毛中比較精細的，用兩指甲逐根從羊身上拔下，打成線織成絨毛布。這樣織成的毛布，手摸布面像絲帛那樣光滑柔軟。每人拔一天只能打出一錢重的線，費半年時間才湊成一批絨布用的毛料。若用搊絨打線，每天比拔絨多數倍。打毛布絨線時，用鉛錘墜在線端，用雙手轉動揉搓成絨線。

織絨毛布的織機大於織布機，用綜片八扇，讓經線從此通過，下面與四個踏輪相連，每踏起兩根經線，過一次緯線，就能織成斜紋。織機的梭子長一尺二寸。這種織機和羊種都是當時過來的新疆少數民族傳來的（名稱待考），所以至今織布工匠還都是那個民族的人，沒有內地人。從綿羊身上剪下的細毛，粗的做氈，細的做絨。做氈時將燒沸的水澆在羊毛中搓洗，待其相互黏合後，用木板格成一定的式樣，把絨鋪在上面，轉動機軸軋成。氈絨的本色是白色與黑色，其他顏色都是染成的。至於「氍毹」「氆氌」等名稱，都是根據各地方言命名的。做毯子所用的最粗的毛，裡面摻雜了劣馬的毛等料，並非用純羊毛製成。

彰施第七

【原文】

宋子曰：霄漢之間雲霞異色，閻浮之內①花葉殊形。天垂象而聖人則之②，以五彩彰施於五色③，有虞氏④豈無所用其心哉？飛禽眾而鳳則丹，走獸盈而麟則碧。夫林林青衣⑤，望闕而拜黃朱⑥也，其義亦猶是矣。君子曰：「甘受和，白受采⑦。」世間絲、麻、裘、褐皆具素質，而使殊顏異色得以尚焉，謂造物不勞心者，吾不信也。

【注釋】

①閻浮之內：閻浮提，佛經中語，或譯「南贍部洲」。本僅指印度本土，後用指整個人間世界。

②天垂象而聖人則之：《周易・繫辭上》：「天垂象，見吉凶，聖人像之；河出圖，洛出書，聖人則之。」此處「天垂象」指上文所言之霞、花等自然界的景象。

③以五彩彰施於五色：《尚書・益稷》：「帝（虞舜）曰：予欲宣力於四方，汝為……以五彩彰施於五色作服，汝明。」此言為虞舜召見禹時所說。彰施：鮮明地展現出來。

④有虞氏：即虞舜。此句言虞舜當初就是有意這樣做的。
⑤林林：林林總總，眾多。青衣：指下層百姓。
⑥黃朱：指身著黃袍的帝王和穿紅袍的大官。此句指用特殊的顏色規定貴人的衣服，以區別於眾庶，正如百鳥中唯鳳色丹，百獸中唯麟色碧。
⑦甘受和，白受采：語出《禮記‧禮器》。

【譯文】

宋子說：天上的雲霞五顏六色，地上的花葉也千姿百態。大自然呈現出這些色彩繽紛的景象，古代的聖人便加以摹仿，用染料將衣服染成青、黃、赤、白、黑五種顏色，難道虞舜沒有這種用心嗎？飛禽眾多而只有鳳凰丹紅無比，走獸遍野而唯有麒麟青碧異常。那些身穿青衣的平民望著皇宮，向穿黃袍、紅袍的帝王將相們遙拜，也含有這層意思。君子說：「甜味易與其他味道相調合，白料易染成各種色彩。」世界上的絲、麻、皮、粗布都是素的底色，因而可以染上各種顏色而受到珍重。如果說造物者不花費心思，我是不相信的。

諸色質料

【原文】

大紅色：其質紅花餅[1]一味，用烏梅[2]水煎出，又用鹼水澄數次。或稻稿灰代鹼，功用亦同。澄得多次，色則鮮甚[3]。染房討便宜者，先染蘆木[4]打腳。凡紅花最忌沉、麝[5]，袍服與衣香共收，旬月之間其色即毀。凡紅花染帛之後，若欲退轉，但浸濕所染帛，以鹼水、稻灰水滴上數十點，其紅一毫收轉，仍還原質。所收之水藏於綠豆粉內[6]，放出染紅，半滴不耗。染家以為秘訣，不以告人。

蓮紅、桃紅色，銀紅、水紅色：以上質亦紅花餅一味，淺深分兩加減而成。是四色皆非黃繭絲所可為，必用白絲方現。

木紅色：用蘇木[7]煎水，入明礬、棓子[8]。

紫色：蘇木為地，青礬尚之。

赭黃色：製未詳。

鵝黃色：黃蘗[9]煎水染，靛水蓋上。

金黃色：蘆木煎水染，復用麻稿灰淋，鹼水漂。

茶褐色：蓮子殼[10]煎水染，復用青礬[11]水蓋。

大紅官綠色：槐花[12]煎水染，藍淀蓋，淺深皆用明礬。

豆綠色：黃蘗水染，靛水蓋。今用小葉莧藍[13]煎水蓋者，名草豆綠，色甚鮮。

油綠色：槐花薄染，青礬蓋。

天青色：入靛缸淺染，蘇木水蓋。

葡萄青色：入靛缸深染，蘇木水深蓋。

蛋青色：黃蘗水染，然後入靛缸。

翠藍、天藍二色：俱靛水分深淺。

玄色：靛水染深青，蘆木、楊梅皮[14]等分煎水蓋。又一法，將藍芽葉水浸，然後下青礬、棓子同浸，令布帛易朽。

月白、草白二色：俱靛水微染，今法用莧藍煎水，半生半熟染。

象牙色：蘆木煎水薄染，或用黃土。

藕褐色：蘇木水薄染，入蓮子殼、青礬水薄蓋。

附：染包頭青色：此黑不出藍靛，用栗殼[15]或蓮子殼煎煮一日，漉起，然後入鐵砂、皂礬鍋內，再煮一宵即成深黑色。

附：染毛青布色法：布青初尚蕪湖，千百年矣，以其漿碾成青光，邊方外國皆貴重之。人情久則生厭。毛青乃出近代，其法取松江美布染成深青，不復漿碾，吹乾，用膠水摻豆漿水一過。先蓄好靛，名曰標缸，入內薄染即起。紅焰之色隱然，此布一時重用。

【注釋】

①紅花餅：由菊科紅花的花製成餅，用以染紅。製法見本章《造紅花餅法》。

②烏梅：酸梅，薔薇科，其果汁煮後呈酸性，可去除紅花中的黃色素。

③色則鮮甚：紅花含紅色素染料，用鹼性溶液可提高溶度使顏色鮮明。

④蘆木：即黃櫨，漆科，其木可作黃色染料。

⑤沉：沉香，瑞香科香料木材。麝：麝香，雄麝香鹿香腺的分泌物，為貴重香料。

⑥所收之水藏綠豆粉內：綠豆粉或可吸附紅色素，但再染時需加烏梅水等酸性溶液。

⑦蘇木：蘇枋木，豆科，根可提出黃色染料，枝幹含紅色染料。

⑧明礬：即白礬，一種媒染劑，與染料形成色淀而固著在織物上。棓子：即五倍子，又名五食子，寄生在漆科鹽膚木樹葉上的蟲癭，含鞣酸，可作媒染劑。

⑨黃檗：芸香科黃柏，內皮含黃色染料。除染衣料外，還可染紙。

⑩蓮子殼：睡蓮科蓮的果皮，水煮後與媒染劑染成茶褐色。

⑪青礬：綠礬，又名皂礬，也是媒染劑。

⑫槐花：豆科槐樹的花，可染成黃色。

⑬小葉莧藍：小葉蓼藍。

⑭楊梅皮：楊梅科楊梅樹的樹皮，含單寧，有固色作用。

⑮栗殼：殼斗科板栗的果殼。

【譯文】

大紅色：原料只有紅花餅一種，用烏梅水煎煮紅花餅，再用鹼水澄清幾次。或用稻草灰代替鹼水，效果大致相同。澄清多次後，顏色便特別鮮豔。有的染房圖便宜，先用黃櫨木水打底色，再用紅花水染。紅花最忌沉香和麝香，如果紅色衣服與熏衣的這類香料放在一起，個把月內衣服就會褪色。用紅花染過的絲織物，若想退還本色，只要將染過的絲織物浸濕，滴上幾十滴鹼水或稻灰水，紅色就一點也沒有了，仍恢復原來的素色。洗下來的紅色水倒在綠豆粉裡進行收藏，下次再用它來染紅色，一點都不損耗。染房將此作為秘方而不肯告之於人。

蓮紅色、桃紅色、銀紅色、水紅色：以上四種顏色的原料也是紅花餅，顏色的深淺根據所用紅花餅分量的增減而定。黃色繭絲不能染成這四種顏色，必須用白色繭絲才能呈色。

木紅色：用蘇木煎水，加入明礬、五倍子染成。

紫色：用蘇木水打底，再用青礬作為配料一起渲染而成。

赭黃色：製法不詳。

鵝黃色：用黃檗煮水先染，再用藍靛水套染。

金黃色：用黃櫨木煮水先染，再用麻稈灰淋出的鹼水漂洗。

茶褐色：用蓮子殼煮水先染，再用青礬水媒染。

大紅官綠色：先用槐花煮水先染，再用藍靛套染，不管顏色深淺，都要用明礬來進行調節。

豆綠色：用黃檗水先染，再用藍靛水套染。現在用小葉莧藍煮水套染的叫作草豆綠，顏色十分鮮豔。

油綠色：用槐花薄染，再用青礬水媒染。

天青色：先在靛缸裡染成淺藍色，再用蘇木水套染而成。

葡萄青色：先在靛缸裡染成深藍色，再用深蘇木水套染而成。

蛋青色：先用黃檗水染，然後入靛缸中再染。

翠藍色、天藍色：這兩種顏色都是用藍靛水染成，只是深淺不同。

玄色：先用藍靛水染成深青色，再用等量黃櫨木、楊梅皮煮水套染。還有一種方法，先用藍芽嫩葉做成的染液浸染，然後加入青礬、五倍子一起浸泡，但是這種方法容易使布和絲帛腐爛。

月白色、草白色：都是用藍靛水稍微染一下，現在的方法是用莧藍煮水，煮到半生半熟的時候染。

象牙色：用黃櫨木煮水微染，或用黃土染。

藕褐色：先用蘇木水微染，加入蓮子殼、青礬一起煮，水中套染。

附：包頭青色的染法：這種黑色不是用藍靛染出來的，而是將栗子殼或蓮子殼用水煮一整天，然後撈出來將水瀝乾，再加入鐵砂、皂礬到鍋裡再煮一整夜，就會變成深黑色。

附：毛青布色的染法：布青色最初流行於安徽蕪湖地區，至今已有近千年的歷史了。因為這種顏色的布漿碾後發出青光，邊遠地區和外國的人都很珍愛它，將其視為貴重的布料。但一樣東西用久了就會生厭，這是人之常情。於是近世又推出了毛青色，其製法是用松江上等好布，先染成深青色不再漿碾，吹乾後在摻膠水和豆漿的水中過一遍。事先存放最好的藍靛，叫標缸，將布在其中稍微浸染一下就立即取出。青布上便會隱約帶有紅光，這種布曾貴重一時。

藍　淀

【原文】

凡藍[1]五種，皆可為淀[2]。茶藍即菘藍，插根活。蓼藍、馬藍、吳藍等皆撒子生。近又出蓼藍小葉者，俗名莧藍，種更佳。

凡種茶藍法，冬月割獲，將葉片片削下，入窖造淀。其身斬去上下，近根留數寸，熏乾，埋藏土內。春月燒淨山土，使極肥鬆，然後用錐鋤刺土打斜眼，插入於內，自然活根生葉。其餘藍皆收子撒種畦圃中。暮春生苗，六月采實，七月刈身造淀。

凡造淀，葉者莖多者入窖，少者入桶與缸。水浸七日，其汁自來。每水漿一石下石灰五升，攪沖數十下，淀信即結。水性定時，淀沉於底。近來出產，閩人種山皆茶藍，其數倍於諸藍。山中結箬簍[3]，輸入舟航。其掠出浮沫曬乾者，曰靛花。凡藍入缸必用稻灰水先和，每日手執竹棍攪動，不可計數，其最佳者曰標缸。

【注釋】

①藍：可提取染料藍靛的幾種植物的統稱。

②淀：通「靛」，一種藍色的染料。

③箬（音若）簍：竹簍。

【譯文】

藍有五種，都可以用來製作藍淀。茶藍也就是菘藍，扦插就能成活。蓼藍、馬藍、吳藍等都是播撒種子種植的。近來又出現了一種小葉蓼藍，俗稱莧藍，是更好的藍品種。

種植茶藍的方法是，在立冬之月收割，將茶藍的葉子一片一片地摘下來，放入花窖製成藍淀。將剩下的茶藍莖稈的兩頭切掉，只留靠根的部位數寸，曬乾後埋在土裡貯藏。來年春天，放火將山上的雜草燒掉，使土壤變得疏鬆肥沃，然後用錐鋤掘土，打成斜洞，將保存的茶藍莖段插入其中，根部自然會成活而長出葉子。其餘幾種藍都是收子作種，撒在園圃中，春末就會出苗，六月採收種子，七月就可割藍造淀。

製作藍淀的時候，要是莖和葉很多，就放在花窖裡，少的放在桶裡或缸裡，加水浸泡七天，自然會浸出藍液。每一石藍液加入石灰五升，攪打幾十下，藍淀很快就會結成。靜放後，藍淀就積沉在底部。近來所生產的藍淀，多是福建人在山上遍種的茶藍製得，其數量比其他藍的總和還要多幾倍。他們在山上將茶藍裝入竹簍內，由船運到外地售賣。製作藍淀時，將漂在上面的浮沫取出曬乾，稱作靛花。放在缸裡的藍淀，必須要先用稻灰水攪拌調勻，每天手持竹棍不計其數地攪動，其中質量最好的叫作標缸。

紅　花

【原文】

紅花，場圃撒子種，二月初下種。若太早種者，苗高尺許即生蟲如黑蟻，食根立斃。凡種地肥者，苗高二三尺。每路打橛[1]，縛繩橫攔，以備狂風拗折。若瘦地，尺五以下者，不必為之。

紅花入夏即放綻，花下作梂[2]匯多刺，花出梂上。採花者必侵晨帶露摘取。若日高露旰，其花即已結閉成實，不可採矣。其朝陰雨無露，放花較少，旰摘無妨，以無日色故也。紅花逐日放綻，經月乃盡。入藥用者不必製餅。若入染家用者，必以法成餅然後用，則黃汁淨盡，而真紅乃現也。其子煎壓出油，或以銀箔貼扇面，用此油一刷，火上照乾，立成金色。

【注釋】

①橛（音絕）：小木樁。
②梂（音求）：球狀花萼。

【譯文】

紅花是在田圃裡播撒種子來種植的，二月初就下種。如果種得太早，花苗長到一尺左右時，就會生出像黑螞蟻一樣的蟲子，這種蟲子咬食花的根部，很快就會使花苗死亡。種在肥沃地裡的紅花，花苗能長到二三尺高。這就要在每行打樁，綁上繩子將紅花橫攔起來，以防紅花被狂風吹斷。如果種在貧瘠的土地裡，花苗高度在一尺五寸以下，就不必這樣做了。

紅花到了夏天就開花，花下面結出多刺的球狀花托和花苞，花就長在球狀花托上。採花的人必須在天剛亮紅花還帶著露水的時候摘取，若等到太陽升起、露水乾時，紅花就已經閉合而不能摘了。當早晨陰雨而沒有露水時，花開得比較少，因為沒有太陽，晚點摘也可以。紅花逐日開放，大約一個月才能開完。作藥用的紅花不必製成花餅。若用來製染料在染房中使用，則必須按照一定的方法製成花餅後再用。製成餅後，其中的黃色汁液已經除盡，真正的紅色就顯出來了。紅花子實煎煮後榨出的油，刷在貼有銀箔的扇面上，在火上烘乾後，立即就變成金色。

造紅花餅法

【原文】

帶露摘紅花，搗熟以水淘，布袋絞去黃汁。又搗以酸粟或米泔清。又淘，又絞袋去汁。以青蒿覆一宿[1]，捏成薄餅，陰乾收貯。染家得法，「我朱孔陽[2]」，所謂猩紅也（染紙吉禮用，亦不必製餅[3]，不然全無色）。

【注釋】

①青蒿：菊科植物，有抑菌作用。一宿：一夜。

②我朱孔陽：語出《詩經・豳風・七月》：「我朱孔陽，為公子裳。」孔陽：非常鮮明。

③製餅：或作「紫礦」。

【譯文】

摘取帶著露水的紅花，搗爛並用水淘洗後，裝入布袋並擰去黃汁；然後取出來再搗，用發酸的淘米水再次淘洗，裝入布袋中再擰去汁液。用青蒿蓋一夜，捏成薄餅，陰乾後收藏好。如果染色方法得當，就可以把衣裳染成鮮豔的猩紅色。

附：燕脂、槐花

【原文】

燕脂古造法以紫礦染綿者為上[1]，紅花汁及山榴[2]花汁者次之。近濟寧路但取染殘紅花滓為之，值甚賤。其滓乾者名曰紫粉，丹青家或收用，染家則糟粕棄也。

凡槐樹十餘年後方生花實。花初試未開者曰槐蕊，綠衣所需，猶紅花之成紅也。取者張度簸稠其下[3]而承之。以水煮一沸，漉乾捏成餅，入染家用。既放之，花色漸入黃，收用者以石灰少許灑拌而藏之。

【注釋】

①燕脂：即胭脂，紅色顏料及化妝品。明人張自烈《正字通》曰：「燕脂以紅藍花汁凝脂為之，燕國所出。」紫礦：蝶形花科紫礦屬植物，為紫膠蟲的主要寄主。其生產的紫膠以及紫膠蟲的分泌物呈鮮朱紅色，可作顏料。其花亦可為紅色或黃色染料。

②山榴：石南科植物，其花紅色。

③張度簨（音余）稠其下：在樹下密佈竹筐。

【譯文】

製造燕脂的古方，以用紫礦製成並可染絲的為上品，紅花汁、山榴花汁做的次之。近來山東濟寧一帶有人只用染剩的紅花滓來做燕脂，價錢很便宜。乾的紅花滓叫紫粉，畫家有時會用到它，但染房則把它當作糟粕扔掉。

槐樹生長十幾年後才能開花結果。它最初長出的花還沒開放時叫作槐蕊，染綠色衣料時所必須，就像染紅色要用紅花一樣。採摘槐花時要將竹筐成排放在槐樹下來接取。槐花加水煮沸，撈起瀝乾後捏成餅，給染房用。已開的花逐漸變成黃色，收用槐花時必須撒拌少量石灰，然後貯藏。

中卷

五金第八

【原文】

宋子曰：人有十等，自王、公至於輿、台[1]，缺一焉而人紀不立矣。大地生五金[2]，以利用天下與後世，其義亦猶是也。貴者千里一生，促亦五六百里而生；賤者舟車稍艱之國，其土必廣生焉。黃金美者，其值去黑鐵一萬六千倍，然使釜、鬵、斤、斧不呈效於日用之間，即得黃金，值高而無民耳。貿遷有無，貨居《周官》泉府[3]，萬物司命繫焉。其分別美惡而指點重輕，孰開其先，而使相須於不朽焉？

【注釋】

①人有十等，自王、公至於輿、台：典出《左傳・昭公七年》：「天有十日（甲至癸），人有十等（王至台）。下所以事上，上所以共神也。故王臣公，公臣大夫，大夫臣士，士臣皂，皂臣輿，輿臣隸，隸臣僚，僚臣僕，僕臣台。」

②五金：指金、銀、銅、鐵、錫，有時亦泛指金屬。

③《周官》：即《周禮・地官》。泉府：掌管錢幣鑄造及流通的官府。《周禮・地官》：「以泉府同貨而斂賒」「泉府掌以市之征布」。

【譯文】

宋子說：人分十個等級，從高貴的王、公到低賤的輿、台，缺少其中之一，則等級制度便無從建立。大地產生出貴賤不同的各種金屬（五金），以供天下與後世子孫使用，其道理也和人分成貴賤是一樣的。貴金屬要隔千里才有一處產地，近的也要隔五六百里才有一處。賤金屬就是在舟車難通之處，也會有大量的儲藏。上好的黃金，價值要比黑鐵高一萬六千倍，然而如果沒有鐵製的鍋、斧供人們日常生活之用，即使有了黃金，價值雖高，也無益於百姓。在互通有無的貿易中，金屬貨幣居於《周禮・地官》所載泉府那樣的地位，牢牢控制一切貨物的命脈。至於分辨金屬的優劣、品評其價值的輕重，是誰開的頭，而使金屬永遠是必須之物呢？

黃　金

【原文】

凡黃金為五金之長，熔化成形之後，住世永無變更。白銀入洪爐雖無折耗，但火候足時，鼓鞴[①]而金花閃爍，一現即沒，再鼓則沉而不現。唯黃金則竭力鼓鞴，一扇一花，愈烈愈現，其質所以貴也。

凡中國產金之區，大約百餘處，難以枚舉。山石中所出，大者名馬蹄金，中者名橄欖金、帶胯金[②]，小者名瓜子金。水沙中所出，大者名狗頭金，小者名麩麥金、糠金。平地掘井得者名面沙金，大者名豆粒金。皆待先淘洗後冶煉而成顆塊。

金多出西南，取者穴山至十餘丈見伴金石，即可見金。其石褐色，一頭如火燒黑狀。水金多者出雲南金沙江（古名麗水），此水源出吐蕃[③]，繞流麗江府，至於北勝州，迴環五百餘里，出金者有數截。又川北潼川等州邑與湖廣沅陵、溆浦等，皆於江沙水中淘汰取金。千百中間有獲狗頭金一塊者，名曰金母，其餘皆麩麥形。

入冶煎煉，初出色淺黃，再煉而後轉赤也。儋、崖有金田[④]，金雜沙土之中，不必深求而得。取太頻則不復產，經年淘、煉，若有則限。然嶺南夷獠洞穴中金，初出如黑鐵落[⑤]，深挖數丈得之黑焦石下。初得時咬之柔軟，夫匠有吞竊腹中者，亦不傷人。河南蔡、鞏等州邑，江西樂平、新建等邑，皆平地掘深井取細沙淘煉成，但酬答人功，所獲亦無幾耳。大抵赤縣之內隔千里而一生。《嶺表錄》[6]云，居民有從鵝鴨屎中淘出片屑者，或日得一兩，或空無所獲。此恐妄記也。

凡金質至重，每銅方寸重一兩者，銀照依其則，寸增重三錢。銀方寸重一兩者，金照依其則，寸增重二錢。凡金性又柔，可屈折如柳枝。其高下色，分七青、八黃、九紫、十赤。登試金石[7]上（此石廣信郡河中甚多，大者如斗，小者如拳，入鵝湯中一煮，光黑如漆），立見分明。凡足色金參和偽售者，唯銀可入，餘物無望焉。欲去銀存金，則將其金打成薄片剪碎，每塊以土泥裹塗，入坩堝中硼砂[8]熔化，其銀即吸入土內，讓金流出以成足色。然後入鉛少許，另入坩堝內，勾出土內銀[9]，亦毫釐具在也。

凡色至於金，為人間華美貴重，故人工成箔而後施之。凡金箔每金七釐[10]，造方寸金一千片，粘補物面，可蓋縱横三尺。凡造金箔，既成薄片後，包入烏金紙內，竭力揮椎打成（打成金椎，短柄，約重八斤）。凡烏金紙由蘇、杭造成，其紙用東海巨竹膜為質。用豆油點燈，閉塞周圍，只留針孔通氣，熏染煙光而成此紙。每紙一張打金箔五十度，然後棄去，為藥鋪包朱用，尚未破損。蓋人巧造成異物也。

凡紙內打成箔後，先用硝熟貓皮繃急為小方板，又鋪線香灰撒墁皮上，取出烏金紙內箔覆於其上，鈍刀界畫成方寸。口中屏息，手執輕杖，唾濕而挑起，夾於小紙之中。以之華物，先以熟漆布地，然後黏貼（貼字者多用楮樹漿）。秦中造皮金者，硝擴羊皮使最薄，貼金其上，以便剪裁服飾用，皆煌煌至色存焉。凡金箔粘物，他日敝棄之時，削刮火化，其金仍藏灰內。滴清油數點，伴落聚底，淘洗入爐，毫釐無恙。

凡假借金色者，杭扇以銀箔為質，紅花子油刷蓋，向火熏成。廣南貨物以蟬蛻殼調水描畫，向火一微炙而就，非真金色也。其金成器物，呈分淺淡者，以黃礬塗染，炭火炸[11]炙，即成赤寶色。然風塵逐漸淡去，見火又即還原耳（黃礬詳見《燔石》）。

【注釋】

①鞲（音勾）：此指皮管式風箱。

②帶胯金：腰帶上裝飾的金。

③吐蕃：古代藏族在青藏高原建立的政權。這裡代指西藏。但是金沙江實際發源於青海省，並非西藏。

④儋、崖：今海南新州、崖縣。

⑤鐵落：生鐵鍛至紅赤，外層氧化時被錘落的鐵屑。

⑥《嶺表錄》：即《嶺表錄異》，唐人劉恂著，載嶺南風俗、物產。

⑦試金石：黑色硅岩石，根據金在其上刻畫所留條跡的顏色深淺，來檢驗金的純度。這是早期的比色測定法。

⑧硼砂：即硼酸鈉，放入金銀中起助熔作用。雜銀的金熔化後，因銀熔點低，先吸入土中，達到二者分離。

⑨勾出土內銀：將鉛與含銀泥土熔煉，鉛可將其中的銀流出。

⑩七釐：當作「七分」。明代一尺為釐米，一兩為克，金的密度為克/立方釐米。故至少要用七分重（克）的金才能打成一平方寸的金箔一千片（張），而用七釐則肯定不行。

⑪炸：或作「乍」。

【譯文】

黃金是五金之首，一旦熔化成形，永遠不會發生變化。白銀入熔爐熔化雖然不會有損耗，但火候足、溫度足夠高時，用風箱鼓風會閃爍出金屬的火花，但一現即沒，再鼓風則不會出現。只有黃金當極力鼓風時，鼓一次則金屬火花就閃爍一次，火越猛金花出現越多，這就是黃金之所以珍貴的原因。

中國的產金地區約有一百多處，難以枚舉。山石中所出產的，大的叫馬蹄金，中等的叫橄欖金、帶胯金，小的叫瓜子金。水沙中所出產的，大的叫狗頭金，小的叫麥麩金、糠金。平地挖井而得到的金叫面沙金，大的叫豆粒金。這些都要先經淘洗然後進行冶煉，才成為整顆整塊的金子。

黃金多出產於我國西南部，採金的人開鑿礦井十多丈深，見到伴金石，就可以找到金了。這種石呈褐色，一頭好像被火燒黑了。蘊藏在水裡的沙金，多產於雲南金沙江，此江發源於吐蕃，繞過雲南麗江府，流至北勝州，迂迴五百多里，產金處有好幾段。此外四川北部潼川等州和湖南沅陵、溆浦等地，都可在江沙中淘得沙金。在千百次淘取中，偶爾才會獲得一塊狗頭金，叫作金母，其餘的都不過是麥麩形的小金屑。

金在入爐冶煉時，最初呈現淺黃色，再煉就轉變成為赤色。海南的澹、崖兩縣地區都有金田，金夾雜在沙土中，不必深挖就可以獲得。但淘取太頻繁，便不會再出產，多年淘取、熔煉，即使有金也是很有限的。然而五嶺以南少數民族地區的洞穴中，初採出的金好像黑色鐵屑，深挖幾丈，才能在黑焦石下找到。初得的金咬起來是柔軟的，採金的匠人有的偷偷把它吞進肚子裡，也不會對人有傷害。河南上蔡、鞏縣和江西樂平、新建等地，都在平地開挖很深的礦井，取出細礦砂淘煉而得金，但耗費人工太多，所獲無幾。大體說來，中國境內每隔千里有一處產金。《嶺表錄異》中說，有人從鵝、鴨屎中淘出金屑，或每日可得一兩，或毫無所獲。這個記載恐怕是虛妄不可信的。

金是極重之物，假定一寸見方的銅重一兩，照這樣來算，則一寸見方的銀要增重三錢；再假定一寸見方的銀重一兩，則一寸見方的金要增重二錢。金還有一種特性就是柔軟，能像柳枝那樣屈折。至於區分金的成色高低，大抵青色的含金七成，黃色的含金八成，紫色的含金九成，赤色的則是純金了。把這些金在試金石上劃出條痕，用比色法就能夠立即分辨其成色。純金如果要摻和別的金屬來作偽出售，只有銀可以摻入，其他金屬都不行。要想除銀存金，就要將這些雜金打成薄片再剪碎，每片用泥土裹塗，然後放入坩堝中加硼砂熔化，這樣雜金中的銀便被泥土吸收，讓金水流出來，成為純金。然後再放一點鉛入坩堝裡，將土另入坩堝裡熔化，就又可以把泥土中的銀提出來了，且不會有絲毫損耗。

金以其華美的顏色為人間所貴重，因此人們將黃金加工打造成金箔用於裝飾。每七分黃金可捶打成一平方寸的金箔一千片，將其粘鋪在器物表面，可蓋滿三尺見方的面積。金箔的製法是，先將金捶成薄片，再包在烏金紙中，用力揮動鐵錘打成。烏金紙由蘇州、杭州製造，用東海巨竹纖維為原料。用豆油點燈，將燈周圍封閉，只留下一個針眼大的小孔通氣，用燈煙將紙熏染成烏金紙。每張烏金紙供捶打金箔五十次，然後棄去，可以給藥鋪作包硃砂之用，尚未破損。這是靠人的精妙工藝製造出來的奇異之物。

夾在烏金紙裡的金片被打成金箔後，先將芒硝鞣製過的貓皮繃緊成小方形皮板，再將香灰撒滿皮面，取出烏金紙裡的金箔覆蓋在上面，用鈍刀畫出一平方寸的方塊。這時操作的人口中屏住呼吸，手執輕木棍用唾液粘濕金箔，將其挑起並夾在小紙片之中。用金箔裝飾物件時，先用熟漆鋪底，再將金箔黏貼上去。陝西製造皮金的人，則用硝製過的羊皮拉緊至極薄，然後將金箔貼在皮上，以便剪裁供服飾用。這些器物、皮件因此都顯出輝煌奪目的美麗顏色。凡用金箔黏貼的物件，若他日破舊不用，可以將其刮削下來用火燒，金質就殘留在灰裡。滴上幾滴菜籽油，金質又會積聚沉底，淘洗後再熔煉，可全部回收而毫無損耗。

使器物具有金色的辦法：杭州的扇子以銀箔為材料，塗上一層紅花子油，再用火熏金色。廣東的貨物用蟬蛻殼碎粉調水來描畫，用火稍微烤一下就成金色。這些都不是真金的顏色。即使由金做成的器物，因成色不足而顏色淺淡時，也可用黃礬塗染，用炭火烘烤，立刻就會變成赤金色。但是日子久了因風塵作用，又會逐漸褪色，如果把它拿到火中烤一下，則又可以恢復赤金色。

銀

【原文】

凡銀中國所出，浙江、福建舊有坑場，國初或採或閉。江西饒、信、瑞三郡有坑從未開[①]。湖廣則出辰州[②]，貴州則出銅仁，河南則宜陽趙保山、永寧秋樹坡、盧氏高嘴兒、嵩縣馬槽山，與四川會川[3]密勒山、甘肅大黃山等，皆稱美礦。其他難以枚舉。然生氣有限，每逢開採，數不足則括派以賠償。法不嚴則竊爭而釀亂，故禁戒不得不苛。燕、齊諸道，則地氣寒而石骨薄，不產金、銀。然合八省所生，不敵雲南之半，故開礦煎銀，唯滇中可永行也。

凡雲南銀礦，楚雄、永昌、大理為最盛，曲靖、姚安次之，鎮沅又次之。凡石山洞中有礦砂，其上現磊然小石，微帶褐色者，分丫成徑路。采者穴土十丈或二十丈，工程不可日月計。尋見土內銀苗，然後得礁砂[4]所在。凡礁砂藏深土，如枝分派別。各人隨苗分徑橫挖而尋之。上楮橫板架頂，以防崩壓。采工篝燈逐徑施钁[5]，得礦方止。凡土內銀苗，或有黃色碎石，或土隙石縫有亂絲形狀，此即去礦不遠矣。

凡成銀者曰礁，至碎者曰砂，其面分丫若枝形者曰礦[6]，其外包環石塊曰礦[7]。礦石大者如斗，小者如拳，為棄置無用物。其礁砂形如煤炭，底襯石而不甚黑，其高下有數等（商民鑿穴得砂，先呈官府驗辨，然後定稅）。出土以斗量，付與冶工，高者六七兩一斗，中者三四兩，最下一二兩。

凡礁砂入爐，先行揀淨淘洗。其爐土築巨墩，高五尺許，底鋪瓷屑、炭灰，每爐受礁砂二石。用栗木炭二百斤，周遭叢架。靠爐砌磚牆一垛，高闊皆丈餘。風箱安置牆背，合兩三人力，帶拽透管通風。用牆以抵炎熱，鼓鞴之人方克安身。炭盡之時，以長鐵叉添入。風火力到，礁砂熔化成團。此時銀隱鉛中[8]，尚未出脫。計礁砂二石熔出團約重百斤。

冷定取出，另入分金爐內（一名蝦蟆爐），用松木炭匝圍，透一門以辨火色。其爐或施風箱，或使交箑[9]。火熱功到，鉛沉下為底子（其底已成陀僧[10]樣，別入爐煉，又成扁擔鉛）。頻以柳枝從門隙入內燃照，鉛氣淨盡，則世寶凝然成象矣。此初出銀，亦名生銀。傾定無絲紋，即再經一火，當中止現一點圓星，滇人名曰茶經。逮後入銅少許，重以鉛力熔化，然後入槽成絲（絲必傾槽而現，以四圍框住，寶氣不橫溢走散）。其楚雄所出又異，彼硐砂鉛氣甚少，向諸郡購鉛佐煉。每礁百斤，先坐鉛二百斤於爐內，然後煽煉成團。其再入蝦蟆爐沉鉛結銀，則同法也。此世寶所生，更無別出。方書、本草，無端妄想、妄注，可厭之甚。

大抵坤元[11]精氣，出金之所三百里無銀，出銀之所三百里無金。造物之情亦大可見。其賤役掃刷泥塵，入水漂淘而煎者，名曰淘釐鍣。一日功勞，輕者所獲三分，重者倍之。其銀俱日用剪、斧口中委餘，或鞋底粘帶佈於衢市，或院宇掃屑棄於河沿，其中必有焉，非淺浮土面能生此物也。

凡銀為世用，唯紅銅與鉛兩物可雜入成偽。然當其合瑣碎而成鈑錠[12]，去疵偽而造精純。高爐火中，坩堝足煉，撒硝少許，而銅、鉛盡滯堝底，名曰銀鏽。其灰池[13]中敲落者，名曰爐底。將鏽與底同入分金爐內，填火土甑之中，其鉛先化，就低溢流，而銅與粘帶餘銀，用鐵條逼就分撥，井然不紊。人工、天工亦見一斑云。爐式並具於左。

【注釋】

①饒、信、瑞：分別指今江西鄱陽、上饒及贛州一帶。

②辰州：今湖南沅陵。

③會川：今四川會理。

④礁砂：據《中國古代礦業開發史》，入爐煉銀的礦石總名為礁，礁砂是黑色礦石，即輝銀礦為主要成分的銀礦石。

⑤篝燈：指燈籠。钁：刨土用的一種農具，類似鎬。
⑥礦：此指樹枝狀的輝銀礦。
⑦礦：此指不含銀的脈石，是無用之物，與通常意義的礦含義不同。
⑧此時銀隱鉛中：銀礦中常含有鉛。
⑨箑（音煞）：扇子。
⑩陀僧：密陀僧，黃色的氧化鉛。
⑪坤元：指大地為生長萬物的根源。
⑫鈑錠：板狀或塊狀的銀錠。
⑬灰池：鋪炭灰的爐底，含鉛的銀熔化後流於此處。從技術上看，分金爐應密閉，而不應該敞口。

【譯文】

中國產銀的地方，浙江、福建舊時有銀礦坑場，到了本朝初期，有的仍在開採，有的已經關閉。江西饒州、廣信和瑞州三處有銀礦坑，但

開採銀礦

熔礁結銀與鉛

還從來沒有開採過。湖南的出銀之地在辰州，貴州的出銀之地在銅仁，此外河南宜陽的趙保山、永寧的秋樹坡、盧氏的高嘴兒、嵩縣的馬槽山，以及四川會川的密勒山、甘肅的大黃山等地，也都有優良的產銀礦場。其餘地方就難以一一列舉了。然而這些銀礦經營的規模有限，很不景氣，每次開採若產量不足，還不夠償付搜刮與攤派下來的苛捐雜稅。如果法制不嚴，就很容易出現偷竊爭奪而造成禍亂的事件，所以禁令又不得不十分嚴苛。河北、山東各省地方由於天氣寒冷而礦層薄，不出產金銀。然而總計以上八省所出之銀，還比不上雲南的一半，所以開礦煉銀，只有在雲南一省可以常辦不衰。

雲南的銀礦，以楚雄、永昌和大理三地儲量最為豐富，曲靖、姚安次之，鎮沅又次之。凡是石山洞裡蘊藏有銀礦砂的，其上就會出現一些堆積起來的小石頭，微帶褐色，礦藏分成枝杈般的礦脈。採礦的人要挖土十丈或二十丈深才能找到礦脈，這種巨大的工程不是幾天或者幾個月就能完成的。找到土內的銀礦苗後，便知道礁砂之所在。礁砂都藏在深土裡，而且像樹枝那樣分佈。每個人沿著銀礦脈走向分頭挖進。坑道內要橫架木板以支撐坑頂，以防塌方。採礦的工人提著燈籠沿礦脈分頭揮鋤挖掘，直到取得礦砂為止。在土裡的銀礦苗，有的摻雜著一些黃色碎石，有的在泥隙石縫中出現有亂絲形狀的東西，這都表明銀礦就在附近了。

銀礦石中，能煉出銀的礦石叫作礁，細碎的叫作砂，其表面分佈成樹枝狀的叫作礦，包在外面的石塊叫作礦。大塊的如斗，小塊的如拳頭，都是廢棄之物。礁砂形狀像煤炭，下面是一些石頭而顏色不是很黑。礁砂的品質分好幾個等級。取出的土用斗量過之後，交給冶工去煉。礦砂品質高的每斗可煉出純銀六七兩，中等的可煉出三四兩，最差的只可煉出一二兩。

礁砂在入爐之前，先要揀淨、淘洗。煉銀的爐子是用土築成的，土墩高約五尺，爐子底下鋪上瓷屑、炭灰之類的東西，每個爐子可裝礁砂二石。用栗木炭二百斤，在周圍疊架起來。靠近爐旁還要砌一垛磚牆，

沉鉛結銀

分金爐清銹底

高和寬各一丈多。風箱安裝在牆背，由兩三個人拉動風箱通過風管送風。靠這一道磚牆來擋住爐的高溫，拉風箱的人才能安身。等到爐裡的炭燒完時，就用長鐵叉再將木炭添入。風力、火力足時，礁砂就會熔化成團，此時銀還混雜在鉛中，尚未被分離出來。礁砂二石共計可熔出團塊約一百斤。

熔爐冷卻後，將物料取出另裝入分金爐內，用松木炭在爐內圍起，留出一個穴門以辨別火候。分金爐可以用風箱鼓風，也可以用團扇送風。達到一定的溫度時，熔團會重新熔化，鉛便沉下成為底子。要不斷用柳枝從穴門縫中插入燃燒，待鉛的成分去盡後，就可以提煉出純銀了。剛煉出來的銀叫作生銀。倒出來凝固後的銀如果表面沒有絲紋，就要再熔煉一次，直到銀錠中心出現一點圓星，雲南人叫作「茶經」。 此後向其中加入少許銅，再重新用鉛來協助熔化，然後倒入槽中凝結成絲狀。雲南楚雄的銀礦有些不一樣，那裡的礦砂含鉛甚少，必須從其他地方採購鉛來輔助煉銀。每煉含銀的礦砂一百斤，先將二百斤鉛放在爐的底部，然後鼓風將其熔煉成團，再放入分金爐中，使鉛沉下分離出銀，與上述方法是一樣的。銀的開採和熔煉用的就是這種方法，此外沒有其他方法。煉丹術方書和本草書中沒有根據地亂想、亂注，真是令人十分討厭。

一般來說，在大地所含的礦藏中，出金之處三百里之內沒有銀礦，出銀之處三百里之內也沒有金礦。大自然的安排設計，於此可看出個大概。有時僕役將掃刷到的泥塵聚起，放進水裡進行淘洗，再煎煉出銀，這叫作淘釐鎦。操勞一天，少的只能得到三分銀子，多的也只有六分銀子。其所得的銀，都來自日常用的剪刀、斧子刃部掉下來的殘屑，或鞋底在鬧市街道上粘帶的土，或院內、房內打掃下來的塵土拋棄在河沿，其中必夾雜銀質，這並不是說淺浮的土面上能生出銀來。

世間使用的銀，只有紅銅和鉛兩種金屬可以摻混在其中作假。但是將碎銀熔鑄成銀錠時，可以除去其中的雜質而製成純銀。方法是將雜銀放在坩堝中，送進高溫爐火中用猛火充分熔煉，撒入少許硝石，則其中的銅和鉛便都沉在堝底了，這叫作銀鏽。從灰池中敲落下來的，叫作爐底。將銀鏽和爐底一起放進分金爐內，將木炭填入土製的甑中點火，其中的鉛會首先熔化，流向低處，銅和剩下的銀可用鐵條分撥，二者截然分離。人力與自然力作用的相輔相成，由此可見一斑。爐的式樣附圖於上。

附：硃砂銀

【原文】

凡虛偽方士以爐火惑人者，唯硃砂銀愚人易惑。其法以投鉛、硃砂與白銀等分，入罐封固，溫養三七日後，砂盜銀氣，煎成至寶。揀出其銀，形有神喪，塊然枯物。入鉛煎時，逐火輕折，再經數火，毫忽無存。折去砂價、炭資，愚者貪惑猶不解，並志於此。

【譯文】

那些虛偽的方士利用爐火之術來迷惑世人，只有硃砂銀最容易愚弄人。其製造方法是，將鉛、硃砂與等量的白銀放入坩堝內密封，加熱三七二十一天後，硃砂吸取銀氣，煉為「銀」。將這種「銀」揀出來一看，外表像銀而無銀的本質，只是廢物一塊。加入鉛與其煎煉時，越煉越減重，再煉幾次，就一點兒都不剩了。損失了硃砂與木炭的錢，愚者貪心受迷惑還不明白這個道理，我把這也記錄下來。

銅

【原文】

凡銅供世用，出山與出爐止有赤銅。以爐甘石或倭鉛摻和①，轉色為黃銅②；以砒霜等藥製煉為白銅③；礬、硝等藥製煉為青銅④；廣錫摻和為響銅⑤；倭鉛和瀉為鑄銅⑥。初質則一味紅銅而已。

凡銅坑所在有之。《山海經》言，出銅之山四百三十七⑦，或有所考據也。今中國供用者，西自四川、貴州為最盛。東南間自海舶來，湖廣武昌、江西廣信皆饒銅穴。其衡、瑞等郡，出最下品，曰蒙山銅者，或入冶鑄混入，不堪升煉成堅質也。

凡出銅山夾土帶石，穴鑿數丈得之，仍有礦⑧包其外，礦狀如薑石⑨而有銅星，亦名銅璞⑩，煎煉仍有銅流出，不似銀礦之為棄物。凡銅砂⑪在礦內，形狀不一，或大或小，或光或暗，或如鍮石⑫，或如薑鐵⑬。淘洗去土滓，然後入爐煎煉，其熏蒸旁溢者，為自然銅，亦曰石髓鉛。

凡銅質有數種，有全體皆銅，不夾鉛、銀者，洪爐單煉而成。有與鉛同體者，其煎煉爐法，旁通高、低二孔，鉛質先化從上孔流出，銅質後化從下孔流出。東夷銅有托體銀礦內者，入爐煎煉時，銀結於面，銅沉於下。商舶漂入中國，名曰日本銅[14]，其形為方長板條。漳郡人得之，有以爐再煉，取出零銀，然後瀉成薄餅，如川銅一樣貨賣者。

凡紅銅升黃色為錘鍛用者，用自風煤炭百斤（此煤碎如粉，泥糊做餅，不用鼓風，通紅則白晝達夜，江西則產袁郡[15]及新喻邑），灼於爐內。以泥瓦罐載銅十斤，繼入爐甘石六斤坐於爐內，自然熔化。後人因爐甘石煙洪飛損，改用倭鉛[16]。每紅銅六斤，入倭鉛四斤，先後入罐熔化，冷定取出，即成黃銅，唯人打造。

凡用銅造響器，用出山廣錫無鉛氣者入內。鉦（今名鑼）、鐲（今名銅鼓）之類[17]，皆紅銅八斤，入廣錫二斤。鐃、鈸[18]，銅與錫更加精煉。凡鑄器，低者紅銅、倭鉛均平分兩，甚至鉛六銅四。高者名三火黃銅、四火熟銅，則銅七而鉛三也。

凡造低偽銀者，唯本色紅銅可入。一受倭鉛、砒、礬等氣，則永不和合。然銅入銀內，使白質頓成紅色，洪爐再鼓，則清濁浮沉立分，至於淨盡云。

【注釋】

①爐甘石：主要成分是碳酸鋅。倭鉛：即鋅，因其像鉛而比鉛性猛烈，故名。

②黃銅：銅鋅合金。以爐甘石與銅煉成，其色如金。

③白銅：此指含鋅、鎳的砒石（砷礦石）與銅煉成的合金。

④青銅：此指用礬石、硝石等將銅煉成古銅色。

⑤響銅：指由銅、鉛、錫按一定比例混合煉成的合金。

⑥鑄銅：含鋅的銅。

⑦四百三十七：據《山海經・中山經》，當作「四百六十七」。

⑧礦：實際是包在銅礦石外面的脈石。

⑨薑石：形狀似薑的石頭。或作「礓石」。

⑩銅璞：脈石中低品位的銅礦石。
⑪銅砂：即銅礁砂，指含銅礦石。
⑫鍮（音偷）石：此指天然黃銅礦。
⑬薑鐵：此指形似薑而色黑的銅礦石。
⑭日本銅：日本稱為「棹銅」，由日本出口到中國，在日本人增田綱的《鼓銅圖錄》中亦有記載，此書亦引用《天工開物》。
⑮袁郡：袁州府，今江西宜春地區。
⑯「後人因爐甘石」二句：爐甘石300℃時會分解成二氧化碳和氧化鋅，前者飛散易將後者帶走，損失鋅質。改用較穩定的鋅與銅煉成黃銅，是技術上的改進。
⑰鉦：古代樂器，形似鐘而狹長，有長柄可執，擊之而鳴，在行軍時敲打，並非鑼。鐲：古代軍中樂器，鐘形的鈴。
⑱鐃：古代打擊樂器，有柄。鈸：銅製圓形打擊樂器，兩片一副，相擊而發聲。

【譯文】

供世間用的銅，不管採自山上或出自冶爐，都只有紅銅一種。銅與爐甘石或鋅摻和熔煉，則會轉變顏色成黃銅；如與砒霜等藥物製煉，則煉成白銅；如與明礬、硝石等藥物製煉，則會煉成青銅；若與錫摻和熔煉，則會煉成響銅；若與鋅摻和熔煉，則會煉成鑄銅。然而最基本的原料不過是紅銅一種而已。

銅礦到處都有。《山海經》中說，全國出銅之山有四百三十七處，這或許是有

鉛銅取穴

穴取銅鉛

淘淨銅砂、化銅

根據的。今中國供人使用的銅，西部以四川、貴州兩省出產為最多，東南各省則間有借海船從國外運來的，湖北武昌、江西廣信，都有豐富的銅礦。衡州、瑞州等地出產的蒙山銅，品質低劣，僅可在冶鑄時摻入，不能單獨熔煉成堅實的銅塊。

出銅的山總是夾土帶石的，要挖幾丈深才能得到銅礦石，其外面仍有一層脈石包著。這種石形狀像薑，表面有銅星，又叫作銅璞，把它拿到爐裡去冶煉，仍有銅流出，不像銀礦的脈石那樣完全是廢物。銅砂在脈石裡的形狀不一，或大或小，或光或暗，有的如石，有的如薑鐵。將土滓洗掉，然後入爐熔煉，經熔煉從爐旁流出來的，就是自然銅，也叫石髓鉛。

銅礦石有數種，其中有全體都是銅而不夾雜鉛和銀的，只要入爐一煉就成。有的卻與鉛混雜在一起，這種銅礦的冶煉方法是，在熔爐旁開高、低兩個孔，鉛先熔化從上孔流出，後熔化的銅則從下孔流出。日本國的銅有包在銀礦的脈石中的，入爐熔煉時，銀會浮在上層，而銅沉在下面。由商船運進中國的銅，叫作日本銅，其形狀為長方形板條。福建漳州人得到這種銅後，有的入爐再煉，提取其中零星的銀，然後將銅鑄成薄餅形狀，像四川的銅那樣出售。

將紅銅煉成可以錘鍛的黃銅，要用一百斤自來風煤炭放入爐內燒。用一個泥瓦罐裝十斤銅，再裝入六斤爐甘石，放入爐內，讓它自然熔化。後來人們因為爐甘石煙飛時損耗很大，就改用了鋅。每六斤紅銅，加入四斤鋅，先後放入罐裡熔化，冷卻後取出即是黃銅，供人們打造各種器物。

用銅製造樂器，將礦山出產的不含鉛的兩廣產的錫與銅同入爐內熔煉。製造鉦、鐲之類樂器，一般用八斤紅銅，摻入二斤廣錫。製造鐃、鈸所用的銅、錫，要求更加精煉。製造供冶鑄用的銅器物時，質量差的含紅銅和鋅各一半，甚至鋅占六成而銅占四成。質量好的則要用經過三次或四次熔煉的所謂三火黃銅或四火熟銅作原料，其中含銅七成、鉛三成。

那些製造假銀的，只有純粹紅銅可以混入。銀遇到鋅、砒、礬等物質，永遠都不能結合。然而將銅混進銀裡，白色的銀立刻變成紅色，再入爐鼓風熔煉，待其全部熔化後，則銀、銅間的清濁、浮沉立見分明，以致於徹底分離。

附：倭鉛

【原文】

凡倭鉛古書本無之，乃近世所立名色。其質用爐甘石熬煉而成，繁產山西太行山一帶，而荊、衡為次之。每爐甘石十斤，裝載入一泥罐內，封裹泥固以漸砑[①]干，勿使見火拆裂。然後逐層用煤炭餅墊盛，其底鋪薪，發火鍛紅。罐中爐甘石熔化成團，冷定毀罐取出。每十耗去其二，即倭鉛也。此物無銅收伏，入火即成煙飛去。以其似鉛而性猛，故名之曰倭[②]云。

【注釋】

①研（音訝）：通過碾壓而使光滑。

②倭：此指猛烈，非日本之倭。明代沿海受倭寇之害，故以「倭」代指猛烈。

升煉倭鉛

【譯文】

「倭鉛」（鋅）在古書中本無記載，只是到近代才有了這個名稱。它是由爐甘石熬煉而成的，大量出產於山西太行山一帶，其次是湖北荊州、湖南衡州。熔煉的方法是，每次將十斤爐甘石裝進一個泥罐裡，在泥罐外面塗上泥封固，再將表面碾光滑，讓它漸漸風乾。千萬不要用火烤，以防泥罐拆裂。然後用煤餅一層層地把裝爐甘石的罐墊起來，在下面鋪柴，引火燒紅。泥罐裡的爐甘石熔成一團，等泥罐冷卻後，將罐子打爛，取出來的就是倭鉛。每十斤爐甘石會損耗二斤。但是，這種倭鉛如果不用銅與之結合，一見火就會揮發成煙。因其很像鉛而又比鉛的性質更猛烈，所以稱之為倭鉛。

鐵

【原文】

凡鐵場所在有之，其質淺浮土面，不生深穴。繁生平陽、崗埠，不生峻嶺高山。質有土錠、碎砂數種。凡土錠鐵，土面浮出黑塊，形似秤錘。遙望宛然如鐵，拈之則碎土。若起冶煎煉，浮者拾之，又乘雨濕之後牛耕起土，拾其數寸土內者。耕墾之後，其塊逐日生長，愈用不窮。西北甘肅、東南泉郡，皆錠鐵之藪也。燕京、遵化與山西平陽，則皆砂鐵之藪也。凡砂鐵一拋土膜即現其形，取來淘洗，入爐煎煉，熔化之後與錠鐵無二也。

凡鐵分生、熟，出爐未炒則生，既炒則熟。生、熟相和，煉成則鋼。凡鐵爐用鹽做造，和泥砌成。其爐多傍山穴為之，或用巨木匡圍。塑造鹽泥，窮月之力不容造次。鹽泥有罅，盡棄全功。凡鐵一爐載土二千餘斤，或用硬木柴，或用煤炭，或用木炭，南北各從利便。扇爐風箱必用四人、六人帶拽。土化成鐵之後，從爐腰孔流出。爐孔先用泥塞。每旦晝六時，一時出鐵一陀。既出即叉泥塞，鼓風再熔。

凡造生鐵為冶鑄用者，就此流成長條、圓塊，範內取用。若造熟鐵，則生鐵流出時相連數尺內，低下數寸築一方塘，短牆抵之。其鐵流入塘內，數人執持柳木棍排立牆上。先以污潮泥曬乾，舂篩細羅如麵，一人疾手撒掞①，眾人柳棍疾攪②，即時炒成熟鐵。其柳棍每炒一次，燒折二三寸，再用則又更之。炒過稍冷之時，或有就塘內斬劃成方塊者，或有提出揮椎打圓後貨者。若瀏陽諸冶，不知出此也。

凡鋼鐵鍊法，用熟鐵打成薄片如指頭闊，長寸半許，以鐵片束包夾緊，生鐵安置其上（廣南生鐵名墮子生鐵者甚妙），又用破草履蓋其上（黏帶泥土者，故不速化），泥塗其底下。洪爐鼓鞴，火力到時，生鐵先化，滲淋熟鐵之中，兩情投合，取出加錘。再煉再錘，不一而足。俗名團鋼③，亦曰灌鋼者是也。

其倭夷刀劍有百煉精純、置日光簷下則滿室輝曜者，不用生熟相和煉，又名此鋼為下乘雲。夷人又有以地溲④淬刀劍者（地溲乃石腦油之類，不產中國），雲鋼可切玉，亦未之見也。凡鐵內有硬處不可打者名鐵核，以香油塗之即散。凡產鐵之陰，其陽出慈石，第有數處不盡然也。

【注釋】

①掞（音善）：有攤開之意。

②疾攪：從含碳 2% 以上的生鐵脫碳、炒成熟鐵時，用柳棍疾速攪拌可促進生鐵水中碳的氧化作用。

③團鋼：即滲碳鋼，以生鐵水向熟鐵中滲碳，再反覆捶打去掉雜質。這種記述在南北朝時期已發展，北宋沈括《夢溪筆談》卷三亦有詳細記載。《天工開物》此處記述比前代又有改進。

④地溲：此指石腦油，即石油。史載我國在漢代時已發現石油，南北朝時用以膏車。

墾土拾錠

淘洗鐵砂

生熟煉鐵爐

【譯文】

鐵礦全國各地都有，而且都淺藏在地面，不深埋在洞穴。廣泛分佈於平原和丘陵地帶，而不在高山峻嶺上。礦質有土塊狀的「土錠鐵」和碎砂狀的「砂鐵」等好幾種。土錠鐵是地表浮出的黑塊，形似秤錘。從遠處看上去就像一塊鐵，但用手一捻卻成了碎土。如果要進行冶煉，就可以把浮在土面上的這些鐵礦石拾起來，又乘下雨地濕時，用牛犁起淺土，把埋入泥土幾寸深的鐵礦石都撿起來。土地經耕後，鐵礦石還會逐漸生長，用之不竭。我國西北的甘肅、東南的福建泉州，都盛產這種土錠鐵。北京、河北遵化和山西平陽，都盛產砂鐵。至於砂鐵，一挖開表土層就可以找到，把它取出來後進行淘洗，再入爐冶煉，熔煉出來的鐵跟來自土錠鐵的品質相同。

鐵分為生鐵和熟鐵，已經出爐但還沒有炒過的是生鐵，炒過的是熟鐵。生鐵和熟鐵混合熔煉，便成了鋼。煉鐵爐是用摻鹽的泥土砌成的，多設在礦山附近，也有些是用巨木圍成框的。用鹽泥塑造成爐，非得要花個把月時間不可，不能輕率貪快。鹽泥一旦出現裂縫，那就前功盡棄了。一座煉鐵爐可裝鐵礦石兩千多斤，燃料或用硬木柴，或用煤炭，或用木炭，南北各地因地制宜。向爐內鼓風的風箱，必須由四個人或六個人一起推拉。鐵礦石化成了鐵水後，就會從煉鐵爐腰孔中流出。這個孔事先要用泥塞住。每天白天六個時辰中，一個時辰出一陀鐵。出一次鐵後，立即又上泥把鐵孔塞住，然後再鼓風熔煉。

生產供鑄造用的生鐵，就讓鐵水注入條狀或圓塊狀的鑄模中，再從模子裡取出使用。若是造熟鐵，則在生鐵水流出幾尺遠而又低幾寸的地方築一口方塘，四周砌上矮牆。讓鐵水流入塘內，幾個人拿著柳木棍，並立在矮牆上。事先將黑色的濕泥曬乾，搗碎並用細羅篩成麵粉狀的細末，一個人迅速把泥粉均勻地撒在鐵水中，另外幾個人就用柳棍快速攪拌，這樣生鐵即刻便炒成熟鐵。柳木棍每炒一次，便會燃掉二三寸，再炒時就得換一根新的。炒過以後，稍微冷卻時，或者就地在方塘內將鐵水劃成方塊，或提出來錘打成圓塊，然後出售。但像湖南瀏陽那些冶鐵場還不懂得這種方法。

煉鋼的方法是，先將熟鐵打成長約一寸半、像指頭一般寬的薄片，然後用鐵片包紮緊，將生鐵放在紮緊的熟鐵片上面，再用破草鞋覆蓋在最上面，在鐵片底下還要塗上泥漿。投進熔爐進行鼓風熔煉，達到一定的溫度時，生鐵會先熔化而滲淋到熟鐵裡，二者相互融合。取出來後進行錘煉，再熔煉再錘打，如此反覆進行多次。這樣錘煉出來的鋼，俗名叫作團鋼，也叫作灌鋼。

日本國的刀劍，用的是經過上百次錘煉的精純的好鋼，白天放在屋簷日光下，整個屋子都非常明亮。這種鋼不是用生鐵和熟鐵合起來煉成的，有人把它稱為次品。日本人又有用地溲來淬刀劍的，據說這種鋼刀可以切玉，但我未曾見過。鐵內有一種非常堅硬的、打不散的硬塊，叫作鐵核。如果塗上香油再次敲打，鐵核就可以打散了。要是鐵礦產於山的背陽處，其向陽的山坡便出磁鐵礦石，不過也有些地方不盡如此。

錫

【原文】

凡錫，中國偏出西南郡邑，東北寡生。古書名錫為「賀」者，以臨賀郡①產錫最盛而得名也。今衣被天下者，獨廣西南丹、河池二州居其十八，衡、永則次之，大理、楚雄即產錫甚盛，道遠難致也。

凡錫有山錫、水錫兩種。山錫中又有錫瓜、錫砂兩種。錫瓜塊大如小瓠，錫砂如豆粒，皆穴土不甚深而得之。間或土中生脈充牣②，致山土自頹，恣人拾取者。水錫衡、永出溪中，廣西則出南丹州河內。其質黑色，粉碎如重羅麵。南丹河出者，居民旬前從南淘至北，旬後又從北淘至南。愈經淘取，其砂日長，百年不竭。但一日功勞，淘取煎煉不過一斤。會計爐炭資本，所獲不多也。南丹山錫出山之陰，其方無水淘洗，則接連百竹為梘，從山陽梘水淘洗土滓，然後入爐。

凡煉煎亦用洪爐，入砂數百斤，叢架木炭亦數百斤，鼓鞴熔化。火力已到，砂不即熔，用鉛少許勾引③，方始沛然流注。或有用人家炒錫剩灰勾引者。其爐底炭末、瓷灰鋪作平池，旁安鐵管小槽道，熔時流出爐外低池。其質初出潔白，然過剛，承錘即拆裂。入鉛製柔，方充造器用。售者雜鉛太多，欲取淨則熔化，入醋淬八九度，鉛盡化灰而去④。出錫唯此道。方書云馬齒莧取草錫⑤者，妄言也。謂砒為錫苗⑥者，亦妄言也。

【注釋】

①臨賀郡：今廣西賀縣。《本草綱目》卷八「錫」條曰：「方術家謂之賀，蓋錫以臨賀出者為美也。」

②充物：或作「充仞」，充滿。

③用鉛少許勾引：錫難熔化時加少量鉛，成為鉛錫合金可降低其熔點、增加流動性。如鉛錫合金中含鉛 10%，則合金熔點為 216℃；含 20% 鉛則熔點為 200℃，含 30%時熔點降至 185℃。

④化灰而去：在含鉛的錫中加入醋，則鉛變為醋酸鉛（熔點 280℃），錫的熔點為 232℃，故鉛化成灰而除去。

⑤馬齒莧取草錫：《本草綱目》卷九「水銀」條引宋人蘇頌《圖經本草》云，馬齒莧十斤燒後得水銀八兩，名曰草汞，沒提到可提取錫。

⑥砒為錫苗：《本草綱目》卷十「砒石」條稱砒「乃錫之苗」。查中國錫礦床多含毒砂（內含砷），故作者說此種說法有誤。

【譯文】

中國產錫之地主要分佈在西南地區，而東北地區尤其少。古書中稱錫為「賀」，是因為臨賀郡產錫最盛，故而得此名。現今供應全國的錫，僅廣西南丹、河池二州就占了八成，湖南衡陽、永州次之，雲南大理、楚雄雖然產錫很多，但路途遙遠，難以供應內地。

錫礦分山錫、水錫兩種。山錫又分錫瓜、錫砂兩種。錫瓜塊大好像個小葫蘆，錫砂則像豆粒，都是挖土不用很深便可得到。有時土中礦脈充斥，便和著山土一同下落，任憑人們拾取。水錫出於湖南衡州、永州的小溪中，廣西則產於南丹州的河裡。這種水錫質地是黑色的，細碎得好像用羅篩過的麵粉。南丹河裡出產的水

河池山錫

南丹水錫

煉錫爐

錫，居民在前十天從南淘到北，後十天再從北淘到南。越是淘取，砂錫越是日漸生長，百年不竭。但是勞累一天，淘取、熔煉後不過得錫一斤左右。計算所耗費的爐炭成本，獲利實在是不多。南丹的山錫產於山的背陰處，其地缺水淘洗，就用許多根竹管接起來當導水槽，從山的陽坡引水過來淘洗土滓，然後入爐。

熔煉時也要用洪爐，每爐入錫砂數百斤，堆架起來的木炭也要數百斤，鼓風熔煉。當火力足夠時，若錫砂還不能立即熔化，就要摻入少量的鉛作引子，錫才會順暢地流出。也有用別處的煉錫爐渣作引子的。洪爐爐底用炭末和瓷灰鋪成平池，爐旁安裝一條鐵管小槽，煉出的錫水引流入爐外低池內。錫出爐時顏色潔白，可是太過硬脆，一經敲打就會碎裂。加入鉛才能使錫質變軟，才能用來製造各種器具。市面上賣的錫摻鉛太多，如果需要提高純度，便將其熔化後放入醋中淬八九次，其中所含的鉛便會形成渣灰而被除去。生產純錫只有這麼一種方法。有的煉丹書中說可以從馬齒莧中提取草錫，這是荒誕的說法。所謂砒是錫礦苗的說法，也是信口胡言。

鉛

【原文】

凡產鉛山穴，繁於銅、錫。其質有三種，一出銀礦中，包孕白銀，初煉和銀成團，再煉脫銀沉底，曰銀礦鉛，此鉛雲南為盛。一出銅礦中，入洪爐煉化，鉛先出，銅後隨，曰銅山鉛，此鉛貴州為盛。一出單生鉛穴，取者穴山石，挾油燈尋脈，曲折如采銀礦，取出淘洗、煎煉，名曰草節鉛，此鉛蜀中嘉、利等州為盛①。其餘雅州②出釣腳鉛，形如皂莢子，又如蝌蚪子，生山澗沙中。廣信郡上饒、饒郡樂平出雜銅鉛，劍州③出陰平鉛，難以枚舉。

凡銀礦中鉛，煉鉛成底，煉底復成鉛。草節鉛單入洪爐煎煉，爐旁通管，注入長條土槽內，俗名扁擔鉛，亦曰出山鉛，所以別於凡銀爐內頻經煎煉者。凡鉛物值雖賤，變化殊奇④，白粉、黃丹⑤，皆其顯像。操銀底於⑥精純，勾錫成其柔軟，皆鉛力也。

【注釋】

①嘉：嘉州，今四川樂山。利：利州，今四川廣元。

②雅州：今四川雅安。

③劍州：今四川劍閣。

④變化殊奇：《本草綱目》卷八云：「鉛變化最多，一變而成胡粉，再變而成黃丹，三變而成密陀僧，四變而為白霜。」

⑤白粉：又名胡粉、鉛粉、定粉，鹼式碳酸鉛。黃丹：又名鉛丹，四氧化三鉛。

⑥底於：達到。

【譯文】

產鉛的礦山比產銅、錫的礦山都要多。鉛礦有三種，一種出於銀礦脈石中，含有銀，初煉時和銀熔成一團，再煉時鉛與銀脫離而沉於爐底，叫作銀鉛礦，此鉛礦以雲南為最多。另一種出於銅礦脈石中，入洪爐冶煉時，鉛比銅先熔化流出，叫作銅山鉛，此鉛礦以貴州為最多。另一種鉛出於單獨的鉛礦，開採的人鑿開山石，提著油燈在山洞裡尋找礦脈，此礦脈像銀礦那樣曲折。採出後便淘洗、熔煉，叫作草節鉛，此鉛礦以四川的嘉州、利州為最多。除此之外，四川雅州還出產有釣腳鉛，形狀像皂莢子，又像蝌蚪，出於山澗的沙裡。江西廣信府上饒、饒州府樂平還出產有雜銅鉛，四川劍州還出產有陰平鉛，此處難以枚舉。

提煉銀礦中的鉛，方法是熔煉銀礦，銀流出後鉛便沉在爐底，再熔煉爐底物料，才得到鉛。草節鉛則一次放入洪爐熔煉，洪爐旁通一條管子，以便將鉛水澆注入長條形土槽內，這樣鑄成的鉛俗名扁擔鉛，也叫作出山鉛，以區別於在煉銀爐內多次熔煉出來的那種鉛。鉛的價值雖然低賤，可其變化卻很是奇妙，白粉、黃丹都是鉛變化而成的。使銀煉得精純，使錫變得柔軟，都靠鉛的作用。

附：胡粉

【原文】

凡造胡粉，每鉛百斤，熔化，削成薄片，卷作筒，安木甑內。甑下、甑中各安醋一瓶，外以鹽泥固濟，紙糊甑縫。安火四兩，養之七日。期足啟開，鉛片皆生霜粉，掃入水缸內。未生霜者，入甑依舊再養七日，再掃，以質盡為度，其不盡者留作黃丹料。

每掃下霜一斤，入豆粉二兩、蛤粉四兩，缸內攪勻，澄去清水。用細灰按成溝，紙隔數層，置粉於上。將乾，截成瓦定形[①]，或如磊塊，待乾收貨。此物古因辰、韶諸郡專造，故曰韶粉（俗誤朝粉）。今則各省直饒為之矣。其質入丹青，則白不減。擦婦人頰，能使本色轉青。胡粉投入炭爐中，仍還熔化為鉛，所謂色盡歸皂[②]者。

【注釋】

①截成瓦定形：截成瓦狀以定形。或以為「定」為「衍」字。

②色盡歸皀：漢煉丹家魏伯陽《周易參同契》云：「胡粉投火中，色壞還為鉛。」白色的胡粉（鉛粉）鍛燒，先變為氧化鉛，最後還原為黑灰色的鉛。所謂「色盡歸皀」，即至白還原為黑的道理。

【譯文】

製作胡粉的方法是，每次將一百斤鉛熔化之後再削成薄片，捲成筒狀，安置在木甑之中。甑的下部和中間各放置一瓶醋，外面用鹽泥封固，並用紙糊嚴甑上的縫。以四兩木炭的火力持續加熱七天。日子到時啟開，就能見到鉛片上面覆蓋著的一層霜粉，將粉掃到水缸裡。那些未生霜的鉛再放進甑子裡，按照原來的方法再次加熱七天，再次收掃，直到鉛用盡為止，剩下的殘渣可留作制黃丹的原料。

每掃下一斤霜粉，加入二兩豆粉、四兩蛤粉，一同放入水缸內攪勻，澄清之後再把水倒去。用細木炭粉做成溝，上面平鋪幾層紙，將濕粉放在紙上。快吸乾時將濕粉截成瓦形或方塊狀，待乾時收起出售。由於古時辰州、韶州專製此粉，所以也把它叫作韶粉。如今全國各省都廣為製造了。如果用這種粉作顏料繪畫，能夠長期保持白色不褪。但婦女用以擦臉，塗多了就會使臉色變青。將胡粉投入炭爐裡面燒，仍會熔化為鉛，這就是所謂物極必反，顏色白至極點就會變黑的道理。

附：黃丹①

【原文】

凡炒鉛丹，用鉛一斤、土硫黃十兩、硝石一兩。熔鉛成汁，下醋點之。滾沸時下硫一塊，少頃入硝少許，沸定再點醋，依前漸下硝、黃。待為末，則成丹矣。其胡粉殘剩者，用硝石、礬石炒成丹，不復用醋也。欲丹還鉛，用蔥白汁拌黃丹慢炒，金汁出時，傾出即還鉛矣。

【注釋】

①本節敘述黃丹製法，全錄自《本草綱目》卷八「鉛丹」條引獨孤滔《丹房鑑原》。

【譯文】

燒製鉛丹，用鉛一斤、土硫黃十兩、硝石一兩。鉛熔化成液態後，點上一些醋。滾沸時再投入一塊硫黃，稍過一會兒，再投入硝石少許，沸騰停止後再照前法加醋，接著再加硫黃和硝石。就這樣直到物料都成為粉末，就煉成黃丹了。如要將製胡粉時剩餘的鉛煉成黃丹，就把硝石、礬石加進去炒，不必加醋了。若想把黃丹還原成鉛，就用蔥白汁拌入黃丹，慢火熬炒，等有黃汁流出時，倒出來就可得到鉛了。

冶鑄第九

【原文】

宋子曰：首山之采，肇自軒轅[①]，源流遠矣哉。九牧貢金，用襄禹鼎[②]，從此火金功用日異而月新矣。夫金之生也，以土為母，及其成形而效用於世也，母模子肖[③]，亦猶是焉。精粗鉅細之間，但見鈍者司舂，利者司墾，薄其身以媒合水火而百姓繁，虛其腹以振盪空靈而八音[④]起。願者肖仙梵之身，而塵凡有至象。巧者奪上清[⑤]之魄，而海宇遍流泉。即屈指唱籌，豈能悉數！要之，人力不至於此。

【注釋】

①軒轅：黃帝。《史記・孝武本紀》：「黃帝采首山銅，鑄鼎於荊山下。」

②九牧貢金，用襄禹鼎：《左傳・宣公三年》：「昔夏之方有德也，遠方圖物，貢金九牧，鑄鼎象物，百物而為之備。」九牧：九州之方伯。

③母模子肖：按五行說，金生於土，故前云金「以土為母」，而澆鑄金器則先以土為模型，故又云「母模子肖」。

④八音：指金、石、絲、竹、匏、土、革、木八類樂器。亦泛指樂器或音樂。

⑤上清：天界的日月。一說代稱銅錢，古有「上清童子」，亦代指錢。

【譯文】

宋子說：相傳上古黃帝時代便開始在首山採銅鑄鼎，其源流已很久遠了。夏禹時，九州的地方官進貢金屬，以幫助禹鑄成象徵天下大權的九個大鼎。從此以後，借火力來冶鑄金屬的工藝便日新月異地發展起來了。金屬本是從泥土中產生的，故稱其以土為母。當它被鑄造成器物供人使用時，其形狀又跟泥土製的模型相像，還是以土為母。鑄件有精有粗，有大有小，作用各不相同。只見鈍拙的碓頭用來舂搗東西，鋒利的犁鏵用來墾土；薄壁的鐵鍋用來盛水、受火，而使民間百姓人丁興旺，空腹的大鐘振盪空氣而生出八音，美妙的樂章得以悠然響起。善良虔誠的信徒模擬仙界神佛之形態，為人間造出了精緻逼真的偶像。心靈手巧的工匠模擬天上日月的輪廓，造出了天下流通的錢幣。諸如此類，任憑人們屈指頭、唱籌碼，又哪裡能夠說得完呢？簡而言之，人力能做到的還不止這些。

鼎

【原文】

凡鑄鼎，唐虞以前不可考。唯禹鑄九鼎，則因九州貢賦壤則已成，入貢方物歲例已定[①]，疏濬河道已通，《禹貢》業已成書[②]。恐後世人君增賦重斂，後代侯國冒貢奇淫，後日治水之人不尤其道，故鑄之於鼎。不如書籍之易去，使有所遵守，不可移易，此九鼎所為鑄也。

年代久遠，末學寡聞，如蠙珠、暨魚、狐狸、織皮之類

[3]，皆其刻畫於鼎上者，或漫滅改形亦未可知，陋者遂以為怪物。故《春秋傳》有使知神奸、不逢魑魅之說也。此鼎入秦始亡。而春秋時郜大鼎、莒二方鼎[4]，皆其列國自造，即有刻畫，必失《禹貢》初旨。此但存名為古物，後世圖籍繁多，百倍上古，亦不復鑄鼎，特並志之。

【注釋】

①入貢方物歲例已定：《尚書・禹貢》：「禹別九州，隨山濬川，任土作貢。」

②《禹貢》業已成書：記述九州貢法的《禹貢》，本成書於戰國，去夏禹甚遠，但作者認為是禹時所著書。

③「如蠙（音貧）珠」句：《尚書・禹貢》：「淮夷蠙珠暨魚。」二者即蚌珠、美魚，淮人世世代代以此進貢。久之，二物幾絕。狐狸皮是青州人進貢之物。

④郜（音告）：郜鼎。《左傳・隱公七年》載郜國（今山東成武）獻予周王的大鼎。莒：莒鼎。《左傳・昭公七年》載莒國（今山東莒縣）所鑄方鼎，贈予鄭國的子產。

【譯文】

鑄鼎的史實，堯、舜以前已無法考證了。至於夏禹鑄造九鼎，那是因為當時九州根據各地現有條件和生產能力而繳納賦稅的條例已經頒佈，各地每年進貢的物產和品種已經有了具體規定，河道也已經疏通，《禹貢》已經成書。禹王恐怕後世的帝王增加賦稅來斂取百姓財物，後代各地諸侯用一些由奇技淫巧做出來的東西冒充貢品，以及後來治水的人不按其方法行事，於是把這一切都鑄刻在鼎上。令規也就不會像書籍那樣容易丟失了，使後人有所遵守而不能任意更改，這就是當時夏禹鑄造九鼎的原因。

經過了許多年代，刻在鼎上的圖像，如蚌珠、暨魚、狐狸、毛織物以及獸皮之類，或許因為鏽蝕脫落而變形，難以辨認，見識淺薄的人就會以為是怪物。因此，《春秋左氏傳》中才有禹鑄鼎是為了使百姓懂得識別妖魔鬼怪而避免受到妖魔傷害的說法。其實這些鼎到了秦朝就已散失了。春秋時期郜國的大鼎和莒國的兩個方鼎，都是諸侯國自己鑄造的，即使有一些刻畫，也必定不合於《禹貢》的原意，只不過名為古舊之物罷了。後世的圖書甚多，百倍於上古，亦用不到鑄鼎。這裡特地提一下。

鐘

【原文】

凡鐘為金樂之首，其聲一宣，大者聞十里，小者亦及里之餘。故君視朝、官出署，必用以集眾；而鄉飲酒禮[①]，必用以和歌；梵宮仙殿，必用以明攝謁者[②]之誠，幽起鬼神之敬。

凡鑄鐘高者銅質，下者鐵質。今北極朝鐘[③]，則純用響銅。每口共費銅四萬七千斤、錫四千斤、金五十兩、銀一百二十兩於內。成器亦重二萬斤，身高一丈一尺五寸，雙龍蒲牢[④]高二尺七寸，口徑八尺，則今朝鐘之制也。

凡造萬鈞鐘與鑄鼎法同，掘坑深丈幾尺，燥築其中如房舍，埏泥作模骨[⑤]。其模骨用石灰、三和土築，不使有絲毫隙拆。乾燥之後以牛油、黃蠟附其上數寸。油蠟分兩：油居十八，蠟居十二。其上高蔽抵晴雨（夏月不可為，油不凍結）。油蠟墁定，然後雕鏤書文、物象，絲發成就。然後舂篩絕細土與炭末為泥，塗墁以漸而加厚至數寸，使其內外透體乾堅，外施火力炙化其中油蠟，從口上孔隙熔流淨盡，則其中空處即鐘鼎托體之區也。

凡油蠟一斤虛位，填銅十斤。塑油時盡油十斤，則備銅百斤以俟之。中既空淨，則議熔銅。凡火銅至萬鈞，非手足所能驅使。四面築爐，四面泥作槽道，其道上口承接爐中，下口斜低以就鐘鼎入銅孔，槽旁一齊紅炭熾圍。洪爐熔化時，決開槽梗（先泥土為梗塞住），一齊如水橫流，從槽道中梘注而下，鐘鼎成矣。凡萬鈞鐵鐘與爐、釜，其法皆同，而塑法則由人省嗇也。

若千斤以內者，則不須如此勞費，但多捏十數鍋爐。爐形如箕，鐵條作骨，附泥做就。其下先以鐵片圈筒直透作兩孔，以受槓穿。其爐墊於土墩之上，各爐一齊鼓鞲⑥熔化。化後以兩槓穿爐下，輕者兩人，重者數人抬起，傾注模底孔中。甲爐既傾，乙爐疾繼之，丙爐又疾繼之，其中自然黏合。若相承迂緩，則先入之質欲凍，後者不黏，釁⑦所由生也。

凡鐵鐘模不重費油蠟者，先埏土作外模，剖破兩邊形或為兩截，以子口串合，翻刻書文於其上。內模縮小分寸，空其中體，精算而就。外模刻文後，以牛油滑之，使他日器無粘爛，然後蓋上，泥合其縫而受鑄焉。巨磬、雲板⑧，法皆仿此。

【注釋】

①鄉飲酒禮：據《儀禮·鄉飲酒禮》，古代鄉學生卒業後，薦其賢能者於君，鄉大夫設酒宴送行，稱鄉飲酒禮。後世[illegible]地方官宴待應科舉之士，稱賓興。此指官方宴會。

②謁者：此指禮拜仙佛者。

③北極朝鐘：明代宮中北極閣中所懸朝鐘。

④蒲牢：傳說中的海獸，其吼聲甚大，故鑄於鐘上，象徵鐘聲洪大。明代以為龍生之九子之一。

⑤模骨：指失蠟法鑄件的內模。

⑥鼓鞲（音溝）：鼓風。鞲：是用牛皮做成的鼓風器具，此處代指風箱。

⑦釁：縫隙。
⑧雲板：鐵鑄的響器，板狀，雲朵形，故名。敲打出聲，作報時用。

【譯文】

鐘在金屬樂器之中居首，它的響聲大者十里之外都可以聽到，小者也能傳開一里多。所以，皇帝臨朝聽政、官府升堂審案，一定要用鐘聲來召集下屬或者百姓；各地方舉行鄉飲酒禮，也一定會用鐘聲來和歌伴奏；佛寺仙殿，一定用鐘聲來打動朝拜者的誠心，喚起他們對鬼神的敬意。

鑄鐘的原料，以銅為上等，以鐵為下等。如今宮內北極閣所懸掛的朝鐘完全是用響銅鑄成的，每口鐘總共花費銅四萬七千斤、錫四千斤、金五十兩、銀一百二十兩，鑄成以後重達兩萬斤，身高一丈一尺五寸，上面的雙龍蒲牢圖像高二尺七寸，直徑八尺。這就是當今朝鐘的形制。

鑄造萬斤以上的大鐘和鑄鼎的方法是相同的。先挖掘一個一丈多深的地坑，使坑內保持乾燥，並把它構築成像房舍一樣，和泥做內模。鑄鐘的內模用石灰、細砂和黏土調和製成，不能有絲毫的裂縫。內模乾燥以後，用牛油、黃蠟在上面塗約有幾寸厚。油和蠟的比例是：牛油約占十分之八，黃蠟占十分之二。其上有高棚用以防日曬雨淋。蠟層塗好並用墁刀蕩平整後，就可以在上面精雕細刻各種文字和圖案，必須仔細操作，不能有半點錯誤。然後再用舂碎和篩選過的極細的土和炭末，調成糊狀，逐層塗鋪在油蠟上約有數寸

塑鐘模

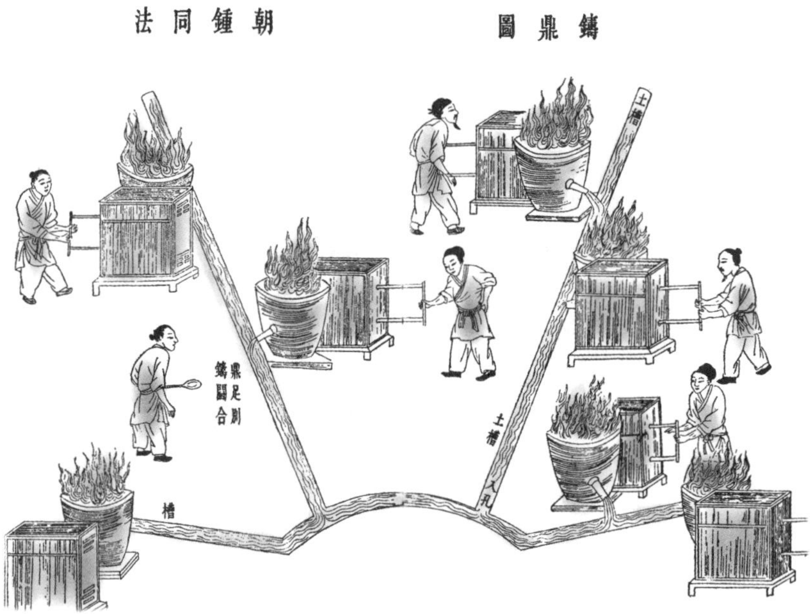

鑄鐘、鼎

厚。等到外模的裡外都自然乾透堅固後，便在外面用慢火烤炙，熔化其中的油蠟。油蠟從鑄模下部內外模交合的孔隙中熔流淨盡。這時，內外模之間的中空部分就成了將來鐘、鼎成型的地方了。

每一斤油蠟空出的位置，可灌鑄十斤銅。如果塑模時用去十斤油蠟，就需要準備好一百斤銅。內外模之間的油蠟流盡後，就該熔銅了。要熔化的火銅如果達到萬斤以上，就不是人的手足所能驅使的了。那就要在鐘模的周圍築熔爐，並在四周用泥做槽道，槽道上端與熔爐的出口相接，槽道下端向低傾斜，以便與鐘鼎澆銅口相接。槽道兩旁用燒紅炭火圍起來保溫。當熔爐內的銅都已熔化時，就打開出銅水出口的塞子，銅熔液就會像水流一樣沿著槽道注入模內。這樣，鐘或鼎便鑄成功了。一般而言，萬斤以上的鐵鐘、香爐和大鍋，它們的鑄造都是用這同一種方法，只是塑造模子的細節可以由人們根據不同的條件與要求而適當有所省略。

至於鑄造千斤以內的鐘，就不必這麼費勁了，只要多做十幾個小爐子就行了。這種爐膛的形狀像個箕子，以鐵條當骨架，用泥塑成。爐體下部的兩側用鐵片捲成的圓鐵管穿成兩個孔，以便承受穿過的抬槓。這些爐子都平放在土墩上，所有爐子都一起鼓風熔銅。銅熔化以後，就用兩根槓穿過爐底，輕的兩個人，重的幾個人，一起抬起爐子，把銅熔液傾注進鑄模孔中。甲爐澆完，乙爐迅速接著傾注，丙爐又趕快跟上，這樣，模內的銅就會自然黏合。如果各爐傾注互相承接太慢，則先注入的銅熔液都將近冷凝了，就難以和後注入的銅熔液互相黏合，結果就出現縫隙。

大體而言，鑄造鐵鐘用的鑄模不用耗費太多油蠟，方法是：先以土黏合做成外模，剖成左右兩半或是上、下兩截，並在剖面邊上製成有接合的子母口，將文字和圖案反刻在外模的內壁上。內模要縮小一定的尺寸，以使內外模之間留有一定的空間，這要經過精密的計算來確定。外模刻好文字和圖案以後，還要用牛油塗滑，使鑄出的鍾不與鑄模粘連。然後把內、外模組合起來，並用泥漿把內外模的接口縫隙封好，便可以進行澆鑄了。巨磬、雲板的鑄法與此相類似。

釜

【原文】

凡釜儲水受火，日用司命[①]繫焉。鑄用生鐵或廢鑄鐵器為質。大小無定式，常用者徑口二尺為率，厚約二分。小者徑口半之，厚薄不減。其模內外為兩層，先塑其內，俟久日乾燥，合釜形分寸於上，然後塑外層蓋模。此塑匠最精，差之毫釐則無用。

模既成就乾燥，然後泥捏冶爐，其中如釜，受生鐵於中。其爐背透管通風，爐面捏嘴出鐵。一爐所化約十釜、二十釜之料。鐵化如水，以泥固純鐵柄勺從嘴受注。一勺約一釜之料，傾注模底孔內，不俟冷定即揭開蓋模，看視罅綻[②]未周之處。此時釜身尚通紅未黑，有不到處即澆少許於上補完，打濕草片按平，若無痕跡。

凡生鐵初鑄釜，補綻者甚多，唯廢破釜鐵熔鑄，則無復隙漏（朝鮮國俗，破釜必棄於山中，不以還爐）。

凡釜既成後，試法以輕杖敲之，響聲如木者佳，聲有差響則鐵質未熟之故，他日易為損壞。海內叢林大處，鑄有千僧鍋者，煮糜受米二石，此直痴物也。

【注釋】

①司命：本神名。此指關係極為密切。

②罅（音下）綻：縫隙，破綻。

【譯文】

釜是用來儲水、受火的容器，人們的日常生活離不開它。鑄釜的原料是生鐵或者廢鑄鐵器。釜的大小並沒有嚴格固定的規格，常用的釜直徑以二尺為準，厚約二分。小釜直徑約一尺左右，厚薄不減少。鑄釜的模子分為內、外兩層，先塑造內模，待其日久乾燥後，根據釜的形狀大小，再塑造置於內模之上的外模。這種鑄模要求塑造功夫非常精確，尺寸稍有偏差，模子就沒有用了。

鑄釜

模塑好並乾燥以後，再用泥捏造熔爐，爐膛要像個鍋，用來裝生鐵和廢鐵原料。爐背接管通風，爐前捏一個出鐵嘴。每一爐熔化的鐵水大約可澆鑄十到二十口鍋。生鐵熔化成鐵水後，用墊泥的帶柄鐵勺從出鐵嘴接盛鐵水。一勺鐵水大約可澆鑄一口鐵鍋。將鐵水傾注到模底孔中，不待冷定即揭開蓋模，查看有沒有裂縫和不周全之處。此時鍋身還是通紅的，尚未變黑，如果發現有些地方鐵水澆得不足時，可馬上補澆少量鐵水，並用濕草片按平，不留下修補痕跡。

生鐵初次鑄鍋，需要這樣補澆的地方較多，只有用廢破鐵鍋回爐熔鑄的，才不會有隙漏。

鐵鍋鑄成後，辨別它好壞的方法是用小木棒敲擊，如果響聲像敲硬木那般沉實，就是一口好鍋；如有雜音，說明鐵水的含碳量沒處理好，造成鐵質未熟或是鐵水中雜質沒有被清除乾淨，這種鍋將來就容易損壞。國內有的大寺廟裡，鑄有一種「千僧鍋」，可煮兩石米之多的粥，這真是笨重之物。

像

【原文】

凡鑄仙佛銅像，塑法與朝鐘同。但鐘鼎不可接，而像則數接為之，故瀉時為力甚易。但接模之法，分寸最精云。

【譯文】

鑄造仙佛銅像，塑模方法與朝鐘一樣。但是鐘、鼎不可由幾部分接鑄，而仙佛銅像卻可以分鑄後再接合鑄造，所以在澆注方面是比較容易的。不過，這種接模工藝對精確度的要求卻是最高的。

炮

【原文】

凡鑄炮，西洋紅夷、佛郎機等用熟銅造[1]，信炮、短提銃等用生、熟銅兼半造[2]，襄陽、盞口、大將軍、二將軍等用鐵造[3]。

【注釋】

①西洋紅夷、佛郎機：指荷蘭和葡萄牙。此指這兩國傳來的炮。

②信炮、短提銃：信號炮、短筒銃。

③襄陽、盞口、大將軍、二將軍：明代本土所造大砲。盞口炮口大，炮身短。將軍炮亦稱虎蹲炮。襄陽炮名見於元代，明代少用。

【譯文】

荷蘭和葡萄牙等國鑄炮以熟銅為原料，信炮和短提銃等用生、熟銅各一半為原料鑄造，襄陽炮、盞口炮、大將軍炮、二將軍炮等則以鐵鑄造。

鏡

【原文】

凡鑄鏡模用灰沙，銅用錫和（不用倭鉛）。《考工記》亦云：「金錫相半，謂之鑒、燧之劑[1]。」開面成光，則水銀附體而成，非銅有光明如許也。唐開元宮中鏡盡以白銀與銅等分鑄成，每口值銀數兩者以此故。硃砂斑點乃金銀精華發現。我朝宣爐亦緣某庫偶災[2]，金銀雜銅錫化作一團，命以鑄爐（真者錯現金色）。唐鏡、宣爐皆朝廷盛世物云。

【注釋】

①「金錫相半」句：《考工記》載「金有六齊（劑）……金錫半，謂之鑒、燧之劑。」鑑：即照人之鏡。燧：則為取火之鏡，即聚焦鏡。劑：材料。

②宣爐：明朝宣德年間所造香爐，極珍貴。

【譯文】

鑄鏡的模子是用草木灰加細沙做成的，而鏡本身是由銅與錫的合金做成的。《考工記》亦云：「金和錫各一半的合金，是製作鑑和燧的材料。」鏡面能夠反光，是由於鍍上了一層水銀，而不是銅本身有這種光亮。唐朝開元年間宮中所用的鏡子，都是用白銀和銅各半配合鑄成的，所以每面鏡子價值高達數兩銀子。鏡面上有像硃砂一樣的紅斑點，那是其中夾雜著的金銀發出來的。我朝的宣德爐，也因當時某庫偶然發生火災，其中的金銀與銅錫摻雜熔化成一團，官府便下令用它來鑄造香爐。唐鏡和宣德爐都是王朝昌盛時代的產物。

錢

【原文】

凡鑄銅為錢以利民用，一面刊國號通寶四字，工部分司主之[①]。凡錢通利者，以十文抵銀一分值。其大錢當五、當十，其弊便於私鑄，反以害民，故中外[②]行而輒不行也。

凡鑄錢每十斤，紅銅居六七，倭鉛（京中名水錫）居三四，此等分大略[③]。倭鉛每見烈火必耗四分之一。我朝行用錢高色者，唯北京寶源局黃錢與廣東高州爐青錢（高州錢行盛漳、泉路）[④]，其價一文敵南直江、浙等二文。黃錢又分二等，四火銅所鑄曰金背錢，二火銅所鑄曰火漆錢[⑤]。

凡鑄錢熔銅之罐，以絕細土末（打碎乾土磚妙）和炭末為之（京爐用牛蹄甲，未詳何作用）。罐料十兩，土居七而炭居三，以炭灰性暖，佐土使易化物也。罐長八寸，口徑二寸五分。一罐約載銅、鉛十斤。銅先入化，然後投〔倭〕鉛，洪爐扇合，傾入模內。

凡鑄錢模以木四條為空框（木長一尺二寸、闊一寸二分）。土炭末篩令極細，填實框中，微灑杉木炭灰或柳木炭灰於其面上，或熏模則用松香與清油⑥。然後以母錢百文（用錫雕成），或字或背佈置其上。又用一框如前法填實合蓋之。既合之後，已成面、背兩框。隨手覆轉，則母錢盡落後框之上。又用一框填實，合上後框，如是轉覆，只合十餘框，然後以繩捆定。其木框上弦原留入銅眼孔，鑄工用鷹嘴鉗，洪爐提出熔罐，一人以別鉗扶抬罐底相助，逐一傾入孔中。冷定解繩開框，則磊落百文，如花果附枝。模中原印空梗，走銅如樹枝樣，挾出逐一摘斷，以待磨鎈成錢。凡錢先鎈邊沿，以竹木條直貫數百文受鎈，後鎈平面則逐一為之。

凡錢高低以〔倭〕鉛多寡分，其厚重與薄削，則昭然易見。〔倭〕鉛賤銅貴，私鑄者至對半為之。以之擲階石上，聲如木石者，此低錢也。若高錢銅九鉛一，則擲地作金聲矣。凡將成器廢銅鑄錢者，每火十耗其一。蓋鉛質先走，其銅色漸高，勝於新銅初化者。若琉球諸國銀錢，其模即鑿鍥鐵鉗頭上。銀化之時入鍋夾取，淬於冷水之中，即落一錢其內。圖並具右。

【注釋】

①工部分司主之：明代造鈔歸戶部，鑄錢歸工部，設寶源局之類主之。

②中外：指京師畿輔及外省。

③此等分大略：明代以前製作銅錢的原料，多是銅中加鉛、錫，成青銅錢。明嘉靖以後則在銅中加鋅，變為真（黃銅）錢。

④「唯北京」句：工部所屬鑄幣廠北京寶源局鑄的黃錢，含六成銅、四成鋅。廣東高州府寶泉局鑄的青錢用 50％的銅、41.5％的鋅、6.5％的鉛及 2％的錫配合鑄成。

⑤火漆錢：《明史・食貨志》載萬曆年「用四火黃銅鑄金背錢，二火黃銅鑄火漆錢」。四火、二火指對銅熔煉淨化的次數，每多熔煉一次，則銅純度提高一次，故四火銅優於二火銅。為防私鑄、偽造，金背錢在錢背塗金，火漆錢在火上熏成黑邊。

鑄錢

⑥「或熏模」句：在模型腔表明撒一層木炭末，或燃燒松香、清油（菜籽油）使煙熏模，目的是當液態金屬流經這些材料時，炭末燃燒，使鑄件與鑄模分離。

【譯文】

將銅鑄造成錢，是為了方便百姓貿易往來。銅錢的一面鑄有「某某通寶」四個字，工部有專門機構掌管此事。通行的銅錢十文抵得上白銀一分的價值。相當五分、十分銀的大錢，弊病是便於私人偽鑄，反而會坑害了百姓，所以中央和地方都在發行過一陣大錢之後，很快就停止發行了。

鑄造十斤銅錢，需用六七斤紅銅和三四斤鋅，這是粗略的比例。鋅每遇到高溫加熱，必耗損四分之一。我朝通用的銅錢，成色最好的只有北京寶源局鑄造的黃錢和廣東高州府鑄造的青錢，這兩種錢的面值，每一文相當於南直隸、浙江的二文。黃錢又分為兩等：用四火銅鑄造的叫

銼錢

倭國造銀錢

作「金背錢」，用二火銅鑄造的叫作「火漆錢」。

鑄錢時用來熔化銅的坩堝，是用絕細的土面（以打碎的土磚乾粉最好用）和木炭粉混合後製成的。配料比例是，每十兩坩堝原材料中，土面占七兩，木炭粉占三兩，因為炭粉的保溫性能很好，可以配合土面而使銅更易於熔化。坩堝長約八寸，口徑約二寸五分。一個坩堝大約可以裝銅、鋅十斤。冶煉時，先把銅放入坩堝熔化，然後再加入鋅，熔爐鼓風，使它們熔合之後，再傾注溶液於鑄錢模子內。

鑄錢的模子，用四根木條（長一尺二寸，寬一寸二分）構成空框。用篩選極細的土面和木炭粉混合後填實空框，上面再撒上少量的杉木炭灰或柳木炭灰，或用燃燒松香和菜籽油的煙熏模。然後把百枚母錢，按有字的正面或無字的背面鋪排在框面上。再用一個木框按上述方法填實土面和木炭粉，對準蓋在此木框之上。蓋合之後，便構成了錢的面、背兩個框模。隨手翻轉過去，揭去前框，則母錢盡落於後框之上。再用另一個填實了的木框合蓋在後框上，照樣翻轉，就這樣反覆做成十幾套框模，最後把它們疊合在一起用繩索捆綁固定。木框上邊原留有灌注銅液的眼孔，鑄工用鷹嘴鉗把熔銅坩堝從爐中提出，一個人用另一鐵鉗扶托坩堝的底部，共同把銅熔液逐一注入模的孔中。冷卻之後，解下繩索打開框模，則見密密麻麻的成百個銅錢就像纍纍果實結在樹枝上一樣。模中原刻出流銅液的空溝，銅液冷卻後則成樹枝形狀，將其夾出，將錢逐個摘下，以待磨銼成錢。錢要先銼邊沿，方法是用竹條或木條直串數百個銅錢一起磨銼，然後逐個銼平銅錢表面不規整的地方。

銅錢的成色高低以鋅的含量多少來區分，至於其輕重與厚薄，那是顯而易見的。由於鋅價值低賤而銅價值更貴，私鑄錢幣的人甚至用銅、鋅對半配合來鑄錢。將這種錢擲在石階上，發出像木頭或石塊落地的聲響，表明成色很低。如果是銅與鋅的比例是九比一的成色高的錢，把它擲在地上，會發出鏗鏘的金屬聲。用廢銅器來鑄造銅錢，每熔化一次就會損耗十分之一。因其中的鋅會先行揮發，剩下的銅的含量逐漸提高，所以鑄造出來的銅錢的成色會比新銅第一次鑄成的銅錢的成色要高。至於琉球諸國鑄造的銀幣，其錢模就刻在鐵鉗頭上。當銀熔化時，用鉗頭從坩堝中夾取銀液，在冷水中一淬，一塊銀幣就落在水裡了。見插圖。

附：鐵錢

【原文】

鐵質賤甚，從古無鑄錢。起於唐藩鎮魏博①諸地，銅貨不通，始冶為之，蓋斯須之計也。皇家盛時，則冶銀為豆②；雜伯③衰時，則鑄鐵為錢，並志博物者感慨。

【注釋】

①魏博：唐末藩鎮名。轄境地跨今山東、河北、河南三省部分地區。治所在今河北大名。按，鐵錢之鑄，始於漢代公孫述，南朝梁武帝普通四年（523）亦鑄鐵錢，致物價飛漲。非起於唐也。

②冶銀為豆：宮內將豆粒大的銀豆撒在地上，讓宮女、宦官去爭搶，藉以取樂。

③雜伯：伯即霸，雜伯即指群雄割據。五代十國時南楚馬殷便曾大量鑄鐵錢。

【譯文】

鐵這種金屬價值十分低賤，自古以來沒有用鐵來鑄錢的。鐵錢起源於唐朝藩鎮的魏博等地，由於當時藩鎮割據，金屬銅無法流通，於是開始冶鐵鑄錢，那隻是一時的權宜之計罷了。皇家興盛時，就冶銀為銀豆來玩耍取樂；等到地方割據、皇家衰弱時，則鑄鐵為錢，就一起記在這裡以表博物者的感慨吧。

錘鍛第十

【原文】

宋子曰：金木受攻而物象曲成。世無利器，即般、倕安所施其巧哉[①]？五兵之內、六樂之中[②]，微鉗錘之奏功也，生殺之機泯然矣。同出洪爐烈火，大小殊形。重千鈞者係巨艦於狂淵，輕一羽者透繡紋於章服。使冶鐘鑄鼎之巧，束手而讓神功焉。莫邪、干將[③]，雙龍飛躍[④]，毋其說亦有征焉者乎？

【注釋】

①般：公輸般，亦稱魯班，春秋時魯國著名工匠，相傳創製了鋸、刨、雲梯、木鳥等，被稱為匠師之祖。倕：傳說上古黃帝或堯時的巧匠。

②五兵：一說為戈、殳、車戟、酋矛、夷矛，一說為矢、殳、矛、戈、戟。此處泛指兵器。六樂：六種古代樂器，即鐘、鎛、鐲、鐃、鐸、錞，此處泛指金屬所造樂器。

③莫邪、干將：干將為春秋時吳國鑄劍名師，莫邪乃其妻。二人鑄寶劍二口，亦以干將、莫邪為名。

④雙龍飛躍：古時有寶劍化龍或龍化寶劍的傳說。

【譯文】

宋子說：金屬和木材經過加工而成為各式各樣的器物。假如世界上沒有得力的器具，即便是魯班、倕那樣的能工巧匠，又將如何施展其精巧絕倫的技藝呢？在製造各種兵器和金屬樂器的過程中，如果沒有鉗子和錘子發揮作用，它們也就難以製作成功了。各種工具和器物都經過熔爐烈火的作用鍛造而成，但大小、形狀卻各不相同：有重達千鈞的能在狂風巨浪中繫住大船的鐵錨，也有輕如羽毛的可在禮服上繡出花紋的鐵針。冶煉、鑄造鐘鼎的技巧與這種神奇的鍛造工藝相比，也相形見絀。古時鍛造的莫邪、干將兩柄名劍，揮舞起來如雙龍飛躍，這一類傳說大概是有根據的吧！

治鐵

【原文】

凡治鐵成器，取已炒熟鐵[1]為之。先鑄鐵成砧，以為受錘之地。諺云「萬器以鉗為祖」，非無稽之說也。凡出爐熟鐵名曰毛鐵。受鍛之時，十耗其三為鐵華、鐵落。若已成廢器未鏽爛者，名曰勞鐵，改造他器與本器，再經錘鍛，十止耗去其一也。凡爐中熾鐵用炭，煤炭居十七，木炭居十三。凡山林無煤之處，鍛工先擇堅硬條木燒成火墨（俗稱火矢揚燒不閉穴火），其炎更烈於煤。即用煤炭，也別有鐵炭[2]一種，取其火性內攻、焰不虛騰者，與炊炭同形而分類也。

凡鐵性逐節黏合，塗上黃泥於接口之上，入火揮槌，泥滓成枵而去，取其神氣為媒合。膠結之後，非灼紅斧斬，永不可斷也。凡熟鐵、鋼鐵已經爐錘，水火未濟，其質未堅。乘其出火之時，入清水淬[3]之，名曰健鋼、健鐵。言乎未健之時，為鋼為鐵，弱性猶存也。凡焊鐵之法，西洋諸國別有奇藥。中華小焊用白銅末，大焊則竭力揮錘而強合之。歷歲之久，終不可堅。故大砲西番有鍛成者，中國則唯事冶鑄也。

【注釋】

①熟鐵：由鐵礦石用碳直接還原，或生鐵（含碳3%）經熔化並將雜質氧化而得到的產物，有較高的延展性，含碳量（0.06%）低於生鐵。

②鐵炭：火焰低的碎煤。

③淬：淬火，將金屬或玻璃工件加熱到一定溫度，然後利用冷切劑（油、水、空氣等）使快速冷卻，以增加硬度和強度等。中國在戰國時期已用此術。

【譯文】

鍛造鐵器，用炒過的熟鐵作為原料。先用鑄鐵做成砧，作為承受錘打的墊座。有俗話說「萬器以鉗為祖」，這並非是沒有根據的。剛出爐的熟鐵叫作毛鐵，鍛打時損耗其十分之三，變成鐵花、鐵滓。已成廢品而還沒鏽爛的鐵器叫作勞鐵，可用以改製成別的器物或原來的鐵器，再經錘鍛時只會耗損十分之一。熔鐵爐中所用的炭，煤炭約占十分之七，木炭約占十分之三。山林無煤之地，鍛工便選用堅硬的木條燒成火墨，其火焰比煤更加猛烈。即使用煤炭，也另有一種叫作鐵炭的，特點是燃燒起來火勢向內、火焰不虛散，它與通常燒飯所用的煤形狀相似，但種類不同。

把要鍛造的鐵逐節黏合起來，在接口處塗上黃泥，再放入火中燒紅，立即將它們錘合，這時泥滓會全部飛去，這是利用它的「氣」來作為接合的媒介。錘合之後，除非燒紅了再用斧砍，否則它是永遠不會斷的。熟鐵、鋼鐵經燒紅、錘鍛後，水火作用尚未調和，其質地還不夠堅韌。趁它們出爐時將其放進清水裡淬火，名曰健鋼、健鐵。這就是說，在鋼鐵未「健」之前，它在性質上還是軟弱的。至於焊鐵的方法，西方各國另有一些特殊的銲接材料。我國在小焊時用白銅粉作為銲接材料；進行規模較大的銲接時，則是竭力揮錘鍛打而使之強行接合。然而經年累月之後，接口處終究不牢固。因此，大砲在西方有鍛造而成的，而中國還只靠鑄造。

斤、斧

【原文】

凡鐵兵薄者為刀劍，背厚而面薄者為斧斤。刀劍絕美者以百煉鋼包裹其外，其中仍用無鋼鐵為骨。若非鋼表鐵裡，則勁力所施即成折斷。其次尋常刀斧，止嵌鋼於其面。即重價寶刀，可斬釘截凡①鐵者，經數千遭磨礪，則鋼盡而鐵現也。倭國刀背闊不及二分許，架於手指之上不復欹倒，不知用何錘法，中國未得其傳。

凡健刀斧皆嵌鋼、包鋼，整齊而後入水淬之。其快利則又在礪石成功也。凡匠斧與椎，其中空管受柄處，皆先打冷鐵為骨，名曰羊頭，然後熟鐵包裹。冷者不黏，自成空隙。凡攻石椎，日久四面皆空，熔鐵補滿平填，再用無弊。

【注釋】

①「凡」字疑為衍文（多餘的文字）。

【譯文】

鐵製兵器之中，薄的叫作刀、劍，背厚而刃薄的叫作斧頭、砍刀。絕美的刀劍，表面包的是百煉鋼，裡面仍以熟鐵為骨架。如果不是鋼面鐵骨，則猛一用力它就會折斷。其次，通常所用的刀、斧，只嵌鋼在其刃面。即使是能夠斬釘截鐵的貴重寶刀，經幾千次磨過後，也會把鋼磨盡而現出鐵來。日本出產的一種刀，刀背還不到兩分寬，但架在手指上卻不會傾倒，不知是用什麼方法鍛造出來的，這種技術還沒有傳到中國。

「健」刀、斧之前，都要先嵌鋼、包鋼，休整以後再放進水裡淬火。要使其鋒利，還得在磨石上多下功夫。鍛工所用的斧和錘，其裝木柄的中空部分，都要先鍛打一條鐵模當作冷骨，名叫羊頭，然後用燒紅的鐵將其包住。冷鐵模不會黏住熱鐵，取出後自然形成空隙。打石頭所用的錘，用久了四面都會損耗而凹陷下去，用熔鐵水補平後就可以繼續使用了。

鋤、鎛[1]

【原文】

凡治地生物，用鋤、鎛之屬。熟鐵鍛成，熔化生鐵淋口[2]，入水淬健，即成剛勁。每鍬、鋤重一斤者，淋生鐵三錢為率，少則不堅，多則過剛而折。

【注釋】

①鎛（音泊）：寬口鋤。

②熔化生鐵淋口：在熟鐵坯件刃部淋上一層生鐵，冷錘、淬火後使刃部堅硬耐磨。這是中國金屬加工技術中的一項創造。

【譯文】

凡是整治土地、種植莊稼這些農活，都要使用鋤頭和寬口鋤這類農具。它們的鍛造方法是：先用熟鐵鍛打成形，再將熔化的生鐵淋在鋤口上，入水淬火後，就變得硬朗而堅韌了。重一斤的鍬、鋤，淋上生鐵三錢為最好，淋少了則不夠堅硬，淋多了則又會過於堅硬而容易折斷。

銼

【原文】

凡鐵銼，純鋼為之，未健之時鋼性亦軟。以已健鋼鏨[1]劃成縱斜紋理，劃時斜向入，則紋方成焰。劃後燒紅，退微冷，入水健。久用乖平[2]，入火退去健性，再用鏨劃。凡銼開鋸齒用茅葉銼（三角銼）[3]，後用快弦銼（半圓銼）[4]。治銅錢用方長牽銼，鎖鑰之類用方條銼，治骨角用劍面銼（朱注所謂鑢鐋）[5]。治木末則錐成圓眼，不用縱斜文者，名曰香銼（劃銼紋石，用羊角末和塩醋先塗）。

【注釋】

①槧：此指平口鏨。

②乖平：磨平，磨損。

③茅葉銼：三角銼。

④快弦銼：半圓銼。

⑤鑢鍚（音慮湯）：別本作「鑢錫」，誤。朱熹注《大學》中「如切如磋」云：「磋以鑢鍚。」鑢鍚：磨骨角用的工具。

【譯文】

銼刀，是用純鋼製成的，在淬火之前，它的鋼質銼坯還是比較軟的。這時先用已淬火的硬鋼平口鏨在銼坯表面劃出縱紋和斜紋，開鏨銼紋時注意要斜向進鏨，紋理鋒芒才能像火焰狀那樣。開鏨好後再將銼刀燒紅，取出來稍微冷卻一下，再入水中淬火，銼刀此時便告成功了。銼刀使用久了就會被磨平，這時要退火使鋼質變軟，再用平口鏨開出新的紋理。各種銼刀各有其不同用處：開鋸齒用三角銼，再用半圓銼；修平銅錢用方長牽銼；加工鎖和鑰匙用方條銼；加工骨角用劍面銼；加工木器用香銼，香銼的銼面沒有縱紋和斜紋，而是錐上許多圓眼。

錐（鑽）

【原文】

凡錐，熟鐵錘成，不入鋼和。治書編之類用圓鑽，攻皮革用扁鑽。梓人[①]轉索通眼、引釘合木者，用蛇頭鑽。其制穎[②]上二分許，一面圓，一面剜入，旁起兩棱，以便轉索。治銅葉用雞心鑽，其通身三棱者名旋鑽，通身四棱而末銳者名打鑽。

【注釋】

①梓人：古代木工。

②穎：尖。

【譯文】

錐鑽，用熟鐵錘打而成，不須加鋼。休整書籍之類用圓錐，縫皮革用扁錐。木工轉繩穿孔以打釘拼合木件的，用蛇頭鑽。其形制是鑽尖長二分左右，一面是圓弧形，另一面挖入，旁邊有兩個棱，以便轉動繩索。鑽銅片用雞心鑽，鑽身有三棱的叫旋鑽，帶四棱而末端尖銳的叫打鑽。

鋸

【原文】

凡鋸，熟鐵鍛成薄條，不鋼，亦不淬健。出火退燒後，頻加冷錘堅性，用銼開齒。兩頭銜木為梁，糾篾張開，促緊使直。長者剖木，短者截木，齒最細者截竹。齒鈍之時，頻加銼鋭而後使之。

【譯文】

製作鋸子，先將熟鐵鍛打成薄條，鍛造中既不加鋼，也不淬火。將薄鐵條燒紅取出來冷卻後，不斷進行錘打增加其堅韌性，再用銼刀開齒，鋸片就做好了。鋸的兩端是用短木作為鋸把，中間接以橫木為梁，然後糾絞竹篾使之張開，再絞緊使鋸條繃直。長鋸可用來鋸開木料，短鋸可用來截斷木料，鋸齒最細的可用來截斷竹子。鋸齒磨鈍時，就不斷用銼刀將一個個鋸齒銼得尖鋭，然後就可以繼續使用了。

刨

【原文】

凡刨，磨礪嵌鋼寸鐵，露刃秒忽[①]，斜出木口之面，所以平木。古名曰「準」。巨者臥準露刃，持木抽削，名曰推鉋，圓桶家使之。尋常用者橫木為兩翅，手執前推。梓人為細功者，有起線刨，刃闊二分許。又刮木使極光者名蜈蚣刨，一木之上，銜十餘小刀，如蜈蚣之足。

【注釋】

①秒忽：古代以萬分之一寸為一秒，十分之一秒為一忽。「秒忽」即指很短。

【譯文】

製作鉋子，將一寸寬的嵌鋼鐵片磨得鋒利，斜向插入木製刨口，稍微露出點刃口，用來刨平木料。刨的古名叫作「準」。大的鉋子則仰臥露出點刃口，手持木料在刃口上推拉，這叫作推鉋，製圓桶的木工經常用到它。通常用的鉋子，則在刨身安一條橫木作為兩翼，手執橫木向前推鉋。精細的木工還備有起線刨，其刃寬二分。還有一種將木面刮得極光滑的，叫作蜈蚣刨。刨殼上裝有十多把小鉋刀，像蜈蚣的足。

鑿

【原文】

凡鑿，熟鐵鍛成，嵌鋼於口，其本空圓，以受木柄（先打鐵骨為模，名曰羊頭，杓柄同用。）斧從柄催[①]，入木透眼。其末粗者闊寸許，細者三分而止。需圓眼者則製成剜鑿為之。

【注釋】

①傕：通「錘」，即敲打。

【譯文】

鑿子，是用熟鐵鍛造而成的，刃口嵌鋼，鑿身是一截圓錐形的空管，以便裝上木柄。用斧敲擊鑿柄，鑿刃便插入木料而鑿成孔。鑿頭刃部寬的一寸，窄的只有三分。如需鑿圓孔，則要另外製造弧形刃口的「剜鑿」。

錨

【原文】

凡舟行遇風難泊，則全身繫命於錨。戰船、海船有重千鈞①者。錘法先成四爪，依次逐節接身。其三百斤以內者，用徑尺闊砧，安頓爐旁。當其兩端皆紅，掀去爐炭，鐵包木棍夾持上砧。若千斤內外者，則架木為棚，多人立其上共持鐵鏈。兩接錨身，其末皆帶巨鐵圈鏈套，提起捩轉，咸力②錘合。合藥不用黃泥，先取陳久壁土篩細，一人頻撒接口之中，渾合方無微罅。蓋爐錘之中，此物其最巨者。

【注釋】

①千鈞：三十斤為一鈞，千鈞即三萬斤。

②咸力：全力，合力。

【譯文】

當船舶航行遇到大風難以靠岸停泊的時候，它的命運就完全依靠錨了。戰船、海船所用的錨，有的重達千鈞。它的鍛造方法是，先錘成四個錨爪，再逐一接在錨身上。三百斤以內的鐵錨，用直徑一尺的砧座，安置在爐旁。當工件的接口兩端都已燒紅時，便掀去爐炭，用包鐵的木棍將鍛件夾到砧上錘鍛。如果是千斤左右的鐵錨，則要先搭建木棚，讓許多人站在棚上，一齊握住鐵鏈，連接錨身兩端，其兩端皆帶大鐵環，以便套在鐵鏈上。把錨吊起來並按需要使它轉動，眾人合力把錨的四個鐵爪與錨身逐個錘合。黏合用的「合藥」不用黃泥，而用篩細的舊牆泥粉，由一個人將它不斷地撒在接口上，與工件一起錘合，這樣接口就不會有一點兒縫隙了。在爐錘工序中，錨算是最大的工件了。

錘錨

針

【原文】

凡針，先錘鐵為細條。用鐵尺[1]一根，錐成線眼，抽過條鐵成線，逐寸剪斷為針。先銼其末成穎，用小槌敲扁其本，鋼錐穿鼻，復銼其外。然後入釜，慢火炒熬。炒後以土末入松木火矢、豆豉三物掩蓋[2]，下用火蒸。留針二三口插於其外，以試火候。其外針入手撚成粉碎，則其下針火候皆足。然後開封，入水健之。凡引線成衣與刺繡者，其質皆剛。唯馬尾[3]刺工為冠者，則用柳條軟針。分別之妙，在於水火健法云。

【注釋】

①鐵尺：此指拉絲模具。鐵尺上鑽出小圓孔，將細鐵條通過此孔拉出，成細鐵線。

②「炒後」句：指生鐵絲熱處理時的固體滲碳劑，鐵針經滲碳後，成為鋼針。

③馬尾：今福建福州東南部的馬尾區。

【譯文】

製造針，先將鐵片錘成細條，另外在一根鐵尺上鑽出小孔作為線眼，然後將細鐵條從鐵尺孔中抽出，拉成鐵線，再逐寸剪斷成為針坯。先將針坯的一端銼尖，再用小錘將另一端錘扁，用鋼錐鑽出針鼻（穿針眼），再將其周圍銼平整。然後放入鍋裡，用慢火炒。炒過之後，用泥粉、松木炭粉和豆豉這三種混合物掩蓋，下面再用火蒸。留兩三根針插在混合物外面以試火候。當外面的針已經完全氧化到能用手捻成粉末時，表明混合物蓋住的針火候已足。然後開封，入水淬火，便成為針了。引線縫衣和刺繡所用的針，質地都比較硬。只有福建馬尾鎮的刺工縫帽子所用的針比較軟，是柳條軟針。針的軟硬差別的訣竅，在於火炒、淬火方法的不同。

抽線琢針

治 銅

【原文】

凡紅銅升黃[1]而後熔化造器，用砒升者為白銅器，工費倍難，侈者事之。凡黃銅原從爐甘石升者，不退火性受錘；從倭鉛升者，出爐退火性，以受冷錘。凡響銅入錫摻和（法具《五金》卷）成樂器者，必圓成無焊。其餘方圓用器，走焊、炙火黏合。用錫末者為小焊，用響銅末者為大焊（碎銅為末，用飯黏合打，入水洗去飯，銅末具存，不然則撒散）若焊銀器，則用紅銅末。

凡錘樂器，錘鉦（俗名鑼）[2]不事先鑄，熔團即錘。錘鐲（俗名銅鼓）與丁寧[3]，則先鑄成圓片，然後受錘。凡錘鉦、鐲皆鋪團於地面。巨者眾共揮力，由小闊開，就身起弦聲，俱從冷錘點發。其銅鼓中間突起隆泡，而後冷錘開聲。聲分雌與雄[4]，則在分釐起伏之妙。重數錘者，其聲為雄。凡銅經錘之後，色成啞白[5]，受銼復現黃光。經錘折耗，鐵損其十者，銅只去其一。氣腥而色美，故錘工亦貴重鐵工一等云。

【注釋】

①黃：即黃銅，由紅銅（純銅）加爐甘石（含碳酸鋅）或鋅煉成的銅鋅合金。

②鉦：古代樂器，形似鐘而狹長，有長柄可執，擊之而鳴，在行軍時敲打。並非鑼。但從插圖可知，此處確是指鑼。

③鐲：古代軍中樂器，鐘形的鈴。並非銅鼓。丁寧：行軍用的銅鉦。

④聲分雌與雄：高音為雌，低音為雄。

⑤啞白：像白紙一樣不反光的白色。

【譯文】

紅銅要冶煉成黃銅，經熔化後才能製造成各種器物。如果加砒霜等配料冶煉，便成為白銅器，工費倍增，只有奢侈人家才用到它。原從爐甘石升煉而成的黃銅，熔化後趁熱錘打。若是加鋅煉成的黃銅，出爐經冷卻後錘打。銅摻合錫煉成的響銅，用來製成樂器的，要用完整的一塊加工而不能由幾部分銲接而成。其他方形、圓形的器物，用鍛焊或加熱來黏合。小件的銲接是用錫粉為焊料，大件的銲接則以響銅粉為焊料。銲接銀器則以紅銅粉為焊料。

至於鍛造樂器，鉦不必先經鑄造，將物料熔成一團後直接錘打。但鍛造鐲和丁寧時，則要先鑄成圓片，然後再進行錘打。鍛造鉦、鐲時，要將銅料鋪在地上進行錘打。其中大件還要眾人齊心合力錘打，由小逐漸攤開，冷錘錘打後，從被鍛件那裡發出樂聲。銅鼓中心要打出突起的圓泡，然後再用冷錘敲定音色。聲調分高低兩種，妙在鐵錘起伏用力大小。一般而言，重打數錘後，聲調比較低，而輕打數錘則聲調比較高。

錘鉦與鐲

銅質經錘打後，表層呈啞白色而無光澤，但銼後便又呈現黃色且恢復光澤了。錘打銅料時的損耗，只是錘鐵損耗量的十分之一。銅有腥味而色澤美觀，所以鍛銅工匠的收入要比鍛鐵工匠高一等。

陶埏[1]第十一

【原文】

宋子曰：水火既濟而土合[2]。萬室之國，日勤千人而不足[3]，民用亦繁矣哉。上棟下室以避風雨[4]，而瓴建[5]焉。王公設險以守其國，而城垣雉堞[6]，寇來不可上矣。泥甕[7]堅而醴酒欲清，瓦登潔而醯醢以薦[8]。商周之際，俎豆[9]以木為之，毋亦質重之思耶？後世方土效靈，人工表異，陶成雅器，有素肌、玉骨之象焉。掩映幾筵，文明可掬。豈終固[10]哉？

【注釋】

①陶埏（音刪）：指揉合黏土燒成陶器。語出《荀子・性惡》：「夫陶人埏埴而生瓦，然則瓦埴豈陶人之性也哉……辟亦陶埏而生之也。」埏：以水和泥。

②水火既濟而土合：《周易・既濟》：「水在火上，既濟。」表明萬物皆濟，此處活用，即經過水和火的交互作用，黏土便凝固而成器了。

③萬室之國，日勤千人而不足：《孟子・告子下》：「萬室之國一人陶，則可乎？曰不可，器不足用也。」此變一人為千人，或有深意，然萬室之國以千人制陶，亦太多，不可能仍不足。

④上棟下室以避風雨：《周易・繫辭下》：「上古穴居而野處，後世聖人易之以宮室，上棟下宇，以待風雨。」

⑤瓴建：《史記・高祖本紀》：「譬猶居高屋之上建瓴水也。」瓴：本指盛水瓦器，此處指瓦。

⑥雉堞（音至碟）：即女牆，城牆上呈齒狀的小牆。

⑦泥甕：一種肚大口小的陶制盛器。

⑧登：高腳器皿。祭祀時盛食物用。醯（音面）：即醋。醢（音海）：肉、魚所製成的醬。醯醢：此處泛指祭祀時所用的調料和食物。

⑨俎豆：俎和豆，古代祭祀、宴會時盛肉類等食品的兩種器皿。

⑩固：一成不變。此言文明是不斷進步的，舊的觀念豈是可以永遠固守的意指瓷器之代替木器。

【譯文】

宋子說：通過水與火的交互作用，將黏土燒成陶器供人使用。在有著萬戶人家的地區內，每天只有一人勤於製陶，是無法滿足使用需求的，可見民間對陶瓷的需求量是很大的。修建大大小小的房屋來避風雨，就要在房頂蓋瓦。王公設置險阻以防守邦國，要用磚來建造城牆和女牆，使敵人攻不上來。泥甕堅固，能使其中存放的甜酒保持清香；高足器皿潔淨，可用來盛放用於獻祭的供品。商周時代，禮器是用木料製造的，難道是重視質樸莊重的意思嗎？後來各地人爭獻奇技靈巧，使技術日新月異，因而製成了優美潔雅的陶瓷器皿，其白如肌膚，質地光滑如玉石。擺設在几案或筵席上，其美麗花紋與光亮色彩交相輝映，十分典雅，令人愛不釋手。從這裡就可以看到，事物怎麼可能一成不變呢？

瓦

【原文】

凡埏泥造瓦，掘地二尺餘，擇取無沙黏土而為之。百里之內必產合用土色，供人居室之用。凡民居瓦形皆四合分片。先以圓桶為模骨，外畫四條界。調踐熟泥，疊成高長方條。然後用鐵線弦弓，線上空三分，以尺限定，向泥不平戛一片[①]，似揭紙而起，周包圓桶之上。待其稍乾，脫模而出，自然裂為四片。凡瓦大小若無定式，大者縱橫八九寸，小者縮十之三。室宇合溝中，則必須其最大者，名曰溝瓦，能承受淫雨不溢漏也。

凡坯既成，乾燥之後，則堆積窯中燃薪舉火。或一晝夜或二晝夜，視窯中多少為熄火久暫。澆水轉釉，與造磚同法。其垂於簷端者有「滴水」，下於脊沿者有「雲瓦」，瓦掩覆脊者有「抱同」，鎮脊兩頭者有鳥獸諸形象。皆人工逐一作成，載於窯內，受水火而成器則一也。

若皇家宮殿所用，大異於是。其製為琉璃瓦②者，或為板片，或為宛筒，以圓竹與斫木為模逐片成造。其土必取於太平府③（舟運三千里方達京師，摻沙之偽，雇役、擄船之擾，害不可極。即承天皇陵④亦取於此，無人議正）造成，先裝入琉璃窯內，每柴五千斤燒瓦百片。取出成色，以無名異、棕櫚毛等煎汁塗染成綠⑤，黛赭石、松香、蒲草等塗染成黃⑥。再入別窯，減殺薪火，逼成琉璃寶色。外省親王殿與仙佛宮觀間亦為之，但色料各有配合，採取不必盡同，民居則有禁也。

【注釋】

①不（音敦）：通「墩」。戛：刮，切。

②琉璃瓦：施綠、藍、黃等色釉料的瓦，專用於宮殿、廟宇等建築。

③太平府：今安徽當塗，當地產的黏土古稱太平土。

④承天皇陵：明憲宗第四子朱祐杬的陵墓，在今湖北安陸。

⑤無名異：一種礦土，含二氧化錳、氧化鈷，可做釉料。棕櫚：棕櫚科常綠喬木。

⑥黛赭石：亦稱赭石或代赭石，主要成分為三氧化二鐵，含鎂、鋁、硅等雜質。蒲草：香蒲科草本香蒲草。

【譯文】

和泥造瓦，要掘地兩尺多深，選擇不含沙子的黏土為原料。方圓百里之中，一定會有適合的黏土，供人建造房屋之用。民房用瓦的瓦坯都

造瓦

是四片合在一起，再分成單片。先用圓桶作骨模，桶外畫出四條等分線。把黏土調和好，踩成熟泥，並堆成一定厚度的長方形泥墩。再用鐵線作弓弦，線上留出三分厚的空隙，線長限定一尺，用鐵線向黏土墩直切，切出一片，像揭紙張那樣將其揭起，將此片泥土圍在圓筒模上。等它稍幹一些以後，將模子脫離出來，就會自然裂成四片瓦坯了。瓦的大小向來沒有一定的規格，大的長寬達八九寸，小的則縮小十分之三。屋頂上的流水槽，必須要用那種最大的瓦片，叫作「溝瓦」，才能承受連續持久的大雨而不會溢漏。

瓦坯造成並乾燥之後，堆積在窯內，點火燒柴。有的燒一晝夜，也有的燒兩晝夜，這要根據瓦窯裡瓦坯的具體數量來定何時熄火。澆水轉釉的方法與造磚相同。垂在簷端的瓦叫作「滴水瓦」，用在房脊兩邊的瓦叫作「雲瓦」，覆蓋房脊的瓦叫作「抱同瓦」，房脊兩頭的瓦繪有鳥獸形象。這些瓦都要逐件製成坯，放入窯中受水火作用燒成，則與普通瓦一樣。

至於皇家宮殿所用的瓦，其製作方法就與民房用瓦大不相同了。宮殿瓦的形式是琉璃瓦，或者是板片形，或者是圓筒形，用圓竹與加工的木料作模骨，逐片燒造。所用黏土必取自太平府。瓦坯造成後，裝入琉璃窯內，每燒一百片瓦要用五千斤柴。燒成後取出來掛色，以無名異、棕櫚毛等煎汁塗染成綠色，或用黛赭石、松香、蒲草等染成黃色。再裝入另一窯中，減少用柴，用較低窯溫燒成帶有琉璃光澤的漂亮色彩。外省的親王宮殿與佛寺道觀，也有用琉璃瓦的，但釉料各有配方，製作方法不完全相同。民房則禁止用這種琉璃瓦。

磚

【原文】

凡埏泥造磚，亦掘地驗辨土色，或藍或白，或紅或黃（閩、廣多紅泥，藍者名善泥，江浙[4]居多）**皆以黏而不散、粉而不沙者為上。汲水滋土，人逐數牛錯趾，踏成稠泥，然**

後填滿木框之中，鐵線弓戛平其面，而成坯形。

凡郡邑城雉、民居垣牆所用者，有眠磚、側磚兩色。眠磚方長條，砌城郭與民人饒富家，不惜工費，直疊而上。民居算計者，則一眠之上施側磚一路，填土礫其中以實之，蓋省嗇之義也。

凡牆磚而外，甃地[2]者名曰方墁磚。榱桷[3]用以承瓦者曰楻板磚。圓鞠小橋梁與圭門與窀穸墓穴者曰刀磚[4]，又曰鞠磚。凡刀磚削狹一偏面，相靠擠緊，上砌成圓，車馬踐壓不能損陷。造方墁磚，泥入方框中，平板蓋面，兩人足立其上，研轉而堅固之，燒成效用。石工磨斫四沿，然後甃地。刀磚之值視牆磚稍溢一分，楻板磚則積十以當牆磚之一，方墁磚則一以敵牆磚之十也。

凡磚成坯之後，裝入窯中。所裝百鈞則火力一晝夜，二百鈞則倍時而足。凡燒磚有柴薪窯，有煤炭窯。用薪者出火成青黑色，用煤者出火成白色。凡柴薪窯巔上側鑿三孔以出煙，火足止薪之候，泥固塞其孔，然後使水轉釉。凡火候，少一兩，則釉色不光；少三兩，則名嫩火磚，本色雜現，他日經霜冒雪，則立成解散，仍還土質。火候多一兩則磚面有裂紋；多三兩則磚形縮小拆裂，屈曲不伸，擊之如碎鐵然，不適於用。巧用者以之埋藏土內為牆腳，則亦有磚之用也。凡觀火候，從窯門透視內壁，土受火精，形神搖盪，若金銀熔化之極然，陶長[5]辨之。

凡轉釉之法[6]，窯巔作一平田樣，四圍稍弦起，灌水其上。磚瓦百鈞用水四十石[7]。水神透入土膜之下，與火意相感而成。水火既濟，其質千秋矣。若煤炭窯視柴窯深欲倍之，其上圓鞠漸小，並不封頂。其內以煤造成尺五徑闊餅，每煤一層，隔磚一層，葦薪墊地發火。

若皇家居所用磚，其大者廠在臨清，工部分司主之。初名色有副磚、券磚、平身磚、望板磚、斧刃磚、方磚之類，後革去半。運至京師，每漕舫搭四十塊[8]，民舟半之。又細料方磚以甃正殿者，則由蘇州造解。其琉璃磚色料已載《瓦》款。取薪台基廠[9]，燒由黑窯[10]云。

【注釋】

①江浙：當僅指浙江。今江蘇省在明代屬應天府和南直隸，沒有建省。
②甃（音咒）地：以磚鋪地。
③榱桷（音崔決）：屋頂椽子。
④圓鞠：圓拱。圭門：圓拱門。窀穸（音尊夕）：即墓穴。
⑤陶長：陶工中年長而經驗豐富者。
⑥轉釉之法：磚坯在窯內還原氣氛下燒結，再從窯頂澆水使燒料速冷，產生堅固有釉光的青磚或青瓦。
⑦石（音旦）：容量單位，十斗為一石。
⑧漕舫：運糧的漕船。搭：即搭載。
⑨台基廠：在北京崇文門西。
⑩黑窯：在北京右安門內，明代專為宮內燒造磚瓦的官廠。

【譯文】

和泥造磚，也要挖取地下的黏土，對土色加以鑑別。黏土一般有藍、白、紅、黃幾色，均以黏而不散、粉細而不含沙為上料。汲上水來將黏土滋潤，再趕幾頭牛去踐踏，踩成稠泥。然後把稠泥填滿木框之中，用鐵線弓削平其表面，脫下模子就成磚坯了。

郡邑的城牆與民房的院牆所用的磚，有眠磚和側磚兩種。眠磚為長方形，用以砌郡邑的城牆和富有人家的牆壁，不惜工費，全部用眠磚一塊一塊疊砌上去。精打細算的居民建房，則在一層眠磚上面砌一排側磚，側磚中間用泥土和沙石瓦礫之類填滿，這是為了節約。

除了牆磚，還有其他的磚：鋪地面的叫作方墁磚；屋椽上用來承瓦的叫作楻板磚；砌圓拱形小橋、拱門和墓穴的叫作刀磚，又叫作鞠磚。

刀磚是將其一邊削窄，相靠擠緊，砌成圓拱形，即便車馬踐壓也不會損壞坍塌。造方墁磚的方法是，將泥放進木方框中，上面蓋上一塊平板，兩個人站在平板上踏轉，把泥壓實，燒成後使用。石工先磨削方磚的四周使其成斜面，然後鋪砌在地面上。刀磚的價錢要比牆磚稍貴一些，棱板磚只值牆磚的十分之一，而方墁磚又比牆磚貴十倍。

磚坯造好後，將其裝入窯中燒製。裝三千斤磚要燒一個晝夜，裝六千斤則要燒上兩晝夜才夠火候。燒磚有的用柴薪窯，有的用煤炭窯。用柴燒成的磚呈青灰色，而用煤燒成的磚呈白色。柴薪窯頂上偏側要鑿三個孔，用來出煙，當火候已足而不需要再燒柴時，就用泥塞住出煙孔，然後澆水轉釉。燒磚的火候若缺少一成，則釉色不光；少三成，就叫作嫩火磚，會現出坯土的原色，日後經過霜雪風雨侵蝕，就會立即鬆散而重新變回泥土。火候若多一成，磚面就會出現裂紋；多三成，磚塊就會縮小破裂、彎曲不直而一敲就碎，如同一堆碎鐵，就不再適於砌牆了。善於使用材料的人把它埋在土內作牆腳，這也還算是起到了磚的作用。觀火候從窯門看到內壁，磚坯受到高溫的作用，呈搖盪的狀態，就像金銀完全熔化時那樣，這要靠老陶工師傅的經驗來辨別。

澆水轉釉的方法，是在窯頂開個平面，四周稍高出一點，在上面灌水。每燒磚瓦三千斤要灌水四十石。水氣透過土窯，與窯內火氣相互作用。藉助水火的配合作用，就可以形成堅實耐用的磚塊了。煤炭窯比柴薪窯深兩倍，其頂上的圓拱逐漸縮小，而不用封頂。窯內堆放直徑約一尺五寸的煤餅，每放一層煤餅，就放一層磚坯，最下層墊上蘆葦或者柴草以便引火燃燒。

泥造磚坯

皇家所用的磚，生產大磚的

磚瓦澆水轉釉窯

煤炭燒磚窯

磚廠設在山東臨清，由工部設立並派出機構掌管。最初定的磚名有副磚、券磚、平身磚、望板磚、斧刃磚及方磚之類，後來被廢除一半。這類磚運到京城，按規定每艘運糧船要搭運四十塊，民船減半。用來鋪砌皇宮正殿的細料方磚，則由蘇州燒造運往北方。至於琉璃磚和釉料已載於《瓦》條。其燃料來自北京台基廠，並在黑窯廠燒製而成。

罌、甕[1]

【原文】

凡陶家為缶[2]屬，其類百千。大者缸甕，中者缽盂，小者瓶罐，款制各從方土，悉數之不能。造此者必為圓而不方之器。試土尋泥之後，仍製陶車[3]旋盤。工夫精熟者視器大小掐泥，不甚增多少，兩人扶泥旋轉，一捏而就。其朝廷所用龍鳳缸（窯在真定曲陽與揚州儀真）與南直花缸[4]，則厚積其泥，以俟雕鏤，作法全不相同，故其值或百倍或五十倍也。

凡罌缶有耳嘴者皆另為合上，以釉水塗粘。陶器皆有底，無底者則陝以西[5]炊甑用瓦不用木也。凡諸陶器精者中外皆過釉，粗者或釉其半體。唯沙盆、齒缽之類，其中不釉，存其粗澀，以受研擂之功。沙鍋、沙罐不釉，利於透火性以熟烹也。

凡釉質料隨地而生，江浙、閩、廣用者蕨藍草[6]一味。其草乃居民供灶之薪，長不過三尺，枝葉似杉木，勒而不棘人（其名數十，各地不同）。陶家取來燃灰，布袋灌水澄濾，去其粗者，取其絕細。每灰二碗摻以紅土泥水一碗，攪令極勻，蘸塗坯上，燒出自成光色。北方未詳用何物。蘇州黃罐釉亦別有料。唯上用龍鳳器則仍用松香與無名異也。

凡瓶窯燒小器，缸窯燒大器。山西、浙江省份缸窯、瓶窯，餘省則合一處為之。凡造敞口缸，旋成兩截，接合處以木槌內外打緊。匝口[7]壇甕亦兩截，接合不便用槌，預於別窯燒成瓦圈，如金剛圈形，托印其內，外以木槌打緊，土性自合。

凡缸、瓶窯不於平地，必於斜阜山岡之上，延長者或二三十丈，短者亦十餘丈，連接為數十窯，皆一窯高一級。蓋依傍山勢，所以驅流水濕滋之患，而火氣又循級透上。其數十方成陶者，其中若無重值物，合併眾力眾資而為之也。其窯鞠成之後，上鋪覆以絕細土，厚三寸許。窯隔五尺許則透煙窗，窯門兩邊相向而開。裝物以至小器，裝載頭一低窯，絕大缸甕裝在最末尾高窯。發火先從頭一低窯起，兩人對面交看火色。大抵陶器一百三十斤費薪百斤。火候足時，掩閉其門，然後次發第二火，以次結竟至尾云。

【注釋】

①罌（音英）：腹大口小的陶瓷瓶。甕：盛液體的陶瓷器。

②缶（音否）：腹大口小的器皿。

③陶車：陶瓷製品成型機械，主要由一水平圓盤和輪軸所構成。

④真定曲陽：今河北曲陽縣，舊屬真定府。揚州儀真：今江蘇儀征市，舊屬揚州府。南直：南直隸，明朝行政區劃兩京地區之一，區別於北直隸。與今江蘇省、安徽省以及上海市二省一市相當。

⑤陝以西：陝縣以西，即今之陝西省地。或以為「以」為衍字。

⑥蕨藍草：清人朱琰《陶說》稱，景德鎮一帶用釉灰取自鳳尾草或鳳尾蕨。按此似為羊齒科蕨屬的鳳尾草。

⑦匝口：口部內縮。

【譯文】

陶坊製造的腹大口小的器皿，種類很多。較大的有缸、甕，中等的有缽、盂，小的有瓶、罐。各地的式樣都不太一樣，難以一一列舉。所

造瓶

造缸

造出的這類陶器，都是圓形的，而不是方形的。調查土質，找到適宜的陶土之後，還要製陶車來旋盤。技術熟練的陶工根據將要製造的陶器的大小而取泥，不需增添多少泥，兩人扶泥、旋轉，一捏即成。朝廷所用的龍鳳缸和南直隸的花缸，外壁的陶泥要加厚，以待在上面雕鏤刻花，這種缸的製法跟一般缸的製法完全不同，因此其價錢也要貴五十倍到一百倍。

有嘴和耳的腹大口小的陶瓷瓶，其嘴、耳都要另外接合，用釉水黏住。陶器都有底，沒有底的則是陝西蒸飯用的甑，它是用陶土燒成的而不是用木料製成的。精製的陶器，裡外都會上釉，粗製的陶器，只有半體上釉。只有沙盆、齒鉢之類，裡面不上釉，使內壁保持粗澀，以便於研磨。沙鍋、沙罐不上釉，以利於傳熱煮食。

釉料到處都出產，浙江、福建和廣東用的是一種蕨藍草。它原是居民用來燒飯的柴草，長不過三尺，枝葉像杉樹，以手勒之而不會感到棘手。陶坊把蕨藍草燒成灰，裝進布袋裡，然後灌水過濾，去掉粗的而只

瓶窯連接缸窯

取其極細的灰末。每兩碗灰末，摻一碗紅土泥水，攪拌得十分均勻，就變成了釉料，將它蘸塗到坯料上，燒出後自成釉的光色。不知道北方用的是什麼釉料。蘇州黃罐所用釉也是另外的原料。但上供朝廷用的龍鳳器仍用松香和無名異為釉料。

瓶窯用來燒製小件的陶器，缸窯用來燒製大件的陶器。山西、浙江分別設缸窯和瓶窯，其他各省的缸窯和瓶窯則是合在一起的。造敞口缸時，轉動陶車將泥坯旋成上下兩截，再接合起來，接合處用木槌內外打緊。造窄口的壇、甕也是先製成兩截，但接合內部時不用搥打。先在另外的窯內燒成瓦圈，像金剛圈那樣的形狀，承托其內壁，外面用木搥打緊，兩截泥坯就會自然地黏合在一起了。

缸窯、瓶窯都不建在平地上，必須建在斜坡山岡上，長的窯可達二三十丈，短的窯也有十多丈，幾十個窯連接在一起，一個比一個高。這樣依傍山勢，既可以驅流水以免潮濕之患，又可以使火力逐級向上滲透。數十窯燒成的陶器，其中雖然沒有什麼昂貴的東西，但也是好多人合資合力才能造出來的。窯頂的圓頂砌成之後，上面要鋪一層三寸厚的極細的土。窯頂每隔五尺多開一個透煙窗，窯門在兩側相向而開。最小的陶件裝入最低的窯，最大的缸、甕則裝在最後面的高窯。燒窯從頭一個最低的窯燒起，兩個人面對面觀察火候。大約燒陶器一百三十斤，需用柴一百斤。火候足時，關閉窯門，然後依次在第二個窯門點火，就這樣逐窯燒，直到燒至最高的窯為止。

白瓷　附：青瓷

【原文】

凡白土曰堊土，為陶家精美器用。中國出唯五六處，北則真定定州[1]、平涼華亭、太原平定、開封禹州，南則泉郡德化（出土永定，窯在德化），徽郡婺源、祁門[2]（他處白土陶範不黏，或以掃壁為墁）。德化窯唯以燒造瓷仙、精巧人物、玩器，不適實用。真、開等郡瓷窯所出，色或黃滯無寶光。合併數郡不敵江西饒郡[3]產。浙省處州麗水、龍泉兩邑，燒造過釉杯碗，青黑如漆，名曰處窯。宋、元時龍泉琉華山下，有章氏造窯、出款貴重，古董行所謂哥窯[4]器者即此。

若夫中華四裔馳名獵取者，皆饒郡浮梁景德鎮之產也。此鎮從古及今為燒器地，然不產白土。土出婺源、祁門兩山：一名高粱山，出粳米土，其性堅硬；一名開化山，出糯米土，其性粢軟。兩土和合，瓷器方成。其土作成方塊，小舟運至鎮。造器者將兩土等分入臼舂一日，然後入缸水澄。其上浮者為細料，傾跌過一缸，其下沉底者為粗料。細料缸中再取上浮者，傾過為最細料，沉底者為中料。既澄之後，以磚砌長方塘。逼靠火窯，以借火力。傾所澄之泥於中吸乾，然後重用清水調和造坯。

凡造瓷坯有兩種，一曰印器，如方圓不等瓶、甕、爐、盒之類，御器則有瓷屏風、燭台之類。先以黃泥塑成模印，或兩破或兩截，亦或圀圇。然後埏白泥印成，以釉水塗合其縫，燒出時自圓成無隙。一曰圓器，凡大小億萬杯盤之類乃生人日用必須。造者居十九，而印器則十一。造此器坯先製陶車。車豎直木一根，埋三尺入土內，使之安穩。上高二尺許，上下列圓盤，盤沿以短竹棍撥運旋轉。盤頂正中用檀木刻成盔頭帽其上。

凡造杯盤無有定形模式，以兩手捧泥盔帽之上，旋盤使轉。拇指剪去甲，按定泥底，就大指薄旋而上，即成一杯碗之形（初學者任從作廢，破坯取泥再造）。功多業熟，即千萬如出一範。凡盔帽上造小坯者，不必加泥，造中盤、大碗則增泥大其帽，使乾燥而後受功。凡手指旋成坯後，覆轉用盔帽一印，微曬留滋潤，又一印，曬成極白乾。入水一汶，漉上盔帽，過利刀二次（過刀時手脈微振，燒出即成雀口）[5]。然後補整碎缺，就車上旋轉打圈。圈後或畫或書字，畫後噴水數口，然後過釉。

凡為碎器與千鐘粟與褐色杯等[6]，不用青料。欲為碎器，利刀過後，日曬極熱，入清水一蘸而起，燒出自成裂紋。千鐘粟則釉漿捷點，褐色則老茶葉煎水一抹也（古碎器，日本國極珍重，真者不惜千金。古香爐碎器不知何代造，底有鐵釘[7]，其釘掩光色不銹。）

凡饒鎮白瓷釉，用小港嘴泥漿和桃竹葉灰調成[8]，似清泔汁（泉郡瓷仙用松毛水調泥漿，處郡青瓷釉未詳所出），盛於缸內。凡諸器過釉，先蕩其內，外邊用指一蘸涂弦，自然流遍。凡畫碗青料總一味無名異（漆匠煎油，亦用以收火色）。此物不生深土，浮生地面，深者掘下三尺即止，各直省皆有之。亦辨認上料、中料、下料，用時先將炭火叢紅鍛過。上者出火成翠毛色，中者微青，下者近土褐。上者每斤鍛出只得七兩，中下者以次縮減。如上品細料器及御器龍鳳等，皆以上料畫成，故其價每石值銀二十四兩，中者半之，下者則十之三而已。

凡饒鎮所用，以衢、信兩郡山中者為上料，名曰浙料。上高諸邑者為中，豐城諸處者為下也。凡使料鍛過之後，以乳缽[9]極研（其缽底留粗，不轉釉），然後調畫水。調研時色如皂，入火則成青碧色。凡將碎器為紫霞色杯者，用胭脂打濕，將鐵線紐一兜絡，盛碎器其中，炭火炙熱，然後以濕胭脂一抹即成。凡宣紅器乃燒成之後出火，另施工巧微炙而成者，非世上硃砂能留紅質於火內也（宣紅元末已失傳，正德中曆試復造出）。

凡瓷器經畫過釉之後，裝入匣砵（裝時手拿微重，後日燒出即成坳口，不復周正）。缽以粗泥造，其中一泥餅托一器，底空處以沙實之。大器一匣裝一個，小器十餘共一匣砵。缽佳者裝燒十餘度，劣者一二次即壞。凡匣砵裝器入窯，然後舉火。其窯上空十二圓眼，名曰天窗。火以十二時辰為足。先發門火十個時，火力從下攻上，然後天窗擲柴燒兩時，火力從上透下。器在火中，其軟如綿絮，以鐵叉取一，以驗火候之足。辨認真足，然後絕薪止火。共計一坯工力，過手七十二方克成器，其中微細節目尚不能盡也。

【注釋】

①真定定州：真定府定州，明代北直隸境內，今河北定縣，產白瓷。

②徽郡婺源、祁門：明代南直隸境內，今江西婺源與安徽祁門。

③饒郡：江西饒州府，即指浮梁縣景德鎮。

過利

瓷器汶水

④哥窯：宋代人章生一、章生二兄弟在浙江龍泉設瓷窯，名重一時，稱為哥窯。

⑤雀口：缺口，牙邊。

⑥碎器：即碎瓷，表面帶有裂紋的瓷器品種，宋代哥窯創製。原理是將坯體烘乾，再沾水，塗上熱膨脹係數比坯體大的釉。窯溫下降，瓷面釉層比坯體收縮快，於是出現自然的表面裂紋。千鐘粟：表面帶有米粒狀凸起的瓷器品種。

⑦鐵釘：瓷器底部放支撐坯體的底托留下的印跡。

⑧小港嘴：景德鎮附近地名。桃竹：據本書《殺青·造竹紙》原注，似指獼猴桃藤，即楊桃藤。

⑨乳缽：研磨藥物的器具，形如臼而小。

【譯文】

白色的黏土叫作堊土，陶坊用它燒製出精美的瓷器。我國只有五六個地方出產這種堊土。北方有真定府定州、甘肅平涼府華亭縣、山西太

瓷器過釉

打圈

原府平定縣、河南開封府禹縣。南方則有福建泉州府德化縣，徽州府婺源縣、祁門縣。德化窯專門燒造瓷仙、精巧人物和玩器，沒什麼實用性。真定府、開封府等瓷窯燒製出的瓷器，顏色發黃，暗淡而無光澤。合併上述所有地方的產品，都比不上江西饒州府所產。浙江處州府麗水、龍泉兩縣，燒製出來的上釉杯、碗，色青黑如漆，叫作處窯。宋、元時龍泉的琉華山下有章氏造窯，出品極為貴重，就是古董行所說的哥窯瓷器。

至於我國馳名四方、人人爭購的瓷器，則都是饒州府浮梁縣景德鎮的產品。自古以來，景德鎮都是燒製瓷器的地方，但當地卻不產白土。白土出自婺源、祁門的兩座山：其一叫高粱山，出粳米土，土質堅硬；另一座名開化山，出糯米土，土質黏軟。將這兩種白土混合，才能製成瓷器。將這兩種白土分別塑成方塊，用小船運到景德鎮。造瓷器者取等量的兩種瓷土放入臼內，舂一天，然後放入缸內用水澄清。浮上來的是細料，倒入另一口缸中，下沉底的則是粗料。從細料缸中再取出上浮的部分，便是最細料，下沉底的是中料。澄清後，用磚砌成長方形的塘，將澄好的泥倒入塘內。塘緊靠火窯，借窯內的火力將泥吹乾，再重新加清水調和造瓷坯。

瓷坯有兩種，一種叫作印器，如兼有方圓形的瓶、甕、香爐、瓷盒之類，還有宮廷所用的瓷屏風、燭台之類。先用黃泥塑成印模，模具或對半分開，或上下兩截，亦或是整體模型。然後將瓷土揉成的白泥放入模內印成泥坯，用釉水塗合接縫，燒出時自然就會完好無縫。另一種瓷坯叫作圓器，包括數不勝數大小不等的杯盤之類，都是人們的日用必需品。圓器產量約占了十分之九，而印器只占十分之一。製造這種圓器坯，要先製陶車。陶車上豎直木一根，埋入地下三尺，使其穩固。地上高出二尺左右，上下各安裝圓盤，用短竹棍撥動盤沿，陶車便會旋轉。頂盤正中放一盔頭帽，以檀木製成。

塑造杯、盤，沒有固定的模式，用雙手捧泥放在陶車盔帽上，旋轉圓盤。用剪淨指甲的拇指按定泥底，用大指輕輕使圓盤向上旋轉，便可捏塑成一杯、碗的形狀。功夫深、技術熟練的人，即使造出千萬個杯、碗，也好像出自同一個模子。在盔帽上造小件坯時，不必加泥；造中等盤和大碗時，則要加泥擴大盔帽，等陶泥乾燥後再處理。用手指在陶車上旋成泥坯後，翻轉過來，在盔帽上壓印一下，稍曬至還有一點水分時，再壓印一次，曬成極乾並呈白色。入水中沾一下。濾水稍乾後放在盔帽上，用利刀刮削兩次。然後補齊破損的地方，放在陶車上旋轉。隨後在瓷坯上繪畫或寫字，噴上幾口水，然後再上釉。

製造碎器、千鐘粟與褐色杯等瓷器時，都不用青釉料。欲制碎器，用利刀修整生坯後，將其放在陽光下曬得極熱，在清水中蘸一下隨即提起，塗上釉料，燒成後自然會呈現裂紋。千鐘粟的花紋是用釉漿快速點染出來的。褐色杯是用老茶葉煎的水一抹而成的。

景德鎮的白瓷的釉，是用小港嘴的泥漿和桃竹葉的灰調勻而成的，像澄清的淘米水，盛在缸裡。各種坯體上釉時，先將釉水倒入坯體內裡搖盪以掛釉，外面用手指蘸釉涂邊，釉水自然從邊流遍全體。畫碗的青花釉料只用無名異一種。無名異不藏在深土之下，而是浮生於地面，最多向下挖土三尺即可得到，各省都有。但要辨認上料、中料和下料。使用時，要先經過炭火鍛燒。上料出火後呈青綠色，中料呈微青色，下料則接近土褐色。每鍛燒一斤無名異，只能得到上料七兩，中、下料依次減少。上品細料器及御用龍鳳器上的花紋，都用上料繪成，因此上料無名異每石值白銀二十四兩，中料只值上料的一半，下料只值其十分之三。

饒州府景德鎮所用的釉料，以浙江衢州府和江西廣信府兩地山中出產的為上料，叫作浙料。江西上高等縣所產的為中料，而江西豐城等地出產的為下料。將釉彩鍛燒後，用乳缽研磨得極細。然後調畫水，使研調時其色呈黑色，入火燒後成藍色。欲製成紫霞色的碎器杯，先將胭脂粉打濕，用鐵線編成網兜，把碎器放在其中，以炭火鍛燒，再用濕胭脂粉一抹即成。「宣紅」瓷器，則是燒成之後再用巧妙的技術借微火燒成的，並非世上有哪種硃砂經火燒後還能保留紅色的。

瓷器坯經過畫彩、過釉之後，裝入匣缽之中。匣缽是用粗泥造成的，其中每一泥餅托住一件瓷坯，底下空的部分用沙填實。大件的瓷坯一個匣缽只能裝一個，小件的瓷坯一個匣缽可以裝十幾個。好的匣缽可以裝燒十多次，差的一兩次就壞了。把裝滿瓷坯的匣缽放入窯，然後點火燒窯。窯頂有十二個圓孔，叫作天窗。燒二十四個小時火候就足了。先從窯門點火，燒二十個小時，火力從下向上攻，然後從天窗投入薪柴再燒四個小時，火力從上往下透。瓷器在高溫烈火中會軟得像棉絮一

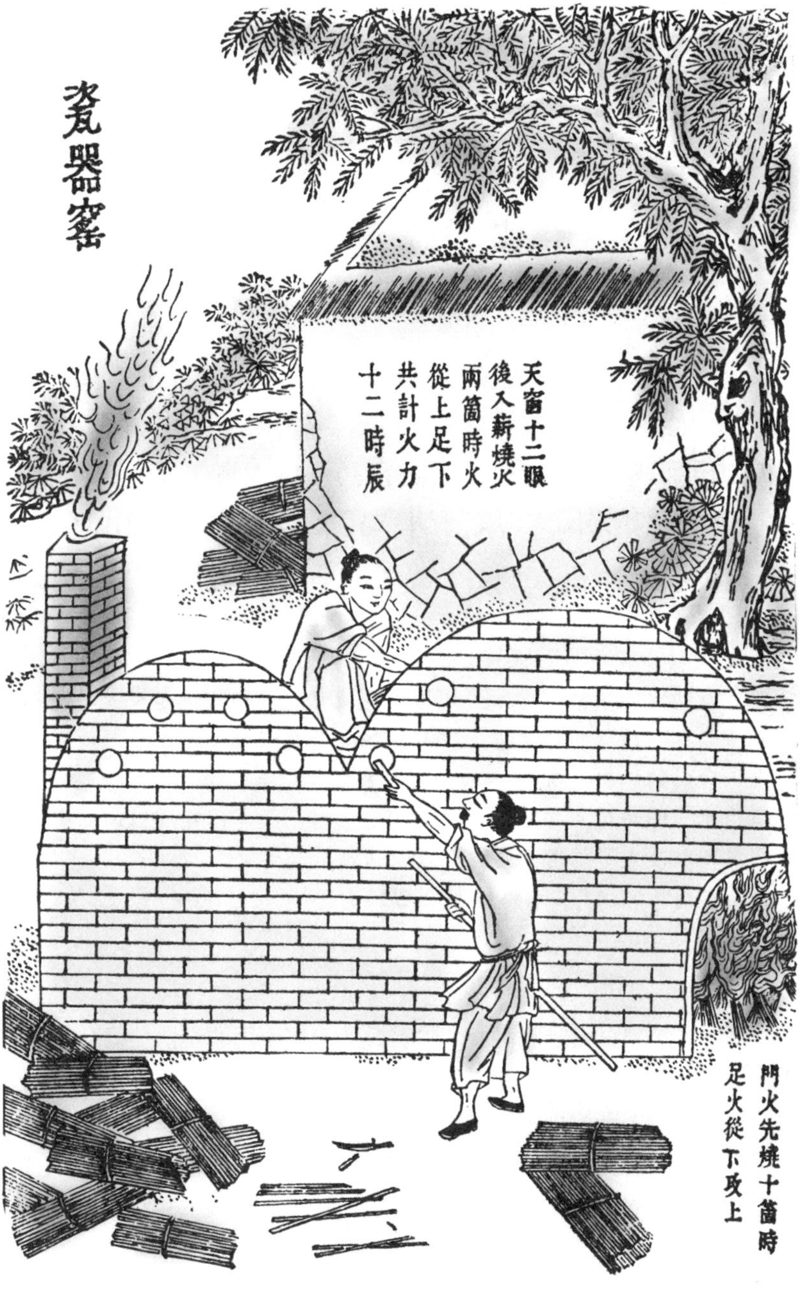
瓷器窰
天窗十二眼後入薪燒火兩箇時火從上足下共計火力十二時辰
門火先燒十箇時足火從下攻上

瓷器窯

樣，用鐵叉取出一件，用以檢驗火候是否已經足夠。辨認火候已足，就停薪止火。合計在一件瓷坯上所費的工夫，要經過七十二道工序才能製成瓷器，其中許多細節還不能盡述。

附：窯變、回青[1]

【原文】

正德中，內[2]使監造御器。時宣紅失傳不成，身家具喪。一人躍入自焚，託夢他人造出，競傳窯變。好異者遂妄傳燒出鹿、象諸異物也。又回青乃西域大青，美者亦名佛頭青。上料無名異出火似之，非大青能入洪爐存本色也。

【注釋】

①窯變：用含變價金屬的釉燒瓷時，因燒成條件不同，成釉呈各種顏色。有的火候掌握不當，燒成後釉色與預料的相反，呈現各種顏色或混雜顏色，這就叫作窯變。窯變瓷的釉色光怪陸離，但難以複製。回青：含鈷的釉料，有兩種。一種從西域、南海進口，是不含錳的鈷礦石，元、明時燒製宮中御器時常用它。另一種是國產含錳的鈷礦石，明中期以後或單獨用，或與進口的鈷礦石混用。

②內：大內，宮內。一說內使監為官職名。

【譯文】

正德年間，宮內派出專使來監督製造皇族使用的瓷器。當時宣紅瓷器的製作方法已經失傳，造不出來，承造瓷器的人有失去身家性命的危險。其中有一人害怕皇帝治罪，跳入瓷窯內自焚而死，託夢給別人造出了宣紅。從此人們競相傳播有窯變之法。好奇的人更胡亂傳言燒出了鹿、象等奇異的動物。另外，回青本是西域產的大青，優質的又叫作佛頭青。用上料無名異為釉料燒出來的瓷器，其顏色與用回青燒成的相似，並非大青入窯燒後還能保持其本來顏色。

燔石[1]第十二

宋子曰，五行[2]之內，土為萬物之母。子之貴者，豈唯五金[3]哉！金與火相守而流，功用謂莫尚焉矣。石得燔而咸功，蓋愈出而愈奇焉。水浸淫而敗物，有隙必攻，所謂不遺絲發者。調和一物以為外拒，漂海則冲洋瀾，粘甃[4]則固城雉。不煩歷候遠涉，而至寶得焉。燔石之功，殆莫之與京[5]矣。至於礬現五色之形，硫為群石之將，皆變化於烈火。巧極丹鉛爐火，方士縱焦勞唇舌，何嘗肖像天工之萬一哉！

【注釋】

①燔（音凡）石：燒石。此指非金屬礦石的燒煉。

②五行：指金、木、水、火、土。古代五行說認為萬物皆由這五種基本元素構成。

③五金：指金、銀、銅、鐵、錫，此泛指金屬。

④甃（音咒）：本指以磚瓦砌的井壁，此指磚石牆壁。

⑤京：大。

【譯文】

宋子說，五行之內，土為萬物之本。從土中產生的貴重物品中，豈止金屬這一類！金屬與火相互作用而熔化，並製成器物，其功用可謂無可比擬。然而非金屬礦石經烈火焚燒後也同樣如此，也可說是越來越奇妙。水會浸壞東西，凡是有空隙的地方，水都可以滲透，可以說絲發之縫都不放過。但造船時用石灰調料填縫，便能防止滲水，能使船舶劈波斬浪，漂洋過海。以石灰砌磚，可使城池堅固。這種材料，無需經過長途跋涉的艱苦就能得到。因此，大概沒有什麼東西比燒石的功用更大的了。至於燒礬礦石能呈現出五色的形態，硫黃能夠成為群石的主將，這都是從烈火中變化出來的。這種技巧在煉爐內製取丹砂與鉛粉時，已發揮得淋漓盡致。然而，儘管煉丹術士唇焦舌爛地吹噓，他們的本事又怎能比得上自然力的萬分之一呢！

石灰

【原文】

凡石灰經火焚煉為用。成質之後，入水永劫不壞。億萬舟楫，億萬垣牆，窒隙防淫，是必由之。百里內外，土中必生可燔石[①]，石以青色為上，黃白次之。石必掩土內二三尺，掘取受燔，土面見風者不用。燔灰火料，煤炭居十九，薪炭居十一。先取煤炭、泥和做成餅，每煤餅一層，壘石一層，鋪薪其底，灼火燔之。最佳者曰礦灰，最惡者曰窯滓灰。火力到後，燒酥石性，置於風中，久自吹化成粉。急用者以水沃之，亦自解散。

凡灰用以固舟縫，則桐油、魚油調，厚絹、細羅和油杵千下塞艌[②]。用以砌牆、石，則篩去石塊，水調黏合。甃墁則仍用油、灰。用以堊牆壁，則澄過，入紙筋[③]塗墁。用以襄墓及貯水池，則灰一分，入河沙、黃土三分，用糯米粳、楊桃藤汁和匀[④]，輕築堅固，永不隳壞，名曰三和土。其餘造澱造紙，功用難以枚舉。凡溫、台、閩、廣海濱，石不堪灰者，則天生蠣蚝以代之。

【注釋】

①可燔石：指石灰石，主要含碳酸鈣。石灰石焚燒後變為生石灰，即氧化鈣，再加水成熟石灰，即氫氧化鈣；具有很大的黏結性。

②艌（音念）：船板上的縫隙。

③紙筋：將稻草、麥秸等草木灰摻在石灰裡，可以增強材料連接，防裂，提高強度，可以減少石灰硬化後的收縮、節約石灰。

④糯米粳：當作「糯米 」。 為糊。楊桃藤：獮猴桃科的獮猴桃，其莖、皮均含植物黏液。

【譯文】

轆轤

石灰是由石灰石經烈火鍛燒而成的。石灰成形之後，即便遇水也永遠不會被破壞。無數船隻和牆壁，填縫防水都必須用石灰。方圓百里之內，必有可供鍛燒石灰的石頭。這種石灰石以青色的為最好，黃白色的則差些。石灰石一般埋在地下二三尺，可以掘取進行鍛燒，但表面已經風化的就不能用了。鍛燒石灰的燃料，用煤炭的約占十分之九，用薪炭的約占十分之一。先將煤炭摻和進泥做成煤餅，然後每一層煤餅上堆一層石，底下鋪柴引燃鍛燒。質量最好的叫作礦灰，最差的叫作窯滓灰。火力一到，便將石燒脆，放在風中，時間一久便成為粉。急用時以水沃濕，也會自成粉末。

用石灰填固船縫時，得與桐油、魚油調配，放在厚絹、細羅上用油拌和，再杵一千下以後，就可以用來塞補船縫。用石灰砌牆或砌石時，則要先篩去其中的石塊，再用水調黏。用來砌磚鋪地面時，則仍用油、灰。用來粉刷牆壁時，則要先將石灰水澄清，再加入紙筋，然後塗抹。用來造墳墓或建蓄水池時，則是一份石灰加兩份河沙和黃泥，用糯米糊、楊桃藤汁和勻，輕輕一壓便很堅固，永不毀壞，這叫作三和土。其餘如製造藍靛、造紙，都離不開石灰，其功用難以枚舉。浙江溫州、台州及福建、廣州沿海地區的石頭如不能燒成石灰，則有天然產生的牡蠣殼可作代替。

蠣[1]灰

【原文】

凡海濱石山傍水處，咸浪積壓，生出蠣房[2]，閩中曰蚝房。經年久者長成數丈，闊則數畝，崎嶇如石假山形象。蛤[3]之類壓入岩中，久則消化作肉團，名曰蠣黃，味極珍美。凡燔蠣灰者，執錘與鑿，濡足取來（藥鋪所貨牡蠣，即此碎塊），疊煤架火燔成，與前石灰共法。粘砌成牆、橋梁，調和桐油造舟，功皆相同。有誤以蜆[4]灰（即蛤灰）為蠣灰者，不格物之故也。

【注釋】

①蠣：牡蠣，瓣鰓綱牡蠣科動物，又稱為蚝，肉美可食，其外殼可燒成石灰。

②蠣房：牡蠣長成後聚集在近海的岸邊岩石上，死後肉爛而留下空殼。新的牡蠣又依附在許多空殼那裡生長，久之形成大片牡蠣殼堆積，稱蠣房或蚝房。

③蛤：瓣鰓綱蛤蜊科，肉質亦鮮美。

④蜆：瓣鰓綱蜆科，既非蛤蜊，也非牡蠣，但三種動物的殼都可燒成石灰。

鑿取蠣房

【譯文】

在海濱靠水的石山之處，由於海浪長期衝擊，生長出一種蠣房，福建一帶稱為「蚝房」。年深日久後，這種蚝房可長到數丈長、數畝寬，外形崎嶇不平，如同假石山。蛤蜊一類被沖壓到岩石似的蠣房中，久之消化成肉團，名叫蠣黃，味道非常鮮美。鍛燒蠣灰的人，手執錘和鑿，涉水將蠣房鑿取下來，堆起煤將蠣殼架火焚燒，與前述燒石灰的方法相同。用蠣灰黏砌城牆、橋樑，或與桐油調和造船，功用都與石灰相同。有人誤以為蜆灰就是牡蠣灰，這是沒有考察客觀事物的真相所造成的。

煤　炭

【原文】

凡煤炭普天皆生，以供鍛鍊金、石之用。南方禿山無草木者，下即有煤，北方勿論。煤有三種，有明煤、碎煤、末煤。明煤塊大如斗許，燕、齊、秦、晉生之。不用風箱鼓扇，以木炭少許引燃，熯熾[1]達晝夜。其旁夾帶碎屑，則用潔淨黃土調水作餅而燒之。碎煤有兩種，多生吳、楚。炎高者曰飯炭，用以炊烹；炎平者曰鐵炭，用以冶鍛。入爐先用水沃濕，必用鼓　後紅，以次增添而用。末炭如麵者，名曰自來風。泥水調成餅，入於爐內，既灼之後，與明煤相同，經晝夜不滅。半供炊爨，半供熔銅、化石、升朱。至於燔石為灰與礬、硫，則三煤皆可用也。

凡取煤經歷久者，從土面能辨有無之色，然後掘挖，深至五丈許方始得煤。初見煤端時，毒氣[2]灼人。有將巨竹鑿去中節，尖銳其末，插入炭中，其毒煙從竹中透上，人從其下施[3]拾取者。或一井而下，炭縱橫廣有，則隨其左右闊取。其上支板，以防壓崩耳。

凡煤炭取空而後，以土填實其井，以二三十年後，其下煤復生長，取之不盡[4]。其底及四周石卵，土人名曰銅炭[5]

者，取出燒皂礬與硫黃（詳後款）。凡石卵單取硫黃者，其氣熏甚[6]，名曰臭煤，燕京房山、固安，湖廣荊州等處間亦有之。凡煤炭經焚而後，質隨火神化去，總無灰滓。蓋金與土石之間，造化別現此種云。凡煤炭不生茂草盛木之鄉，以見天心之妙。其炊爨功用所不及者，唯結腐一種而已（結豆腐者，用煤爐則焦苦）。

【注釋】

①熼熾：燃燒旺盛。

②毒氣：指井下瓦斯，含甲烷、一氧化碳、硫化氫等易燃或有害氣體。

③施：用大鋤挖。

④取之不盡：此說不正確，煤炭為不可再生能源。

⑤銅炭：此指每層中的黃鐵礦。

⑥其氣熏甚：因其中含硫，燃燒後生成硫化氫或二氧化硫等有臭味。

【譯文】

煤炭全國各地都有出產，供燒煉金、石之用。南方不生長草木的禿山下面就有煤，北方則不一定如此。煤大致有三種：明煤、碎煤和末煤。明煤塊大如斗，河北、山東、陝西、山西出產。明煤無需風箱鼓風，以少量木炭引燃，便能日夜熾烈地燃燒。其中夾帶的碎屑，則可用潔淨的黃土調水做成煤餅來燒。碎煤有兩種，多產於吳、楚。碎煤燃燒時，火焰高的叫作飯炭，用來煮飯；火焰低的叫作鐵炭，用於冶煉。碎煤入爐前要先用水沃濕，必須用風箱鼓風才能燒紅，以後逐次添煤，便可保持燃燒。末煤是像麵那樣的粉末，叫作自來風，將其與泥、水調成餅狀，放入爐內，燃燒之後，便和明煤一樣，日夜燃燒不會熄滅。末煤有一半用來燒火做飯，有一半用來熔銅、燒石及煉取硃砂。至於燒煉石灰、礬和硫，上述三種煤都可使用。

長期採煤的人，觀察土的表面就能辨別地下是否有煤，然後挖掘，挖到五丈深左右才能得到煤。初見煤層露頭時，地下冒出的毒氣能傷人。因而有人將大竹筒的中節鑿通，削尖竹筒末端，插入煤層，毒氣便

挖煤剖面圖

通過竹筒往上空排出，人便可以在下面用大鋤挖煤了。當井下發現煤層縱橫延伸時，人就可以沿煤層左右挖取。上部要用木板支護，以防崩塌傷人。

煤炭取空以後，用土把井填實，二三十年後，井下又生長出煤，取之不盡。其底及四周有卵石，當地人叫作銅炭，取出後可以用來燒製皂礬和硫黃（詳見下文）。只能用來燒製硫黃的卵石，氣味特別臭，叫作臭煤，北京的房山、固安及湖北荊州等地有時還可以采到。煤炭燃燒以後，煤質隨火化去，不留灰渣。因為在金屬與土石之間，自然界的變化有不同的表現形式。煤炭不產於草木茂盛的地方，可見自然界安排之巧妙。在炊事方面，煤炭唯一不能發揮作用的，只是不能用於做豆腐而已（用煤煮豆漿，結成的豆腐會有焦苦味）。

礬石、白礬[1]

【原文】

凡礬燔石而成。白礬一種，亦所在有之，最盛者山西晉、南直無為等州。價值低賤，與寒水石[2]相仿。然煎水極沸，投礬化之，以之染物，則固結膚膜之間，外水永不入，故製糖餞與染畫紙、紅紙者需之。其末干撒，又能治浸淫惡水，故濕瘡家亦急需之也。

凡白礬，掘土取磊塊石，層疊煤炭餅鍛鍊，如燒石灰樣。火候已足，冷定入水。煎水極沸時，盤中有濺溢如物飛出，俗名蝴蝶礬者，則礬成矣。煎濃之後，入水缸內澄，其上隆結曰吊礬，潔白異常；其沉下者曰缸礬；輕虛如綿絮者曰柳絮礬。燒汁至盡，白如雪者，謂之巴石。方藥家鍛過用者曰枯礬云[3]。

【注釋】

①礬石、白礬：各種金屬的硫酸鹽統稱為礬，又按其顏色分為五種，其中白礬又稱明礬，為白色粉末，成分是硫酸鋁鉀，水解後成氫氧化鋁膠狀沉澱。明礬可用作淨水劑、媒染劑，亦用於加工紙及食品、醫藥方面。

②寒水石：即天然石膏，成分是硫酸鈣。

③方藥家：專攻方劑、藥理的醫生。枯礬：明礬受熱脫去結晶水者。本段關於蝴蝶礬、吊礬、缸礬、巴石和枯礬等項，均引自《本草綱目》卷十一。

【譯文】

礬是由礬石燒製而成的。有一種白礬，到處都有，出產最多的是山西晉州、南直隸無為州等地。其價值低廉，與寒水石差不多。然而當水煮沸時，將明礬放入沸水中溶化，用以染物，則其色固著在它所染物品的表面，使其他的水分永不滲入。因此製糖果蜜餞以及染繪畫紙、紅紙時，都要用到明礬。此外，將乾燥的明礬粉末撒在傷患處，能治療流出臭水的濕疹、皰瘡等病症，因此也是濕瘡患者急需的藥品。

製取明礬時，先掘土取出礬石石塊，用煤餅逐層壘積再行燒煉，燒製的方法與燒石灰大體相同。燒足火候後，任其徹底冷卻，加入水中溶解。將水溶液煮沸，鍋內出現飛濺出來的東西，俗名叫作「蝴蝶礬」，至此明

燒皂礬

礬便製成了。再將其煎濃之後，倒入水缸內澄清。上面凝結的一層，顏色非常白，叫作吊礬；沉在缸底的，叫作缸礬；質地輕虛如棉絮的叫作柳絮礬。溶液蒸發乾之後，剩下的便是雪白的巴石。經方藥家燒煉過作藥用的，叫作枯礬。

青礬、紅礬、黃礬、膽礬

【原文】

凡皂、紅、黃礬[1]，皆出一種而成，變化其質。取煤炭外礦石子（俗名銅炭），每五百斤入爐，爐內用煤炭餅（來自風，不用鼓鞴者）千餘斤，周圍包裹此石。爐外砌築土牆圈圍，爐巔空一圓孔，如茶碗口大，透炎直上，孔旁以礬滓厚掩（此滓不知起自何世，欲作新爐者，非舊滓掩蓋則不成）。然後從底發火，此火度經十日方熄。其孔眼時有金色光直上（取硫，詳後款）。

鍛經十日後，冷定取出。半酥雜碎者另揀出，名曰時礬，為煎礬紅用。其中精粹如礦灰形者，取入缸中浸三個時，漉入釜中煎煉。每水十石煎至一石，火候方足。煎干之後，上結者皆佳好皂礬，下者為礬滓（後爐用此蓋）。此皂礬[2]染家必須用，中國煎者亦唯五六所。原石五百斤，成皂礬二百斤，其大端也。其揀出時礬（俗又名雞屎礬），每斤入黃土四兩，入罐熬煉，則成礬紅。圬墁[3]及油漆家用之。

其黃礬所出又奇甚。乃即煉皂礬，爐側土牆，春夏經受火石精氣，至霜降、立冬之交，冷靜之時，其牆上自然爆出此種，如淮北[4]磚牆生焰硝樣，刮取下來，名曰黃礬。染家用之。金色淺者塗炙，立成紫赤也。其黃礬自外國來，打破，中有金絲者，名曰波斯礬[5]，別是一種。

又山、陝燒取硫黃山上，其滓棄地二三年後，雨水浸淋，精液流入溝麓之中，自然結成皂礬[6]。取而貨用，不假煎煉。其中色佳者，人取以混石膽[7]云。

石膽一名膽礬者，亦出晉、隰等州，乃山石穴中自結成者，故綠色帶寶光。燒鐵器淬於膽礬水中，即成銅色也[8]。

《本草》載礬雖五種，並未分別原委[9]。其崑崙礬狀如黑泥，鐵礬狀如赤石脂[10]者，皆西域產也。

【注釋】

①皂：皂礬，即青礬，藍綠色，即硫酸亞鐵。紅：紅礬，即礬紅，紅色顏料，成分是三氧化二鐵。黃礬：黃色，九水硫酸鐵。這三者都是鐵的化合物，故下文稱「皆出一種而成」。

②皂礬：皂礬可作媒染劑，亦可染色。

③圬墁：塗飾、粉刷牆壁。

④淮北：不僅淮北，凡地性鹽鹼者，牆根皆生硝土。

⑤波斯礬：黃礬的一種。《本草綱目》卷十一引唐人李珣《海藥本草》：「波斯又出金絲礬，打破內有金線紋者為上。」雖然波斯（今伊朗）出產的為上品，但中國亦產。

⑥自然結成皂礬：燒取硫磺的礦渣含三氧化二鐵和硫，久經風霜雨浸，在酸性條件下逐漸生成皂礬。

⑦石膽：即膽礬，藍色，成分是五水硫酸銅，形似皂礬。

⑧即成銅色也：將鐵器放在膽銅液中煎之，發生金屬置換反應，鐵將硫酸銅中的銅置換，而生成銅。西漢已發展了這種煉銅技術，載於《淮南萬畢術》。

⑨並未分別原委：《本草綱目》卷十一引唐代《新修本草》詳細介紹五種礬後評論說：「礬石折而辨之，不止於五種也。」按，李時珍實已詳細區分了各種礬的原委。

⑩赤石脂：含三氧化鐵的紅色礦土。

【譯文】

皂礬、紅礬、黃礬，都是由同一物質變化而成的。挖取煤炭外層的卵石，每次將五百斤投入爐內，爐內用煤炭餅千餘斤包裹住這些礦石。鍋爐外修築土牆將爐圍起，在爐頂留出茶碗口大的圓孔，讓火焰能夠從爐孔中透出，爐孔旁邊用礬渣厚壓一層（用舊渣蓋頂，不知是從什麼時候開始的，奇妙的是，凡是築新爐，不用舊渣蓋頂就燒不成功）。然後從爐底發火，預計這爐火要連續燒十天才能熄滅。燃燒時爐孔眼不時有金色光焰冒出來。

鍛燒十天以後，等礬石冷卻了再取出。其中燒成半酥的雜碎礬石再另外挑出，名叫「時礬」，用來煎煉紅礬。其純粹的像礦灰形狀的，取出放入缸裡，用水浸泡約六個小時，過濾後再放入鍋中煎煉。將十石水溶液熬至一石，火候才足。煎干之後，在上面凝結的都是優質的皂礬，下層便是礬渣了（下一爐就用這滓蓋頂）。這種皂礬是染坊必須的原料，整個中國只有五六個地方煉製皂礬。每五百斤石料可以煉出二百斤皂礬，這是大致情況。另外挑出的「時礬」，每斤摻入黃土四兩，再入罐熬煉，便製成紅礬。泥水工和油漆工常使用紅礬。

黃礬的製造方法就更加奇異了。每年春夏煉皂礬時，爐旁的土牆受火的作用，又吸附了礬的精氣，到了霜降與立冬之際天涼的時候，土牆上便自然析出這種礬類，就像淮北的磚牆上生出火硝一樣。刮取下來，便是黃礬。染坊經常會用到它。在淺金色的器物上塗上黃礬，再放在火上一烤，立刻就會變成紫赤色。此外，還有外國運來的黃礬，打破後中間會現出金絲，叫作波斯礬，這是另外一個品種。

山西、陝西等地燒取硫黃的山上，其渣棄在地上兩三年後，其中的礬質經雨水淋洗溶解後流入山溝，經過蒸發也能結成皂礬。這種皂礬，取來後出售或使用，不需要煎煉。其中成色好的，還有人拿來冒充石膽。

石膽又叫作膽礬，也出自山西晉州（今臨汾）、隰州等地，是在山石洞穴中自然結晶的，因此它呈現的綠色具有寶石般的光澤。將燒紅的鐵器淬入膽礬水中，便生成銅。

《本草綱目》中雖然記載了五種礬，但並沒有辨明其原委。至於形狀像黑泥的崑崙礬和形狀像赤石脂的鐵礬，都是西北出產的。

硫黃

【原文】

凡硫黃乃燒石承液而結就。著書者誤以焚石為礬石，遂有礬液之說[①]。然燒取硫黃〔之〕石[②]，半出特生白石，半出煤礦燒礬石，此礬液之說所由混也。又言中國有溫泉處必有硫黃[③]，今東海、廣南產硫黃處又無溫泉，此因溫泉水氣似硫黃，故意度言之也。

凡燒硫黃，石與煤礦石同形。掘取其石，用煤炭餅包裹叢架，外築土作爐。炭與石皆載千斤於內，爐上用燒硫舊滓掩蓋，中頂隆起，透一圓孔其中。火力到時，孔內透出黃焰金光。先教陶家燒一缽盂，其盂當中隆起，邊弦捲成魚袋樣[④]，覆於孔上。石精感受火神，化出黃光飛走，遇盂掩住，不能上飛，則化成液汁靠著盂底，其液流入弦袋之中。其弦又透小眼，流入冷道灰槽小池，則凝結而成硫黃矣。

其炭煤礦石燒取皂礬者，當其黃光上走時，仍用此法掩蓋，以取硫黃。得硫一斤，則減去皂礬三十餘斤，其礬精華已結硫黃，則枯滓遂為棄物。

凡火藥，硫為純陽，硝為純陰，兩精逼合，成聲成變，此乾坤幻出神物也。硫黃不產北狄，或產而不知煉取亦不可知。至奇炮出於西洋與紅夷，則東徂西數萬里，皆產硫黃之地也。其琉球土硫黃、廣南水硫黃[⑤]，皆誤記也。

【注釋】

① 遂有礬液之說：此言針對《本草綱目》卷十一「石硫黃」條引魏晉人所撰《名醫別錄》而說，該書云：「石硫黃生東海牧牛山谷中及太行河西山，礬石液也。」作者此處的批評是正確的。

② 燒取硫黃〔之〕石：主要指硫鐵礦，分為黃鐵礦及白鐵礦。特生白石

或指含硫量較少的白鐵礦。

③「又言」句：此言是針對《本草綱目》卷十一「石硫黃」條而作的評論。李時珍曰：「凡產硫黃之處，必有溫泉作硫黃氣。」李時珍此言並非揣度，但稱凡產硫黃處必有溫泉則未必盡然。

④魚袋：唐代官符做成魚形，以袋裝之，佩戴腰中，名為魚袋。分金、銀、玉三種，以區分官吏等級。

⑤「其琉球」句：《本草綱目》卷十一「石硫黃」條提到廣南水硫黃、石硫黃及南海琉球山中的土硫黃，其實都是可信的。

【譯文】

硫黃是由燒煉礦石時得到的液體冷卻後凝結而成的，過去的著書者誤將「焚石」當作礬石，於是產生一種說法，認為硫黃是鍛燒礬石時流出的液體凝固而成的，把它叫作礬液。事實上，燒取硫黃的原料，有一半來自當地特產的白石，一半來自煤層卵石中用以燒製皂礬的那種石頭，這就是造成硫乃礬液混淆的原因。又有人說中國凡是有溫泉的地方就一定有硫黃，可是現在福建、廣東出產硫黃的地方並沒有溫泉，這是因為溫泉水的氣味很像硫黃的氣味，由此揣度出這種說法的吧。

燒取硫黃

燒取硫黃的礦石與煤層的卵石形狀相同。掘取其石，用煤餅包裹並堆壘起來，外面築土造熔爐。每爐的石料和煤餅都有千斤左右，爐上用燒過硫黃的舊渣蓋頂，爐頂中間隆起，空出一個圓孔。火力到時，爐孔內便會有金黃色的火焰和氣體冒出。預先由陶工燒製一個中部隆起的盂鉢，邊緣往內捲成魚袋狀的凹槽，燒硫黃時，將盂鉢覆蓋在爐孔上。石內的成分受火的作用，化成黃色氣體飛走，遇到盂鉢被擋住而不能向上飛散，便冷凝成液體，沿著盂鉢的內壁流入周邊的凹槽。盂底邊又開小眼，使液體流入冷管再進入石灰槽小池中，最終凝結成固體硫黃。

用煤層卵石燒取皂礬時，當黃色氣體冒上來之際，仍用這種方法蓋頂，以收取硫黃。得硫一斤，就要減收皂礬三十多斤，因為礬內成分轉變為硫黃時，剩下的枯渣便成了廢物。

火藥的主要原料是硫黃和硝石，硫黃是純陽，硝石是純陰，兩種物質相互作用，就能產生出聲響和變化，這就是靠著至陽和至陰的力量變化出來的神奇之物。北方少數民族地區不出產硫黃，又或者是本來產硫黃但不會煉製，亦未可知。新奇火炮出自西洋與荷蘭，這說明由東往西數萬里內，都有出產硫黃的地方。至於琉球的土硫黃、廣東的水硫黃，都是錯誤的記載。

砒　石[1]

【原文】

凡燒砒霜[2]，質料似土而堅，似石而碎，穴土數尺而取之。江西信郡、河南信陽州皆有砒井，故名信石。近則出產獨盛衡陽，一廠有造至萬鈞者。凡砒石井中，其上常有濁綠水，先絞水盡，然後下鑿。砒有紅、白兩種，各因所出原石色燒成。

凡燒砒，下鞠[3]土窯，納石其上，上砌曲突，以鐵釜倒懸覆突口。其下灼炭舉火，其煙氣從曲突內熏貼釜上。度其已貼一層，厚結寸許，下復熄火。待前煙冷定，又舉次火，熏貼如前。一釜之內數層已滿，然後提下，毀釜而取砒。故今砒底有鐵沙，即破釜滓也。凡白砒止此一法，紅砒則分金爐內銀銅腦氣有閃成者。

凡燒砒時，立者必於上風十餘丈外。下風所近，草木皆死。燒砒之人經兩載即改徙，否則鬚髮盡落。此物生人食過分釐立死。然每歲千萬金錢速售不滯者，以晉地菽、麥必用拌種，且驅田中黃鼠害。寧、紹郡稻田必用蘸秧根，則豐收也。不然，火藥與染銅需用能幾何哉④！

【注釋】

①砒石：砷礦石，常見有白砒石和紅砒石（硫化砷）。

②砒霜：三氧化二砷。

③下鞠：在地上挖砌。

④「火藥」句：宋代以來，中國火藥配方中常加入少量砒霜，製成毒煙火藥。染銅：指將砒霜等物與銅燒煉成銅合金。詳見《五金》章。

【譯文】

燒製砒霜的原料砒石，像泥土但又比泥土硬實，似石頭但又比石頭堅脆，掘土幾尺就能得到。江西廣信（今上饒）、河南信陽一帶都有砒井，因此砒石又名信石。近來出產砒霜最多的只有湖南衡陽，一個廠的年產量，有達上萬斤的。砒石井中，水面上常積有綠色的濁水，開採時要先將水汲盡，然後再往下鑿取。砒霜有紅、白兩種，各由原來的紅、白色砒石燒製而成。

燒製砒霜時，先在地上挖個土窯，將砒石放入其中，窯上面砌個彎曲的煙囪，然後把鐵鍋倒過來覆蓋在煙囪口上。在窯下引火燒柴，煙氣經過煙囪內上升，熏貼在鐵鍋的內壁上。估計積結物已貼一層，達到一寸厚時，就熄滅爐火。待出來的煙氣冷卻，便再次點火燃燒，照前法熏貼。這樣反覆幾次，一直到鍋內貼滿好幾層砒霜為止，然後將鐵鍋取下打碎，就可以得到砒霜。因此接近鍋底的砒霜內常有鐵沙，那是破鐵鍋的碎屑。白砒霜的製作方法只有這一種，至於紅砒霜，還有另一種方法，即在分金爐內煉含砒的銀銅礦石時，由逸出的氣體凝結而成。

燒製砒霜時，操作者必須站在上風處十多丈遠的地方。下風所及之

燒砒圖

燒砒

處，草木都會死去。燒砒霜的人兩年後一定要改行，否則頭髮鬍鬚就會全部脫光。砒霜有劇毒，人進食少許就會立即死亡。然而，砒霜每年產值卻成千上萬，暢銷無阻。這是因為山西等地豆類和麥類要用砒霜拌種，而且還能用它來驅除田中的鼠害。浙江寧波、紹興的稻田必須用砒霜來蘸秧根，以確保豐收。不然的話，光是製造火藥與煉白銅，又能用得了多少砒霜呢！

下卷

殺青[1]第十三

【原文】

宋子曰，物象精華，乾坤微妙，古傳今而華達夷，使後起含生[2]目授而心識之，承載者以何物哉？君與臣通，師將弟命，憑藉呫呫[3]口語，其與幾何？持寸符，握半卷，終事詮旨，風行而冰釋焉。覆載之間之借有楮先生[4]也，聖頑咸嘉賴之矣。身為竹骨與木皮，殺其青而白乃見。萬卷百家基從此起，其精在於此，而其粗效於障風、護物之間。事已開於上古[5]，而使漢、晉時人擅名記者，何其陋哉[6]！

【注釋】

①殺青：古以竹簡寫字，用火烘青竹片來烤乾水分。此處作者轉義為去竹青以造紙。

②含生：眾生。

③呫呫（音撤）：輕聲細語貌。

④楮先生：唐代韓愈《昌黎集》卷三十六有《毛穎傳》，以物擬人，稱毛筆為「毛穎」，稱紙為「楮先生」。蓋楮木的樹皮為優良造紙原料，故稱。

⑤事已開於上古：據考古發現，造紙起源於西漢，並非上古就有。

⑥何其陋哉：《後漢書・蔡倫傳》認為紙是東漢人蔡倫於年發明的，此處作者批判了將造紙發明歸於個人名下的淺陋見解，從這方面來講，這一批評是正確的。

【譯文】

宋子說，萬物萬象之精華，天地宇宙之奧妙，從古代傳到今天，從中原抵達邊疆，使後世人通過閱讀文獻而心領神會，是靠什麼材料記載下來的呢？君臣間授命請旨、師徒間傳業受教，如果只是憑藉附耳細語，又能表達多少呢？但只要有短短一紙文書憑證、半卷書本，便足以說清意圖和道理，就能使命令下達，疑難也如同冰雪一樣消釋。天地之間大有賴於被稱為「楮先生」的紙，所有的人，不管聰明還是愚鈍，都受惠於此物。紙是以竹骨和樹皮為原料造成的，除去樹木的青色外層而造成白紙。諸子百家的萬卷圖書藉助紙而傳世，精細的紙用在這方面，而粗糙的紙則用來糊窗擋風、進行包裝。造紙術起源於上古時期，而有人認為是漢、晉時某個人所發明的，這種見識是多麼淺陋啊！

紙　料

【原文】

凡紙質用楮樹（一名穀樹）皮與桑穰、芙蓉膜等諸物者為皮紙①。用竹麻者為竹紙。精者極其潔白，供書文、印文、柬啟用。粗者為火紙②、包裹紙。所謂「殺青」，以斬竹得名；「汗青」，以煮瀝得名；「簡」即已成紙名③，乃煮竹成簡。後人遂疑削竹片以紀事，而又誤疑「韋編」為皮條穿竹札也。秦火未經時，書籍繁甚，削竹能藏幾何？如西番用貝樹造成紙葉④，中華又疑以貝葉書經典。不知樹葉離根即焦，與削竹同一可哂也。

【注釋】

①楮樹：又稱構（穀）樹，構屬桑科落葉喬木，皮可造紙。桑穰：桑樹的韌皮部。芙蓉膜：即木芙蓉的韌皮。

②火紙：作冥錢共焚燒的紙。

③「簡」即已成紙名：「殺青」、「汗青」本指古代製竹簡的工序。作者懷疑用竹簡可以書寫，將簡理解為紙，將製簡的工序理解為造紙工序，是不正確的。

④西番用貝樹造成紙葉：指印度貝多羅樹葉，由棕櫚科闊葉喬木扇椰的樹葉曬乾加工而成的書寫材料，用來寫佛經，稱貝葉經，但並非紙。

【譯文】

凡以楮樹皮與桑皮、木芙蓉皮等皮料造出的紙，叫作皮紙。用竹纖維造出的紙，叫作竹紙。精細的紙非常潔白，可供書寫、印刷、寫書信之用。粗糙的紙用作火紙和包裝紙。所謂「殺青」，是從斬竹去青之法得到的名稱，「汗青」則是從煮瀝之法得到的名稱，「簡」便是已經造成的紙。因為煮竹成簡，後人遂誤認為削竹片可以記事，進而還錯誤地以為「韋編」的意思就是用皮條穿編竹簡而成的。在秦始皇焚書以前，已經有很多書籍，如果純用竹簡，又能記多少東西呢？還有，西域國家有用貝樹造成紙葉，中國又有人認為貝葉可用來寫佛經。豈不知樹葉離根即焦枯，這種說法跟削竹記事之說一樣可笑。

造竹紙

【原文】

凡造竹紙，事出南方，而閩省獨專其盛。當筍生之後，看視山窩深淺，其竹以將生枝葉者為上料。節屆芒種，則登山砍伐。截斷五、七尺長，就於本山開塘一口，注水其中漂浸。恐塘水有涸時，則用竹梘①通引，不斷瀑流注入。浸至百日之外，加工槌洗，洗去粗殼與青皮（是名殺青）。其中竹穰形同苧麻樣，用上好石灰化汁塗漿，入楻桶②下煮，火以八日八夜為率。

凡煮竹，下鍋用徑四尺者，鍋上泥與石灰揑弦③，高闊如廣中煮鹽牢盆樣，中可載水十餘石。上蓋楻桶，其圍丈五尺，其徑四尺餘。蓋定受煮，八日已足。歇火一日，揭楻取出竹麻，入清水漂塘之內洗淨。其塘底面、四維皆用木板合縫砌完，以防泥污（造粗紙者，不須為此）。洗淨，用柴灰漿過，再入釜中，其中按平，平鋪稻草灰寸許。桶內水滾沸，即取出別桶之中，仍以灰汁淋下。倘水冷，燒滾再淋。

如是十餘日，自然臭爛。取出入臼受舂（山國皆有水碓），舂至形同泥面，傾入槽內。

凡抄紙槽，上合方斗，尺寸闊狹，槽視簾，簾視紙。竹麻已成，槽內清水浸浮其面三寸許。入紙藥水汁[4]於其中（形同桃竹葉[5]方語無定名），則水乾自成潔白。凡抄紙簾，用刮磨絕細竹絲編成，展卷張開時，下有縱橫架框。兩手持簾入水，蕩起竹麻入於簾內。厚薄由人手法，輕蕩則薄，重蕩則厚。竹料浮簾之頃，水從四際淋下槽內。然後覆簾，落紙於板上，疊積千萬張。數滿則上以板壓。俏繩入棍，如榨酒法，使水氣淨盡流乾。然後以輕細銅鑷逐張揭起焙乾。凡焙紙先以土磚砌成夾巷，下以磚蓋巷地面，數塊以往，即空一磚。火薪從頭穴燒發，火氣從磚隙透巷，外磚盡熱，濕紙逐張貼上焙乾，揭起成帙。

近世闊幅者名大四連，一時書文貴重。其廢紙洗去朱墨、污穢，浸爛入槽再造，全省從前煮浸之力，依然成紙，耗亦不多。南方竹賤之國，不以為然。北方即寸條片角在地，隨手拾取再造，名曰「還魂紙」。竹與皮、精與粗，皆同之也。若火紙、糙紙，斬竹煮麻、灰漿水淋，皆同前法。唯脫簾之後不用烘焙，壓水去濕，日曬成乾而已。

盛唐時鬼神事繁，以紙錢代焚帛（北方用切條，名曰板錢），故造此者名曰火紙。荊楚近俗，有一焚侈至千斤者。此紙十七供冥燒，十三供日用。其最粗而厚者名曰包裹紙，則竹麻和宿田晚稻稿所為也。若鉛山諸邑所造柬紙，則全用細竹料厚質蕩成，以射重價。最上者曰官柬，富貴之家通刺用之。其紙敦厚而無筋膜，染紅為吉柬，則先以白礬水染過，後上紅花汁云。

【注釋】

①竹梘：毛竹做的水管或水槽。梘（音撿）：通「筧」，引水的長竹管。

②楻（音皇）桶：蒸煮鍋上的大木桶，內盛要蒸煮的造紙原料。

③弦：指鍋的邊緣。

④紙藥水汁：植物黏液，放紙槽中作為紙漿的懸浮劑。

⑤形同桃竹葉：此指楊桃藤枝條。

【譯文】

造竹紙多在南方，其中以福建最為盛行。竹筍生出以後，到山窩裡觀察竹林的長勢，將要生枝葉的嫩竹是造紙的上等材料。每年到芒種節令，便可上山砍竹。將嫩竹截成五至七尺一段，在本山就地開一口塘，向其中灌水以漂浸竹料。為避免塘水乾涸，則用竹管引水，不斷注入山上流下來的水。浸到一百天開外，將竹子取出加工槌洗，洗掉粗殼與青

斬竹漂塘

煮楻足火

蕩料入簾

覆簾壓紙

皮。其中竹纖維的形狀就像苧麻一樣，再用上好的石灰化成灰漿，塗在竹料上，放入楻桶裡蒸煮，一般煮八天八夜。

蒸煮竹料的鍋，直徑四尺，鍋上用泥與石灰封固邊沿，高、寬類似廣東煮鹽的牢盆，裡面可以裝下十多石水。上面蓋上週長一丈五尺、直徑四尺多的楻桶。蓋定之後，蒸煮八日已足。歇火一天後，揭開楻桶，取出竹料，入清水塘裡漂洗乾淨。漂塘底部和四周都要用木板合縫砌好，以防沾染泥污。洗淨之後，再用柴灰水將竹料漿透，再放入鍋內按平，上面平鋪約一寸厚的稻草灰。桶內水滾沸後，將竹料取出放入另一楻桶中，仍以灰水淋下。如灰水冷卻，燒滾後再淋。這樣經過十多天，竹料自然就會腐爛。取出放入臼內舂成泥狀，倒入抄紙槽內。

抄紙槽的形狀像個方斗，其尺寸寬窄，槽根據紙簾而定，而紙簾又根據紙的尺幅而定。竹料既已製成，便向槽內放清水，水面高出竹料三寸左右，加入紙藥水汁，這樣紙脫水後自然潔白。抄紙簾用刮磨得極細的竹絲編成，展開時下面有長方形框架支撐。兩隻手拿著抄紙簾放進紙漿水中，將竹纖維蕩起並抄入簾中。紙的厚薄可以由人的手法來調控、

透火焙乾

掌握，輕蕩則薄，重蕩則厚。竹料浮在簾上時，水從四邊流下到槽內。然後翻轉紙簾，使紙落到木板上，疊積成千上萬張。數目足夠時，就在濕紙上放一木板以便壓榨。拴上繩子插入撬棍，像榨酒方法那樣使紙內水分壓淨流乾。然後用小銅鑷把紙逐張揭起、烘乾。烘焙紙張時，先用土磚砌兩堵牆形成夾巷，下面用磚蓋夾巷底部，隔幾塊磚即空一磚。薪火從巷頭的爐口燒起，火力從磚隙透出而充滿整個夾巷，等到夾巷外壁的磚都燒熱時，就把濕紙逐張貼上去焙乾，再揭下來疊起。

近世有一種寬幅的紙，叫大四連，一時被看重用作書寫紙。其廢紙洗去朱墨、污穢，浸爛之後入抄紙槽再造，可節省前述操作過程中的蒸煮、漚浸的工序，依然成紙，損耗亦不多。南方竹多且價值低廉，也就用不著這樣做。而北方即使是寸條片角的紙丟在地上，也要隨手拾起來再造，這種紙叫作「還魂紙」。竹紙與皮紙、精細的紙與粗糙的紙，都用相同的方法製造。至於火紙、粗紙的製造，斬竹、煮竹料，用灰漿和灰水淋，皆與前述方法相同。只是濕紙從簾上脫下後，不必烘焙，壓乾水分後放在陽光底下曬乾就可以了。

盛唐時期，拜神祭鬼之事繁多，祭祀時燒紙錢以代替燒帛，故造這種紙叫火紙。荊楚一帶近來流行的風俗，有的一次燒火紙達千斤。這種紙十分之七用於祭祀時焚燒，十分之三供日常使用。其中粗而厚的紙叫作包裹紙，是用竹料和隔年晚稻稈製成的。至於江西鉛山等縣所造柬紙，則全用細竹料加厚抄成，以謀高價。最上等的叫官柬紙，供富貴人家製作名片用。這種紙厚實而沒有粗筋，染紅後作辦喜事的吉柬紙。先用白礬水浸過，再染上紅花汁。

造皮紙

【原文】

凡楮樹取皮，於春末夏初剝取。樹已老者，就根伐去，以土蓋之。來年再長新條，其皮更美。凡皮紙，楮皮六十斤，仍入絕嫩竹麻四十斤，同塘漂浸，同用石灰漿塗，入釜煮糜。近法省嗇者，皮竹十七而外，或入宿田稻稈十三，用藥得方，仍成潔白。凡皮料堅固紙，其縱文扯斷如綿絲，故曰綿紙。橫斷且費力。其最上一等，供用大內糊窗格者，曰櫺紗紙。此紙自廣信郡造，長過七尺，闊過四尺。五色顏料，先滴色汁槽內和成，不由後染。其次曰連四紙[①]，連四中最白者曰紅上紙。皮名而竹與稻稿參和而成料者，曰揭帖[②]呈文紙。

芙蓉等皮造者，統曰小皮紙，在江西則曰中夾紙。河南所造，未詳何草木為質，北供帝京，產亦甚廣。又桑皮造者曰桑穰紙，極其敦厚。東浙所產，三吳[③]收蠶種者必用之。凡糊雨傘與油扇，皆用小皮紙。

凡造皮紙長闊者，其盛水槽甚寬，巨簾非一人手力所勝，兩人對舉蕩成。若櫺紗，則數人方勝其任。凡皮紙供用畫幅，先用礬水蕩過[④]，則毛茨不起。紙以逼簾者為正面，蓋料[⑤]即成泥浮其上者，粗意猶存也。

朝鮮白硾紙[⑥]，不知用何質料。倭國有造紙不用簾抄者[⑦]，煮料成糜時，以巨闊青石覆於炕面，其下爇火，使石發燒。然後用糊刷蘸糜，薄刷石面，居然頃刻成紙一張，一揭而起。其朝鮮用此法與否，不可得知。中國有用此法者亦不可得知也。永嘉蠲糨紙[⑧]，亦桑穰造。四川薛濤箋[⑨]，亦芙蓉皮為料煮糜，入芙蓉花末汁。或當時薛濤所指，遂留名至今。其美在色，不在質料也。

【注釋】

①連四紙：元人費著《蜀箋譜》云：「凡紙皆有連二、連三、連四。」連四紙又名連史紙，色白質細，產於江西、福建等地。

②揭帖：明政府各部直奏皇帝的機密呈文。

③三吳：地區名，說法不一。或指蘇州、常州、湖州，或指蘇州（東吳）、潤州（中吳）、湖州（西吳）。

④先用礬水蕩過：紙用明礬水處理後，可改善表面性能，便於工筆設色，這種紙叫熟紙。

⑤蓋料：即紙的背面，疊紙時朝上，故稱。背面因是紙漿蕩浮而成，故較粗糙。

⑥白硾紙：朝鮮白硾紙多以楮皮、桑皮為原料。

⑦「倭國」句：造紙不用簾抄是錯誤傳聞。

⑧蠲糨（音絹降）紙：永嘉（今屬浙江溫州）出產的一種潔白堅滑的桑皮紙。元人程棨《三柳軒雜識》云：「溫州作蠲紙，潔白堅滑……至和（宋仁宗年號）以來方入貢……吳越錢氏時，供此紙者蠲其賦役，故號蠲紙。」蠲：指免除賦役。

⑨薛濤箋：唐代女詩人薛濤晚年居成都浣花溪，設計出一種粉紅色的長寬適度的小紙，原用作寫詩的詩箋，後逐漸用作寫信，後人稱「薛濤箋」。

【譯文】

剝取楮樹皮最好是在春末夏初進行。如果樹齡已老，就在近根部位將樹砍掉，再用土蓋上。來年再長新枝條，它的皮會更好。製造皮紙，用楮樹皮六十斤，加入絕嫩竹料四十斤，同入塘內漂浸，再用石灰漿塗，放入鍋裡煮爛。近來又出現了比較經濟的辦法，是用十分之七的樹皮和竹料，另加十分之三的隔年稻稈，如果紙藥水汁下得得當的話，仍能造出潔白的紙。結實的皮料紙，其縱紋扯斷後如棉絲，因此又叫作棉紙。要想把它橫向扯斷則比較費力。其最上一等供宮內糊窗格的紙，叫作櫺紗紙。這種紙在江西廣信府（今上饒）製造，長七尺多，寬四尺多。各種顏料的用法是先將色汁放入槽內與紙漿和勻，不是成紙後再染。其次是連四紙，連四紙中最潔白的叫作紅上紙。還有名為皮紙而實際是以竹、稻稈摻和而成料製成的紙，叫作揭帖呈文紙。

用木芙蓉等樹皮造的紙，都叫作小皮紙，在江西則叫作中夾紙。河南造的紙不知道用的是什麼原料，這種紙運往北方供京城人使用，產量相當大。還有用桑皮造的紙叫作桑穰紙，紙質極其厚實。浙江東部出產的桑皮紙，為三吳地區收蠶種時所必須。糊製雨傘和油扇，都用小皮紙。

製造寬幅的皮紙，裝漿料的水槽要很寬，大的紙簾不是一人手力所能提起的，需要兩個人對舉紙簾抄造。如果是櫺紗紙，則需要數人舉簾才行。凡是供作繪畫、書寫用的皮紙，要先用明礬水蕩過，便不會起毛。貼近竹簾的一面為紙的正面，因為料泥都浮在上面，所以紙的反面就比較粗糙。

朝鮮的白硾紙，不知是用什麼原料做成的。日本有造紙不用簾抄的，製作方法是將紙料煮爛之後，將寬大的青石放在炕上，在下面燒火而使石發熱，然後用刷子蘸紙漿，薄薄地刷在青石面上，居然立刻成紙一張。朝鮮是不是也用這種方法造紙，不得而知。中國是否有用這種方法造紙的，也不清楚。溫州永嘉的蠲糨紙也是用桑皮製造的。四川的薛濤箋，也是以木芙蓉皮為原料，煮爛再加入芙蓉花的汁。這種造紙法可能是當時薛濤提出來的，所以「薛濤箋」之名流傳至今。「薛濤箋」美在顏色，而不在質料。

丹青[1]第十四

【原文】

宋子曰，斯文千古之不墜也[2]，注玄尚白[3]，其功孰與京哉？離火紅[4]而至黑孕其中，水銀白而至紅呈其變。造化爐錘，思議何所容也。五章[5]遙降，朱臨墨而大號彰。萬卷橫披，墨得朱而天章煥。文房異寶，珠玉何為？至畫工肖像萬物，或取本姿，或從配合，而色色咸備焉。夫亦依坎附離，而共呈五行變態[6]，非至神孰能於斯哉？

【注釋】

①丹青：出自《周禮・秋官・職金》：「職金掌凡金玉、錫石、丹青之戒令。」此處丹青指朱與墨。

②斯文：此指文化、文明。不墜：不斷絕。

③注玄尚白：語出《漢書・揚雄傳》：「時（揚）雄方草《太玄》，有以自守，泊如也。或嘲雄以玄尚白。」「以玄尚白」本指無官位而從事著述，此處變化原意，意指在白紙上寫黑字。

④離火紅：此指赤火。八卦中「離」為火，故稱離火。

⑤五章：指青、赤、白、黃、黑五色。此指朝廷降下五色箋敕詔。

⑥夫亦依坎附離，而共呈五行變態：坎為水，離為火，水火相濟，五行中的金、木、土也發生變化，於是出現了各種朱墨顏色。

【譯文】

宋子說，古代的文化遺產之所以能夠流傳千古而不失散，靠的就是白紙黑字的文獻記載，這種功績是無與倫比的。松木和桐油在赤火中燒出黑煙，製墨原料就孕育其中。白色水銀燒煉後，變成紅色銀朱，成為作書畫的材料。物質燒煉後所產生的變化，真是不可思議啊！朝廷頒至各地的五色箋敕詔，皇帝用硃筆在黑字上做御批，而使重大號令得以傳佈。披閱萬卷圖書，黑色的字跡中有了朱紅色的批註，使本來的佳作更放光彩。這樣看來，朱、墨實為文房之異寶，珠玉豈能相比呢？至於畫家描摹萬物，或只以墨作畫，或以朱、墨及其他顏料配合，如此各種各樣的顏色也就齊備了。朱、墨與顏料的製備，要依靠水火的作用，而共同呈現於五行變化之中，若不是巧妙借用自然之力，誰能做到這一切？

朱

【原文】

凡硃砂、水銀、銀朱，原同一物[①]，所以異名者，由精粗、老嫩而分也。上好硃砂出辰、錦（今名麻陽）與西川者[②]，中即孕汞，然不以升煉，蓋光明、箭鏃、鏡面等砂[③]，其

價重於水銀三倍，故擇出為硃砂貨鬻。若以升汞，反降賤值。唯粗次硃砂方以升煉水銀，而水銀又升銀朱也。

凡硃砂上品者，穴土十餘丈乃得之。始見其苗，磊然白石，謂之硃砂床。近床之砂，有如雞子大者。其次砂不入藥，只為研供畫用與升煉水銀者。其苗不必白石，其深數丈即得。外床或雜青黃石，或間沙土，土中孕滿，則其外沙石多自折裂。此種砂貴州思、印、銅仁等地最繁，而商州、秦州出亦廣也。

凡次砂取來，其通坑色帶白嫩者，則不以研朱，盡以升汞。若砂質即嫩而爍視欲丹者，則取來時，入巨鐵碾槽中，軋碎如微塵，然後入缸，注清水澄浸。過三日夜，跌取其上浮者，傾入別缸，名曰二朱。其下沉結者，曬乾即名頭朱也。

凡升水銀，或用嫩白次砂，或用缸中跌出浮面二朱，水和搓成大盤條。每三十斤入一釜內升汞，其下炭質亦用三十斤。凡升汞，上蓋一釜，釜當中留一小孔，釜旁鹽泥緊固。釜上用鐵打成一曲弓溜管，其管用麻繩密纏通梢，仍用鹽泥塗固。鍛火之時，曲溜一頭插入釜中通氣，一頭以中罐注水兩瓶，插曲溜尾於內，釜中之氣達於罐中之水而止。共鍛五個時辰，其中砂末盡化成汞，佈於滿釜。冷定一日，取出掃下。此最妙玄化，全部天機也。

凡將水銀再升朱用，故名曰銀朱。其法或用罄口泥罐，或用上下釜。每水銀一斤，入石亭脂[5]（即硫黃製造者）二斤，同研不見星，炒作青砂頭，裝於罐內。上用鐵盞蓋定，盞上壓一鐵尺。鐵線兜底捆縛，鹽泥固濟口縫，下用三釘插地鼎足盛罐。打火三柱香久，頻以廢筆蘸水擦盞，則銀自成粉，貼於罐上，其貼口者朱更鮮華。冷定揭出，刮掃取用。

其石亭脂沉下罐底，可取再用也。每升水銀一斤，得朱十四兩，次朱三兩五錢[⑥]，出數借硫質而生。

凡升朱與研朱，功用亦相仿。若皇家、貴家畫彩，則即用辰、錦丹砂研成者，不用此朱也。凡朱，文房膠成條塊，石硯則顯，若磨於錫硯之上，則立成皂汁[⑦]。即漆工以鮮物彩，唯入桐油調則顯，入漆亦晦也。凡水銀與朱更無他出，其汞海、草汞之說[⑧]，無端狂妄，耳食者[⑨]信之。若水銀已升朱，則不可復還為汞，所謂造化之巧已盡也。

【注釋】

①「凡硃砂」二句：硃砂或稱辰砂，是天然硫化汞，銀朱是人造硫化汞，二者化學成分一致。但水銀是元素汞。

②辰：辰州府，治所在今湖南沅陵。此當指辰州治下之辰溪。另麻陽在辰溪之西南。錦：錦州，今湖南麻陽之古名。

③光明、箭鏃、鏡面等砂：俱硃砂，當以其功用為名。

④「鑿地」二句：指《本草綱目》卷九《石部・水銀》條引元人胡演《丹藥秘訣》云：「取砂汞法，用瓷瓶盛硃砂，不拘多少，以紙封口。香湯煮一沸時，取入水火鼎內，炭塞口，鐵盤蓋定。鑿地一孔，放碗一個盛水，連盤覆鼎於碗上，鹽泥固縫，周圍加火鍛之。待冷取出，汞自流入碗矣。」此說雖不及作者所述蒸餾法簡便易行，但亦不屬於「亂注」。

⑤石亭脂：天然硫。

⑥「每升」三句：此處所述之法取自《本草綱目》卷九《石部・銀朱》條引胡演《丹藥秘訣》。

⑦立成皂汁：朱在錫硯上研磨，可能生成褐色的硫化亞錫。

⑧汞海、草汞之說：此針對《本草綱目》卷九《金石部・水銀》條而言，其中引歷代諸家說，以為可從馬齒莧中提煉出草汞及自然汞。此說言之有據，未必「無端狂妄」。

⑨耳食者：輕信耳食之言者。「耳食」指耳朵吃東西不知滋味，「耳食之言」比喻沒有確鑿的根據、未經思考分析的傳聞。一說當作「餌食者」，指煉丹家和服食所謂長生藥的人。

【譯文】

硃砂、水銀和銀朱本是同一物質，之所以名稱不同，是由於精粗、老嫩的差別。上等的硃砂出於辰州、錦州與四川，其中雖含有水銀，但並不用來煉製水銀，這是因為硃砂中的光明砂、箭鏃砂、鏡面砂等價錢比水銀還要貴上三倍，故選出來銷售。如果用這些硃砂來煉水銀，反而降低了價錢。只有粗次的硃砂，才用來提煉水銀，又由水銀再煉成銀朱。

上等的硃砂，要挖土十多丈深才能得到。剛發現礦苗時，只看見一堆堆白石，這叫作硃砂床。礦床附近的硃砂有的像雞蛋那樣大。次等硃砂不堪入藥，只供研磨成粉繪畫或煉水銀用。這種次等硃砂礦的礦苗不一定會有白石，挖數丈深就可以得到。其礦床外或者摻雜有青黃色的石塊，或者間有砂粒，堆滿於土中，外層的砂石多自行破裂。這種次等硃砂在貴州思南、印江、銅仁等地最多，而陝西商縣、甘肅秦州也有出產。

開採次等硃砂時，如果整個礦坑裡都是質地較嫩而顏色泛白的礦石，就不用來研磨成硃砂，而全部用來煉取水銀。如果是砂質雖嫩但其中有紅光閃爍的，就取來放入大鐵槽中碾成塵粉，然後放入缸內，用清水澄浸。三天三夜後，將浮在上面的倒入另一缸中，叫作二朱。缸中下沉的，取出來曬乾，就叫作頭朱。

研朱

提煉水銀，或用嫩白的次等硃砂，或用缸中傾出的浮在上面的二朱，將硃砂與水拌和，搓成粗條。每三十斤裝入一鍋，用來提煉水銀，所用柴薪也是三十斤。提煉水銀的

升煉水銀

銀復生朱

鍋，上面還要倒扣另一個鍋，鍋頂正中留一個小孔，兩鍋銜接處用鹽泥加固封緊。鍋頂上的小孔與用鐵打成的彎管相連接，鐵管通身要用麻繩纏繞緊密，仍用鹽泥加固。點火時彎管的一頭插入鍋內通氣，另一頭插入裝有兩瓶水的罐內，鍋內之氣通到罐中之水而受冷卻。共加火十個小時，鍋內的硃砂就會全部化為水銀而佈滿整個鍋壁。冷卻一天後，再取出掃下。這其中的道理頗為玄妙，包含著自然界物質變化的全部奧秘。

有的硃砂是從水銀再煉成的，因此叫作銀朱。其方法是或用敞口的泥罐燒煉，或用一上一下兩口鍋。每一斤水銀加入石亭脂兩斤一起研磨，磨細到看不見水銀的亮斑為止，並炒成青色粒狀，裝進罐子裡。罐口用鐵盞蓋緊，盞上壓一根鐵尺。用鐵線兜底把罐子和鐵盞綁緊，然後用鹽泥封住所有接縫。再用三根鐵棒插在地上，鼎足而立用以承托罐子。點火鍛燒，約燃完三炷香的時間。在此期間，要不斷用廢毛筆蘸冷水擦拭鐵盞上面，則水銀自會變成銀朱粉，凝結在罐壁上，貼近罐口的銀朱色澤更加鮮豔。冷卻之後揭開鐵盞封口，就可將銀朱刮掃下來。沉到罐底的石亭脂，還可以取出來再用。每一斤水銀，可煉得銀朱十四兩、次朱三兩五錢，其中多出的重量是從石亭脂的硫質那裡得到的。

人工煉製的銀朱和碾製的天然硃砂，功用差不多。但皇家、貴族繪畫，則用的是辰州、錦州出產的丹砂直接研磨而成的粉，而不用這種煉製的銀朱粉。文房用的朱，通常膠合成條塊狀，在石硯上研磨，就能顯出原來的鮮紅色。但如果在錫硯上研磨，則立即成為黑汁。漆工用朱的鮮紅顏色塗飾漆器時，只有將其與桐油調和，顏色才鮮明。若與漆調和，則顏色發暗。水銀和銀朱再不能從上述原料以外的物質中取得，因而所謂汞海、草汞之說，都是無端狂妄之論，只有輕信耳食之言者才會相信。水銀在升煉為硃砂之後，則不能還原為水銀，因為自然界變化的巧妙，到此已盡了。

墨

【原文】

凡墨燒煙凝質而為之[①]。取桐油、清油、豬油煙為者，居十之一，取松煙為者，居十之九。凡造貴重墨者，國朝推重徽郡[②]人。或以載油之艱，遣人僦居荊、襄、辰、沅，就其賤值桐油點煙而歸。其墨他日登於紙上，日影橫射有紅光者，則以紫草[③]汁浸染燈芯而燃炷者也。

凡爇油取煙，每油一斤，得上煙一兩餘。手力捷疾者，一人供事燈盞二百副。若刮取怠緩則煙老，火燃質料並喪也。其餘尋常用墨，則先將松樹流去膠香，然後伐木。凡松香有一毛[④]未淨盡，其煙造墨，終有滓結不解之病。凡松煙流去香，木根鑿一小孔，炷燈緩炙，則通身膏液就暖傾流而出也。

凡燒松煙，伐松斬成尺寸，鞠篾為圓屋，如舟中雨篷式，接連十餘丈。內外與接口皆以紙及席糊固完成。隔位數節，小孔出煙，其下掩土、砌磚先為通煙道路。燃薪數日，歇冷入中掃刮。凡燒松煙，放火通煙，自頭徹尾。靠尾一二節者為清煙，取入佳墨為料。中節者為混煙，取為時墨料。若近頭一二節，只刮取為煙子，貨賣刷印書文家，仍取研細用之。其餘則供漆工、堊工之塗玄者。

凡松煙造墨，入水久浸，以浮沉分精慤[5]。其和膠之後，以捶敲多寡分脆堅。其增入珍料與漱金、銜麝，則松煙、油煙增減聽人。其餘《墨經》《墨譜》[6]，博物者自詳，此不過粗記質料原因而已。

【注釋】

①凡墨燒煙凝質而為之：墨主要是由燒松木、桐油等有機含碳物質而產生的煙灰，即碳黑製成。

②徽郡：即徽州府，治所在今安徽歙縣。

③紫草：紫草科植物，其根可作紫色染料。

④毛：或以為當作「毫」。

⑤慤：通「確」。

⑥《墨經》：宋人晁貫之著，全一卷，敘述墨錠的源流及製造。《墨譜》：宋人李孝美著，三卷，敘述採松、燒煙及製墨，甚詳。

【譯文】

墨是由物質燃燒後的煙灰凝聚而成的。其中，用桐油、菜籽油、豬油燒成的煙灰制的墨，約占十分之一；用松煙制的墨，約占十分之九。製造貴重的墨，本朝（明朝）首推徽州人。他們有時由於油料運輸困難，就派人到湖北的江陵、襄陽和湖南辰溪、沅陵客居，廉價購買當地便宜的桐油就地點煙，燃成的煙灰帶回去製墨。用這種墨將字寫在紙上，在日光下從側面看有紅光的，是用紫草汁浸染燈芯後點燈所燒成的煙做成的。

燃油取煙，每斤油可得上等煙灰一兩多。手腳伶俐的，一個人可照管收集煙的燈二百盞。如果刮取煙灰不及時，煙燒過頭，就會白白浪費燈油和原料。其餘尋常用墨，都是用松煙製成的。先使松樹中的松脂流掉，然後砍伐。松脂哪怕有一點點沒流乾淨，用這種松煙製成的墨最後總有研不開的滓子。流去松脂的方法是，在樹根鑿一個小孔，點燈緩緩燃燒，這樣整個樹幹中的松脂就因為受熱而傾流而出。

燃掃清煙

燒松木取煙，先把砍下的松木截成一定的尺寸，再在地上用竹篾搭一個圓頂棚屋，就像船上的遮雨篷那樣，逐節連接成十多丈長。其內外與接口都要用紙和草蓆糊緊密封。每隔幾節，留出一個小孔出煙，竹棚下接地處要蓋上泥土，篷內砌磚要預先設計煙道。將截斷的松木放在棚內燃燒數日，停燒、冷卻後，便可進去掃刮了。燒松煙時，點燃松木與放煙都是從頭節開始，再逐節進行，一直到尾節。尾部一二節中結成的煙叫作清煙，是製作優質墨的原料。中部各節內結成的煙叫作混煙，用作普通墨料。最前面的一二節內，只能刮取煙子，賣給印書的店家，仍要磨細後才能用。其他的就供給漆工、粉刷工作黑色顏料使用。

將製墨用的松煙放在水中長時間浸泡，以浮沉情況區分精粗。那些精細而純粹的會浮在上面，粗糙而稠厚的就會沉在下面。松煙與膠調和固結之後，用錘敲打，根據敲擊的多少區分堅脆。至於向墨中加入珍貴材料與燙上金字、填入麝香，則松煙、油煙都可隨意加多加少。其他有關墨的知識，《墨經》《墨譜》中都有所記述，想知道更多知識的人可自行詳細研究，這裡只不過簡單地概述一下製墨的原料和方法而已。

取流松液

燒取松煙

附：諸色顏料[1]

【原文】

胡粉：至白色，詳《五金》卷。

黃丹[2]：紅黃色，詳《五金》卷。

靛花：至藍色，詳《彰施》卷。

紫粉：紅色，貴重者用胡粉、銀朱對和，粗者用染家紅花滓汁為之。

大青：至青色，詳《珠玉》卷。

銅綠[3]：至綠色，黃銅打成板片，醋塗其上，裹藏糠內，微借暖火氣，逐日刮取。

石綠：詳《珠玉》卷。

代赭石[4]：殷紅色，處處山中有之，以代郡者為最佳。

石黃[5]：中黃色，外紫色，石皮內黃，一名石中黃子。

【注釋】

①原書中本無此標題，為譯註者加。

②黃丹：又稱鉛丹，四氧化三鉛，紅黃色粉末。

③銅綠：各種鹼式醋酸銅的混合物。

④代赭石：赤鐵礦礦石，主要成分是三氧化二鐵，因代縣產品最佳，故又稱代赭石。

⑤石黃：含三氧化二鐵的黏土。

【注釋】

胡粉：顏色最白，詳見《五金》章。

黃丹：紅黃色，詳見《五金》章。

靛花：深藍色，詳見《彰施》章。

紫粉：紅色，貴重的用胡粉、銀朱對和，粗糙的則用染坊的紅花汁製成。

大青：深青色，詳見《珠玉》章。

銅綠：深綠色，具體製法是：將黃銅打成薄片，在上面塗上醋，包裹起來放在米糠內，借其微熱，再逐口從銅片上刮取。

石綠：詳見《珠玉》章。

代赭石：殷紅色，各地山中都有，以山西代縣出產的為最好。

石黃：中心黃色，表層紫色。因為石頭內層是黃色的，故又叫作「石中黃子」。

舟車第十五

【原文】

宋子曰，人群分而物異產，來往懋遷[1]以成宇宙。若各居而老死，何借有群類哉？人有貴而必出，行畏周行。物有賤而必須，坐窮負販。四海之內，南資舟而北資車。梯航[2]萬國，能使帝京元氣充然。何其始造舟車者不食尸祝之報[3]也？浮海長年，視萬頃波如平地，此與列子所謂御泠風[4]者無異。傳所稱奚仲[5]之流，倘所謂神人者非耶？

【注釋】

①懋（音茂）遷：勤勉搬有運無，互相交易。

②梯：指登山，航：指航海。梯航：泛指艱難之旅途。

③尸祝之報：後代祭祀以報答。

④列子所謂御泠風：《莊子・逍遙游》云：「列子御風而行，泠然善也，旬有五日而後反。」列子：即列禦寇，戰國時道家學說代表人物。泠風：清風。

⑤奚仲：姓任。《世本》載奚仲作車，夏代時曾任車正（掌管車輛之官）之職。

【譯文】

宋子說，人類分散居住在各地，各地的物產也是各有不同，通過相互來往和貿易，構成了社會整體。如果大家各居一方而老死不相往來，還憑什麼來構成人類社會呢？有地位的人總要外出，但怕到處步行。有些物品雖然價錢低賤，卻也是生活必需品，因為缺乏也就需要有人販運。所有這一切，都得藉助於車、船等交通工具。從全國來看，南方更多是用船運，北方更多是用車運。人們通過車、船翻山渡海，溝通國內外物資貿易，從而使京城繁榮起來。為什麼最早發明創造車、船的人，卻得不到後人的崇敬呢？船工長年在大海中航行，視萬頃波濤如平地，這簡直與列子所謂的乘風而行沒有什麼不同。史書上所說的創製車輛的奚仲這類人，如果將其稱為神人，難道不可以嗎？

舟

【原文】

凡舟古名百千，今名亦百千，或以形名（如海鰍、江鯿、山梭之類），或以量名（載物之類），或以質名（各色木料），不可殫述。遊海濱者得見洋船，居江湄者得見漕舫[①]。若局趣[②]山國之中，老死平原之地，所見者一葉扁舟、截流亂筏而已。粗載數舟制度，其餘可例推云。

【注釋】

①漕舫：明代以後將南方大米通過運河運到北京的運糧船。

②局趣：侷促，侷限。

【譯文】

船的名稱，古今都有成百上千種，有的根據船的形狀來命名，有的根據船的載重量來命名，有的根據造船的材料來命名，名稱繁多，難以一一說盡。在海濱遊玩的人可以見到遠洋船，在江邊居住的人可以看到漕舫。如果侷限於山區之中，老死於平原之地，則所見者不過是一葉扁舟、渡河筏子而已。下面粗略記載幾種船的形制規格，其餘可以自行類推。

漕　舫

【原文】

凡京師為軍民集區，萬國水運以供儲，漕舫所由興也。元朝混一，以燕京為大都。南方運道由蘇州劉家港、海門黃連沙開洋，直抵天津，制度用遮洋船。永樂間因之。以風濤多險，後改漕運。平江伯陳某[①]始造平底淺船，則今糧船之制也。

凡船制底為地，枋[2]為宮牆，陰陽竹[3]為覆瓦。伏獅前為閥閱[4]，後為寢堂。桅[5]為弓弩，弦篷為翼。櫓為車馬，䉶纖[6]為履鞋，𦆃索[7]為鷹、雕筋骨，招為先鋒，舵為指揮主帥，錨為扎軍營寨。

糧船初制，底長五丈二尺[8]，其板厚二寸，采巨木楠為上，栗次之。頭長九尺五寸，梢[9]長九尺五寸。底闊九尺五寸，底頭闊六尺，底梢闊五尺。頭伏獅闊八尺，梢伏獅闊七尺。梁頭[10]一十四座，龍口梁闊一丈，深四尺。使風梁闊一丈四尺，深三尺八寸。後斷水梁闊九尺，深四尺五寸。兩廒[11]共闊七尺六寸。此其初制，載米可近二千石（交兑每隻止足五百石）。後運軍造者私增身長二丈，首尾闊二尺餘，其量可受三千石。而運河閘口原闊一丈二尺，差可渡過。凡今官坐船，其制盡同，第窗戶之間寬其出徑，加以精工彩飾而已。

凡造船先從底起，底面傍靠檣[12]，上承棧，下親地面。隔位列置者曰梁。兩傍峻立者曰檣。蓋檣巨木曰正枋，枋上曰弦。梁前豎桅位曰錨壇，壇底橫木夾桅本者曰地龍。前後維曰伏獅，其下曰拿獅，伏獅下封頭木曰連三枋。船頭面中缺一方曰水井（其下藏纜索等物）。頭面眉際樹兩木以繫纜者曰將軍柱。船尾下斜上者曰草鞋底，後封頭下曰短枋，枋下曰挽腳梁，船梢掌舵所居，其上者野雞篷（使風時，一人做篷巔，收守篷索）。

凡舟身將十丈者，立桅必兩，樹中桅之位，折中過前二位，頭桅又前丈餘。糧船中桅長者以八丈為率，短者縮十之一二。其本入窗內亦丈餘，懸篷之位約五六丈。頭桅尺寸則不及中桅之半，篷縱橫亦不敵三分之一。蘇、湖六郡運米，其船多過石甕橋下，且無江漢之險，故桅與篷尺寸全殺。若湖廣、江西省舟，則過湖沖江無端風浪，故錨、纜、篷、桅必極盡制度而後無患。凡風篷尺寸，其則一視全舟橫身，過則有患，不及則力軟。

凡船篷其質，乃析篾成片織就，夾維竹條，逐塊摺疊，以俟懸掛。糧船中桅篷，合併十人力方克湊頂，頭篷則兩人帶之有餘。凡度篷索，先系空中寸圓木，關捩[13]於桅巔之上，然後帶索腰間緣木而上，三股交錯而度之。凡風篷之力其末一葉，敵其本三葉。調勻和暢，順風則絕頂張篷，行疾奔馬。若風力洊至[14]，則以次減下（遇風鼓急不下，以鉤搭扯）。狂甚，則只帶一兩葉而已。

凡風從橫來，名曰搶風。順水行舟則掛篷，「之」「玄」遊走，或一搶向東，止寸平過，甚至卻退數十丈。未及岸時，捩舵轉篷，一搶向西，借貸水力兼帶風力軋下，則頃刻十餘里。或湖水平而不流者亦可緩軋。若上水舟則一步不可行也。凡船性隨水，若草從風，故制舵障水使不定向流，舵板一轉，一泓從之。

凡舵尺寸，與船腹切齊。若長一寸，則遇淺之時船腹已過，其梢尾舵使膠住，設風狂力勁，則寸木為難不可言。舵短一寸則轉運力怯，回頭不捷。凡舵力所障水，相應及船頭而止，其腹底之下儼若一派急順流，故船頭不約而正，其機妙不可言。舵上所操柄，名曰關門棒，欲船北則南向捩轉，欲船南則北向捩轉。船身太長而風力橫勁，舵力不甚應手，則急下一偏披水板[15]以抵其勢。凡舵用直木一根（糧船用者圍三尺，長丈餘）為身，上截衡受棒，下截界開銜口，納板其中如斧形，鐵釘固拴以障水。梢後隆起處，亦名曰舵樓。

凡鐵錨所以沉水繫舟。一糧船計用五六錨，最雄者曰看家錨，重五百斤內外，其餘頭用二支，梢用二支。凡中流遇逆風不可去又不可泊（或業已近岸，其下有石非沙，亦不可泊，唯打錨深處），則下錨沉水底。其所繫，纏繞將軍柱上，錨爪一遇泥沙扣底抓住，十分危急則下看家錨。繫此錨者名曰「本身」，蓋重言之也。或同行前舟阻滯，恐我舟順勢急去，有撞傷之禍，則急下梢錨提住，使不迅速流行。風息開舟則以雲車[16]絞纜，提錨使上。

凡船板合隙縫，以白麻斫絮為筋，鈍鑿扱入，然後篩過細石灰，和桐油舂杵艌成團調 。溫、台、閩、廣即用蠣灰。凡舟中帶篷索，以火麻秸絞（一名大麻），粗成徑寸以外者，即繫萬鈞不絕。若繫錨纜，則破析青篾為之，其篾線入釜煮熟，然後糾絞。拽縴簟亦煮熟篾線絞成，十丈以往，中作圈為接驅，遇阻礙可以掐斷。凡竹性直，篾一線千鈞。三峽入川上水舟，不用糾絞簟縴，即破竹闊寸許者，整條以次接長，名曰火杖。蓋沿崖石棱如刃，懼破篾易損也。

凡木色桅用端直杉木，長不足則接，其表鐵箍逐寸包圍。船窗前道皆當中空闕，以便樹桅。凡樹中桅，合併數巨舟承載，其末長纜繫表而起。梁與枋檣用楠木、櫧[17]木、樟木、榆木、槐木（樟木春夏伐者，久則粉蛀），棧板不拘何木。舵桿用榆木、榔木、櫧木。關門棒用椆[18]木、榔木。櫓用杉木、檜木、楸木。此具大端云。

【注釋】

①平江伯陳某：即陳瑄，字彥純，安徽合肥人。明代將領、水利家，明清漕運制度的確立者。歷任大將軍幕府、都指揮同知、右軍都督僉事，因協助明成祖渡江有功，封平江伯，充總兵官、總督漕運，在任三十餘年。

②枋：由大方木一條條拼接而成的船體四壁。

③陰陽竹：船室上頂棚，由剖成兩半、鑿空中節的竹凸凹搭接而成。
④伏獅：船體首尾橫穿兩邊船枋的大橫木。閥閱：此指前門。
⑤桅：船中間直立的架帆的長木桿，又叫桅杆。
⑥篔纖（音談千）：拉船的纖索。
⑦繂（音律）索：長繩。
⑧尺：明代一尺為31.1釐米，丈、尺、寸均十進制。
⑨梢：通「艄」，船尾。
⑩梁頭：指橫貫船身的大梁，即兩側船壁中間架設的橫木。
⑪廒：通「廒」，船艙。
⑫樯：此指船壁，當作「牆」。
⑬關捩：操縱轉動的機關，相當於滑輪。
⑭洊至：再至，相繼而至。
⑮披水板：船頭裝的可上下提動的劈水板，共兩塊，裝於左右兩側。
⑯雲車：立式起重絞車。
⑰櫧（音諸）：常綠喬木，葉長橢圓形，木質堅硬。
⑱椆：古代樹名，疑為馬鞭草科的柚木，木質堅硬，產於粵、滇南部。

【譯文】

京師是軍民聚集之地，全國各地都要通過水運來供應首都需要的物資，這就是漕船興起的原因。元朝統一全國後，以北京為大都。當時由南方到北方的航道，從蘇州的劉家港、海門的黃連沙出發，沿海路直達天津，用的是遮洋船。直到明朝永樂年間還是這樣。後來因為海上風浪太大，危險過多，就改為內河漕運了。平江伯陳瑄始造平底的淺船，也就是現在運糧船的形式。

這種船的構造，船底相當於房屋的地面，船枋相當於四周的牆壁，船室上的陰陽竹，則為屋頂蓋的瓦。船頭的伏獅可比作房屋的前門，船尾的伏獅，則為寢室所在。如果說船桅像弓背或弩身，則船帆便是弓弦和弩翼。船槳好比拉車的馬，使其行走。拉船用的纖繩，便好比走路穿的鞋子。船帆上的長繩，相當於鷹、雕的筋骨，船頭的大槳是開路先鋒，船尾的舵則是指揮主帥，而船錨作安營紮寨之用。

運糧船最初的形制是，船底長五丈二尺，船底板厚二寸，以大木為料，楠木為上，栗木次之。船頭長九尺五寸，船尾長九尺五寸。船底寬九尺五寸，船底前部寬六尺，船尾寬五尺。船頭的伏獅寬八尺，船尾的伏獅寬七尺。船上有大梁十四根，接近船頭的龍口梁長一丈，高出船底四尺。支撐桅杆的使風梁長一丈四尺，高出船底三尺八寸。船尾部的斷水梁長九尺，高出船底四尺五寸。船上的兩個糧倉都寬七尺六寸。這都是初期漕船的尺寸規格，每艘漕船的載米量接近兩千石。後來由漕運軍造的漕船，私自把船身增長了二丈，船頭和船尾各加寬了二尺多，這樣便可以載米三千石了。而運河的閘口原寬一丈二尺，可以讓這種船勉強通過。現在官用的客船，其形式與此完全相同，只是樓艙上的門窗加大一些，並加以精工彩飾而已。

建造漕船要先造船底，船底兩側立起船壁，船壁支撐上面的棧板，船壁下面就貼近船底。相隔一定距離在兩壁之間橫架的木頭叫梁。船底兩旁高高直立的，叫船牆。構成船壁的巨木叫正枋，上面的枋叫作弦。梁前面豎桅的地方叫作錨壇，錨壇底部橫架的橫木用以夾住桅杆的叫作地龍。船頭和船尾各有一根連接船體的大橫木叫作伏獅，伏獅下兩邊的側木叫作拿獅。伏獅下的封密船頭的木做作連三枋。船頭甲板中間開一方形洞，叫作水井。船頭甲板兩邊豎起兩根繫結纜索的木樁，叫作將軍柱。船尾下面船底兩側由下向上傾斜的船壁叫作草鞋底，船尾封尾木下的是短枋，枋下是挽腳梁，船尾掌舵人所在的位置，上面蓋著的篷叫作野雞篷。

船身長將近十丈的漕船，必須豎立兩根桅杆，中桅立在船中心再朝前過兩根梁的部位，從中桅離船頭方向一丈遠之處，再立一船頭桅。糧船的中桅，長的以八尺為準，短的縮短十分之一二。桅杆進入窗內有一丈多，懸帆的部位約占去五六丈。船頭桅杆的長度不及中桅的一半，其帆的縱橫幅度，也不及中桅的三分之一。蘇州、湖州一帶六郡運米的船，大多要經過石拱橋，而且又沒有長江、漢水那樣的風險，所以桅杆和帆的尺寸都可縮小。如果駛經湖廣、江西等省的船，則過湖過江會遇到突然的風浪，所以錨、纜、帆、桅都必須嚴格按照規定尺寸來建造，這樣才能沒有後患。此外，風帆的大小要根據全船的寬度決定，太大了會有危險，太小了就會風力不足。

船帆的材料，由破開的竹片編成，用繩編竹片，逐塊摺疊，以待懸掛。糧船中桅上所掛的帆，需要十個人一齊用力才能升到桅頂，而船頭

轆轤

桅上所掛的帆只要兩人之力就足夠了。安裝帆繩時，先將由一寸粗的中空圓木做成的滑輪綁在桅杆頂上，然後腰間帶著繩索爬上桅杆，將三股繩索交錯地穿過滑軸掛繩。風帆受的風力，頂上的一葉相當於底下的三葉。若調節得勻稱、順當，順風將帆張到最大限度，則船前進得快如奔馬。若風力不斷增大，就要逐漸減少張開的帆葉。風力很猛烈時，只張一兩葉帆就足夠了。

借橫向吹來的風航行，叫作搶風。如果順水而行，便升起船帆按「之」或「玄」字形的曲折路線行駛。船搶風向東航行時，如只能平過對岸，甚至還可能會後退幾十丈。這時趁船還未到達對岸，便立刻轉舵，並把帆調轉向另一舷上去，即把船搶向西駛。藉助水勢和風力相抵，船沿著斜向前進，一下子便可以航行十多里。如果在平靜而不流動的湖水中航行，也可以藉助水勢和風力緩緩相抵而行。如果逆水行船，又遇橫風，那就寸步難行了。船順著水流航行，就如同草隨風擺動一樣，所以要利用舵來擋水，使水不按原來的方向流動，因為舵板一轉就有一股水流順從其方向流動。

舵的尺寸，其下端要同船底平齊。若舵比船底長出一寸，那麼當遇到水淺時，船底已經通過了，而船尾的舵卻被卡住了。若遇到猛力狂風，這一寸之木帶來的困難就無法形容了。反之，若舵比船底短一寸，那麼舵的運轉力就會太小，船身轉動也就不夠靈巧。舵攔截水的能力所及，只到船頭為止，船底下的水仍儼然是一股順著水流方向的急流，所以船頭自然按操縱的正確方向行進，其中的作用真是妙不可言。舵上的操縱桿叫作關門棒，要船頭向北，就將它推向南；要船頭向南，就將它推向北。如果船身太長，而橫向吹來的風又太猛，舵力不那麼充足，這時要疾速放下一塊披水板，以抵擋風勢。船舵用一根直木做舵身，上端橫插關門棒，下端鋸開個銜口，以裝上斧形舵板，再用鐵釘釘牢，便可以擋水了。船尾高聳起來的地方，也叫作舵樓。

鐵錨的作用是沉入水底將船穩定住。一艘運糧船上共用五六個錨，其中最大的叫作看家錨，重達五百斤左右。其餘的在船頭的有兩個，在船尾的也有兩個。船在中流如果遇到逆風，無法前進，又不能靠岸停泊時，就要將錨拋下沉到水底。繫錨的纜繩纏繞在將軍柱上，錨爪一接觸泥沙，就能扎底抓住。如果情況十分危急，便要拋下看家錨。繫住這個錨的纜繩叫作「本身」，這是就其重要性而言的。有時本船被同一航向的前面的船擋住，害怕本船順勢急衝向前會有互相撞傷的危險，那就要趕快拋梢錨拖住船隻，使之不快速前行。風停了開船，要用雲車絞纜繩將錨提上來。

填充船板間的縫隙，要用剁碎了的白麻絮做成麻筋，用鈍鑿將麻筋塞進縫隙內，然後再用篩過的細石灰拌和桐油搗拌成團，再填充船縫。浙江溫州、台州與福建、廣東，用蠣灰代替石灰。船上繫船帆的繩索用火麻糾絞而成，直徑一寸以上的粗繩索，即便繫住萬斤以上的東西也不會斷。至於繫錨的纜繩，則是用竹片削成的青篾條做成，這些蔑條要先入鍋煮過後再進行糾絞。拉船的纖繩也是用煮熟的篾條絞成的，繩達十丈以上長時，中間做圈當作接環，遇障礙可以掐斷。竹的特性是縱向拉力強，一條篾繩可以承受千鈞的拉力。經三峽進入四川的水上行船，往往不用糾絞的纖繩，而只是把竹子破成一寸多寬的整條竹片，互相連接起來，叫作火杖。因為沿岸的崖石鋒利如刀刃，害怕破成竹篾條更容易損壞。

至於造船所用木料，桅杆要選用勻稱筆直的杉木，長度不足則可以連接，其外表用鐵箍逐寸包緊。船樓前要空出地方，架立桅杆。樹立中桅時，要拼合幾條大船來共同承載，桅杆一端繫以長繩並吊起。船上的梁、枋與船壁，用楠木、櫧木、樟木、榆木、槐木，船底和甲板則不論什麼木料都可以。舵桿用榆木、榔木或者櫧木。關門棒用椆木或者榔木。船槳用杉木、檜木或者楸木。以上只是用木料的大致情況。

海舟

【原文】

凡海舟，元朝與國初運米者曰遮洋淺船，次者曰鑽風船（即海鰍）。所經道里止萬里長灘、黑水洋、沙門島等處[1]，皆無大險。與出使琉球、日本及商賈爪哇、篤泥等船制度[2]，工費不及十分之一。

凡遮洋運船制，視漕船長一丈六尺，闊二尺五寸，器具皆同，唯舵桿必用鐵力木[3]，灰用魚油和桐油，不知何義。凡外國海舶制度，大同小異。閩、廣[4]（閩由海澄開洋，廣由香山嶴）洋船截竹兩破排柵，樹於兩旁以抵浪。登、萊制度又不然，倭國海舶兩旁列櫓手欄板抵水，人在其中運力。朝鮮制度又不然。

至其首尾各安羅經盤[5]以定方向，中腰大橫樑出頭數尺，貫插腰舵，則皆同也。腰舵非與梢舵形同，乃闊板斫成刀形插入水中，亦不捩轉，蓋夾衛扶傾之義。其上仍橫柄拴於樑上，而遇淺則提起。有似乎舵，故名腰舵也。凡海舟以竹筒貯淡水數石，度供舟內人兩日之需，遇島又汲。其何國何島合用何向，針指示昭然，恐非人力所祖。舵工一群主佐，直是識力造到死生渾忘地，非鼓勇之謂也。

【注釋】

①萬里長灘：自長江口至蘇北鹽城的淺水海域。黑水洋：自蘇北鹽城東海岸至山東半島南部之間的海域。沙門島：在今山東半島蓬萊西北海中。

②爪哇：印度尼西亞屬爪哇島。篤泥：印度尼西亞的加里曼丹島。

③鐵力木：金絲桃科鐵力木屬，木質極其堅硬。

④香山：即今澳門。

⑤羅經盤：羅盤，測定方位的儀器，由有方位刻度的圓盤中間裝指南針構成，為中國所發明，十一世紀已用於航海。

【譯文】

元朝和本朝初年運米的海船叫作遮洋淺船，小一點的叫作鑽風船。所經過的航道僅限於萬里長灘、黑水洋和沙門島等處，一路上並沒有大的風險。製造這種海船的工本費，還不到那些出使琉球、日本和到爪哇、篤泥等地經商所用的海船的十分之一。

遮洋淺船的形制，比漕船長出一丈六尺，寬出二尺五寸，船上的各種器備都是一樣的，只是舵桿必須用鐵力木造，填充船縫的灰要用魚油和桐油拌和，不知是出於什麼理由。外國海船的規格，跟遮洋淺船大同小異。福建、廣東的遠洋船將竹子破成兩半編成排柵，放在船的兩旁以抵擋海浪。山東登州和萊州海船的形制，又與此不大一樣。日本國海船兩旁排列的槳，起擋水欄板的作用，人在船的兩側用力划槳。朝鮮海船的形制又與此不同。

海船的首尾都安裝磁羅盤來確定航向，船中腰的大橫樑伸出船外幾尺，以便穿插腰舵，各種海船在這方面都是相同的。腰舵的形狀跟尾舵不同，是把寬木板斫成刀的形狀，插進水中後並不轉動，只是對船身起平衡作用。其上面有橫柄拴在樑上，遇擱淺時就將其提起，因其有點像舵，故稱腰舵。海船出海時，要用竹筒儲備數石淡水，供船內人兩日之用，遇到島嶼再補充淡水。船行至某國某島該用什麼航向，羅盤上的指針都明確指示出來，這恐怕不是光憑人的經驗所能夠輕易掌握的。舵工們相互配合操縱海船，他們的見識和魄力簡直到了將生死置之度外的境界，那並不是只憑一時鼓足勇氣就能做到的。

雜舟

【原文】

江漢課船[1]：身甚狹小而長，上列十餘倉，每倉容止一人臥息。首尾共槳六把，小桅篷一座，風濤之中恃有多槳挾持。不遇逆風，一晝夜順水行四百餘里，逆水亦行百餘里。國朝鹽課，淮、揚數頗多，故設此運銀，名曰課船。行人欲速者亦買之。其船南自章、貢[2]，西自荊、襄，達於瓜[3]、儀而止。

三吳浪船：凡浙西、平江縱橫七百里內，儘是深溝，小水灣環，浪船（最小者曰塘船）以萬億計。其舟行人貴賤來往以代馬車、扉履[4]。舟即小者，必造窗牖堂房，質料多用杉木。人物載其中，不可偏重一石，偏即欹側，故俗名「天平船」。此舟來往七百里內，或好逸便者徑買，北達通、津。只有鎮江一橫渡，俟風靜涉過。又渡清江浦[5]，溯黃河淺水二百里，則入閘河安穩路矣。至長江上流風浪，則沒世避而不經也。浪船行力在梢後，巨櫓一支，兩三人推軋前走，或恃繂。至於風篷，則小席如掌，所不恃也。

浙西西安船[6]：浙西自常山至錢塘八百里，水徑入海，不通他道，故此舟自常山、開化、遂安等小河起，至錢塘而止，更無他涉。舟製箬篷如卷甕為上蓋。縫布為帆，高可二丈許，綿索張帶。初為布帆者，原因錢塘有潮湧，急時易於收下。此亦未然。其費似侈於篾席，總不可曉。

福建清流、梢篷船[7]：其船自光澤、崇安兩小河起，達於福州洪塘而止，其下水道皆海矣。清流船以載貨物、商客，梢篷製大差可坐臥，官貴家屬用之。其船皆以杉木為地。灘石甚險，破損者其常，遇損則急艤向岸，搬物掩塞。

船梢徑不用舵，船首列一巨招，捩頭使轉。每幫五隻方行，經一險灘，則四舟之人皆從尾後曳纜，以緩其趨勢。長年即寒冬不裹足，以便頻濡。風篷竟懸不用云。

四川八櫓等船：凡川水源通江、漢，然川船達荊州而止，此下則更舟矣。逆行而上，自夷陵入峽，挽繿者以巨竹破為四片或六片，麻繩約接，名曰火杖。舟中鳴鼓若競渡，挽人從山石中間聞鼓聲而威力。中夏至中秋，川水封峽，則斷絕行舟數月。過此消退，方通往來。其新灘等數極險處，人與貨盡盤岸行半里許，只餘空舟上下。其舟製，腹圓而首尾尖狹，所以辟灘浪云。

黃河滿篷梢：其船自河入淮，自淮溯汴用之。質用楠木，工價頗優。大小不等，巨者載三千石，小者五百石。下水則首頸之際，橫壓一梁，巨櫓兩支，兩旁推軋而下。錨、纜、篷、篷製與江、漢相仿云。

廣東黑樓船、鹽船：北自南雄，南達會省，下此惠、潮通漳、泉，則由海汊乘海舟矣。黑樓船為官貴所乘，鹽船以載貨物。舟製兩旁可行走。風帆編蒲為之，不掛獨竿桅，雙柱懸帆，不若中原隨轉。逆流憑藉繿力，則與各省直同功云。

黃河秦船（俗稱擺子船）：造作多出韓城，巨者載石數萬鈞，順流而下，供用淮、徐地面。舟製首尾方闊均等。倉梁平下，不甚隆起。急流順下，巨櫓兩旁夾推，來往不憑風力。歸舟挽繿多至二十餘人，甚有棄舟空返者。

【注釋】

①課船：運稅銀的船。

②章、貢：章、貢二水，指今贛江流域。一說「貢」當作「贛」。

③瓜：今江蘇南京瓜埠鎮。

④屝（音費）履：步行。
⑤清江浦：運河入黃河口，今屬江蘇淮安清浦區。
⑥浙西西安船：別本作「東浙西安船」，但據文意，此船當是以西安（浙江衢州府治）地名命名的內河航船，而西安（衢州）下屬常山縣、開化縣等地均在浙江西部，而非浙江東部，故此處改為「浙西西安船」。下文「浙東」改作「浙西」。
⑦清流：清流船，以閩西清流縣地名命名的客貨兩用船。梢篷船：航行於閩江的高級客貨兩用船，客艙在船尾，船工在船頭搖動巨槳使其航行。

【譯文】

長江、漢水上的課船：船身狹小而修長，船上有十多個艙，每艙內只容一人臥息。船頭至船尾共有六把槳和一座小桅帆，在風浪當中靠這許多槳推動劃行。如果不遇逆風，一晝夜順水可行四百多里，逆水也能行駛百餘里。本朝的鹽稅，淮安、揚州收繳的數額頗多，故設此船運送稅銀，叫作課船。來往旅客想要趕速度的，也租用這種船。課船的航線，南自江西的章水、貢水，西自湖北的荊州、襄州，到達江蘇的瓜埠、儀真。

三吳浪船：浙江西部至平江府之間縱橫七百里內，儘是彎曲的深溝、小河，上面行駛的浪船數以十萬計。旅客無論貧富都搭乘這種船往來，以代替車馬或者步行。這種船即使很小也要裝配上有窗戶的堂房，所用的木料多是杉木。人和貨物在船中，要保持兩邊平衡，不能有多達一石的偏重，否則浪船就會傾斜，因此這種船俗稱「天平船」。 這種船來往的航程通常在七百里之內，有些圖安逸、求方便的人，租它一直往北駛往通州和天津。沿途只有到鎮江要橫渡一次長江，待江面風止時過江。再渡過運河上的清江浦，沿黃河的淺水逆行二百里，進入大運河的閘口，以後便是安穩的航路了。長江上游水急浪大，這種浪船是永遠不能進去的。浪船的推動力全靠船尾那根巨大的槳，由兩三個人合力搖動而使船前進，或靠岸上的人拉縴繩使船前進。至於風帆，不過是一塊巴掌大小的小席罷了，船的行進完全不依靠它。

浙西西安船：浙江西部自常山至杭州府的錢塘，錢塘江流經八百里

六槳課船

直接入海，不通其他航道，因此這種船的航線是從常山、開化、遂安等處的小河起，一直到錢塘江為止，無須再改別的航道。這種船用箬竹編成的甕狀圓拱形的篷當頂蓋，縫布作帆，約兩丈多高，以棉繩張帆。當初採用布帆，是因為錢塘江有潮湧，當情形危急時布帆更容易收起來。但也未必是出於這個原因，因其用費比竹篾質地的帆要高，總之很難理解為何要用布帆。

福建清流、梢篷船：從光澤、崇安兩縣的小河起，到福州洪塘而止，再下去的水道就是海了。清流船用於運載貨物、客商，而梢篷船僅可供人坐臥，是達官貴人及其家屬所用的。這類船都是用杉木做船底。沿途淺灘岩石非常危險，時常會碰損而引起船底漏水，遇到這種情況就要設法馬上靠岸，搶卸貨物並且堵塞漏洞。這種船不在船尾安裝船舵，而是在船頭安裝一把巨槳，調轉船頭使之改變方向。為了確保安全，每次出航都要有五隻船結隊航行，經過急流險灘時，後面四隻船的人都用纜繩拉住第一隻船的船尾，以減慢它的速度。船工即便是在寒冷的冬天也不穿鞋子，以便經常涉水。令人不解的是，其風帆竟然是掛而不用的。

四川八櫓等船：四川的水源本來是與長江、漢水相通的，然而四川的船，行至荊州便止，再往下行駛就更換另一種船了。要從相反方向逆水去四川，從夷陵進入三峽，要靠拉縴，拉縴的人將巨竹破成四片或六片，用麻繩接長，叫作火杖。船中鳴鼓猶如賽船，拉縴的人在岸邊山石間聽到鼓聲而一起用力。從中夏到中秋期間，四川漲水封峽，船就停航幾個月。此後江水水位降低，船隻才繼續往來。在新灘江面上有幾處極其危險的地方，這時人與貨物都必須在岸上行半裡多路，只剩下空船在江中行走。這種船的形制是中間圓而兩頭尖狹，便於在險灘防備灘浪。

黃河滿篷梢：從黃河進入淮河，再從淮河進入河南的汴水，使用的都是這種滿篷梢船。造船材料用楠木，工本費比較高。船的大小不等，大的可以裝載三千石，小的只能載五百石。順水行駛時，在船頭與船身交接處橫架一梁，樑上安兩個巨槳，人在船兩邊搖槳而使船前進。至於鐵錨、纜繩、風帆的規格，和長江、漢水中的船大致相同。

廣東黑樓船、鹽船：北起廣東南雄，南到省會廣州，都行駛著這兩種船。再往下則從廣東惠州、潮州通往福建漳州、泉州時，便要在河道的出海口改乘海船了。黑樓船是達官貴人乘坐的，鹽船則用來運載貨物。船的兩側有通道可以行人。風帆是用蒲編織成的，船上不立獨桅杆，而是以兩根立柱懸帆，因此不像中原地區的船帆那樣可以隨意轉動。至於逆水航行時要靠纖繩牽拉，這點與其他各省是一樣的。

黃河秦船：這種船大多是陝西韓城製造的，大的可以裝載石頭數萬斤，順流而下，供淮安、徐州一帶使用。這種船的形式是船頭和船尾寬度相等，船艙和梁都比較低平而且並不怎麼凸起。當船順著急流而下，搖動兩旁的巨槳使船前進，船的來往都不利用風力。逆流返航時，往往需要二十多個人在岸上拉縴，因此甚至有連船也不要而空手返回的。

車

【原文】

凡車利行平地。古者秦、晉、燕、齊之交，列國戰爭必用車，故「千乘」「萬乘」之號起自戰國。楚、漢血爭而後日辟。南方則水戰用舟，陸戰用步、馬。北膺胡虜，交使鐵騎，戰車遂無所用之。但今服馬駕車以運重載，則今騾車即同彼時戰車之義也。

凡騾車之制有四輪者，有雙輪者，其上承載支架，皆從軸上穿斗而起。四輪者前後各橫軸一根，軸上短柱起架直梁，樑上載箱。馬止脫駕之時，其上平整，如居屋安穩之象。若兩輪者駕馬行時，馬曳其前，則箱地平正。脫馬之時，則以短木從地支撐而住，不然則欹卸也。

凡車輪，一曰轅（俗稱車陀）[①]。其大車中轂（俗名車腦）[②]長一尺五寸（見《小戎》朱注）[③]，所謂外受輻[④]、中貫軸者。輻計三十片，其內插轂，其外接輔[⑤]。車輪之中，內集輪，外接輞[⑥]，圓轉一圈者是曰輔也。輞際盡頭則曰輪轅[⑦]也。凡大車脫時，則諸物星散收藏。駕則先上兩軸，然後以次間架。凡軾、衡、軫、軛[⑧]，皆從軸上受基也。

凡四輪大車量可載五十石，騾馬多者，或十二掛，或十掛，少亦八掛。執鞭掌御者居箱之中，立足高處。前馬分為兩班（戰車四馬一班，分驂、服），糾黃麻為長索，分繫馬項，後套總結，收入衡內兩旁。掌御者手執長鞭，鞭以麻為繩，長七尺許，竿身亦相等。察視不力者鞭及其身。箱內用二人踹繩，須識馬性與索性者為之。馬行太緊，則急起踹繩，否則翻車之禍從此起也。凡車行時，遇前途行人應避者，則掌御者急以聲呼，則群馬皆止。凡馬索總繫透衡入箱處，皆以牛皮束縛，《詩經》所謂「脅驅」是也[9]。

凡大車飼馬不入肆舍，車上載有柳盤，解索而野食之。乘車人上下皆緣小梯。凡遇橋樑中高邊下者，則十馬之中，擇一最強力者，繫於車後。當其下阪，則九馬從前緩曳，一馬從後竭力抓住，以殺其馳趨之勢，不然則險道也。凡大車行程，遇河亦止，遇山亦止，遇曲徑小道亦止。徐、兗、汴梁之交或達三百里者，無水之國所以濟舟楫之窮也。

凡車質唯先擇長者為軸，短者為轂，其木以槐、棗、檀、榆為上。檀質太久勞則發燒，有慎用者，合抱棗、槐，其至美也。其餘軫、衡、箱、軛，則諸木可為耳。

此外，牛車以載芻糧，最盛晉地。路逢隘道，則牛頸繫巨鈴，名曰報君知，猶之騾車群馬盡繫鈴聲也。又北方獨轅車，人推其後，驢曳其前，行人不耐騎坐者，則雇覓之。鞠席其上以蔽風日。人必兩旁對坐，否則欹倒。此車北上長安、濟寧，徑達帝京。不載人者，載貨約重四五石而止。其駕牛為轎車者，獨盛中州。兩旁雙輪，中穿一軸，其分寸平如水。橫架短衡，列轎其上，人可安坐，脫駕不欹。其南方獨輪推車，則一人之力是視。容載兩石，遇坎即止，最遠者止達百里而已。其餘難以枚述。但生於南方者不見大車，老於北方者不見巨艦，故粗載之。

【注釋】

①轅：疑為「圈」之誤。轅為駕車之兩直木，非車輪也。車陀：疑為「車舵」之誤。

②轂（音古）：車輪中央的圓木，其內圓孔插車軸，其周圍連以輻條。

③《小戎》朱註：指朱熹《詩集傳》中對《詩經・秦風・小戎》「文茵暢轂」句的註釋。

④輻：輪內湊集於中心轂上的直木，其連接輪圈與輪轂、支撐車輪受力的作用。

⑤輔：本指車輪上穿夾轂的兩根直木，以增強輪轂載重力，每輪兩根。此處另有所指，似為輪圈內緣，故呈圓形。

⑥輞：車輪外周的輪圈。

⑦輪轅：疑為「輪緣」之誤。

⑧軾：車廂前供人憑倚的橫木。衡：車轅頭上的橫木。軫：車廂底部四面的橫木。軛：人字形的馬具，駕車時套在牲口頸上。

⑨《詩經》句：《詩經・秦風・小戎》中有「游環脅驅」句，意謂用活動皮圈套在馬背上，再以兩根皮條綁在車槓前後，攔住馬的脅骨。

【譯文】

車利於平地運行。春秋戰國時代，秦、晉、燕、齊等諸侯國交戰，都要使用戰車，因此就有了所謂「千乘之國」「萬乘之國」的說法。秦末項羽與劉邦血戰之後，戰車的使用就逐漸少了。南方水戰用的是船，陸戰用的則是步兵和騎兵。向北與游牧民族作戰，雙方都使用騎兵，戰

合掛大車

車也就派不上用場了。但是當今的人們又馭馬駕車來運載重物，則今日的騾馬車與昔日戰車的構造原理，應當是相同的。

騾馬車的形制，有四個輪子的，也有雙輪的，車上面的承載支架，都是從軸上穿孔而接起。四輪的騾馬車，前後各有一根橫軸，在軸上豎立的短柱上面架著縱梁，縱梁又承載著車廂。當停馬脫駕時，車身端平，就像房屋那樣安穩。兩輪的騾車，行車時有馬在前頭拉，則車身亦平穩。卸馬時則以短木支撐於車前，不然，卸馬後便將車身前部倒放在地上。

車輪，又叫作轅。大車車輪中心的轂長一尺五寸。所謂轂，是其外邊承受輻、當中插入車軸的部件。每個輪中的輻共有三十根，這些輻的內端插入轂中，外端都與輔相連接。車輪中所謂的輔，是其內側集中了輻、外側與輞相連的圓圈形部件。輪圈的最外邊叫輪轅。大車不用時，則將一些大部件拆散收藏。駕車時先裝上兩個車軸，然後依次裝其餘部件。因為軾、衡、軫、軛等部件都是從軸上安裝起來的。

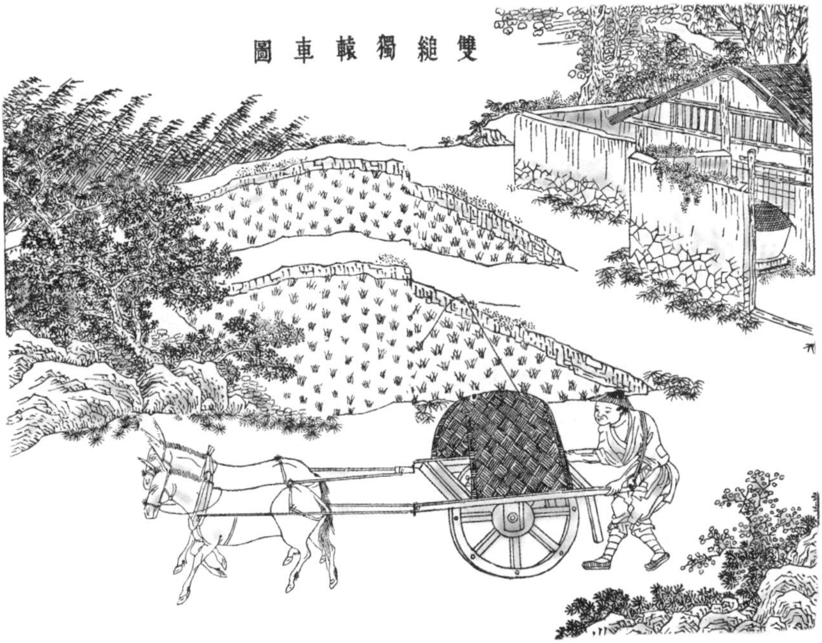

雙縋獨轅車

南方獨推車

四輪大車運載量為五十石，駕車的騾馬，多的有十二匹或十匹，少的也有八匹。執鞭駕車的人站在車廂中間的高處。車前的馬分為兩組，糾絞黃麻為長繩，分別繫住馬頸的後部，套馬的繩在後面合攏並收入到衡的兩旁。駕車人手執的長鞭是用麻繩做的，約七尺長，鞭桿也有七尺長。看到有不賣力氣的馬，就揮鞭打到它身上。車廂內由兩個識馬性和會掌繩子的人負責踩繩。如果馬跑得太快，就要立即踩住韁繩，否則會有翻車之禍。車在行進時，遇到前面有行人應避開，駕車人疾速發出吆喝聲，則群馬都會停下來。馬的韁繩要收攏，穿過車轅橫木入車廂之處，都用牛皮束縛，這就是《詩經》中所說的「脅驅」。

大車在中途餵馬時，不必將馬牽入馬廄，因為車上帶的柳條筐內裝著飼料，解開韁繩可讓馬就地進食。乘車的人上下車都要蹬小梯。凡是經過坡度比較大的橋樑而要下橋時，就要在十匹馬之中選出最強壯的一匹系在車後。當車下坡時，前面九匹馬緩慢地拉，後面一匹馬竭力把車拖住，以減緩車快行的趨勢，不然就會有危險了。大車行進，遇到河流、山嶺和彎曲小道都要停。江蘇徐州、山東兗州、河南汴梁境內車行可達三百里，在沒有江河湖泊的地區，馬車正好用於彌補水運的不足。

造車的木料，先要選用長木作車軸，短的做轂，以槐木、棗木、檀木、榆木為上等材料。檀木使用久了會因摩擦而發熱，因而不太適合，細心的人選用合抱的棗木、槐木來做，這是最好的做車軸的材料。其餘軫、衡、箱、軛等部件，各種木料都可以用。

此外，用牛車運載糧草，在山西最為盛行。遇到路窄的地方，就在牛頸上繫個大鈴，名叫「報君知」，就像騾車的馬都繫上鈴一樣。北方還有獨輪車，驢在前面拉，人在後面推，不能持久騎馬的人，常常租用這種車。車上有半圓形的席棚，可以擋風和遮陽。人一定要兩邊對坐，不然車子就會傾倒。這種車子，在北方從陝西西安、山東濟寧出發，可以直達北京。不載人時，車上約可載四五石貨。還有一種用牛拉的轎車，只盛行於河南。這種車兩旁有雙輪，中間穿過一條橫軸，這條軸必須十分水平。在車轅上橫架一些短木，轎就安置在上面，人可以安穩地坐在轎中，卸牛後，車也不會傾倒。至於南方的獨輪推車，用一人之力即可推走。這種車可以載重兩石，遇到坎坷不平的路就過不去，最遠時只到百里而已。其餘的各種車輛難以枚舉。只因生於南方的人沒有見過大車，老於北方的人沒有見過大船，故在此粗略介紹一下。

佳兵①第十六

【原文】

宋子曰，兵非聖人之得已也。虞舜在位五十載，而有苗猶弗率②。明王聖帝，誰能去兵哉？「弧矢之利，以威天下③」，其來尚矣。為老氏④者，有葛天⑤之思焉。其詞有曰：「佳兵者，不祥之器。」蓋言慎也。

火藥機械之竅，其先鑿自西番與南裔，而後乃及於中國⑥。變幻百出，日盛月新。中國至今日，則即戎⑦者以為第一義，豈其然哉？雖然，生人縱有巧思，烏能至此極也？

【注釋】

①佳兵：出自《老子》第三十一章：「夫佳兵者，不祥之器。」

②有苗：虞舜時南方部族。弗率：不肯接受統治。虞舜後出兵平定三苗反叛。

③弧矢之利，以威天下：語出《周易·繫辭下》。弧矢：即弓箭，此處引申為武器。

④老氏：即老子，姓李名耳，春秋時期思想家，道家學說創始人，著有《老子》，又稱《道德經》。

⑤葛天：葛天氏，傳說中遠古時的帝王，據稱他不用刑法治國，一切聽任自然，這與老子「無為而治」思想一致。

⑥而後乃及於中國：唐末五代時成書的《真元妙道要略》中就有關於火藥的最早記載，十世紀的中國戰場上已使用火藥武器。北宋曾公亮《武經總要》中已記載了三種最早的軍用火藥配方和火器的使用情況。故火藥武器始於中國，並不是由西洋或南洋人發明後中國才有的。

⑦即戎：從事戰爭。

【譯文】

宋子說，兵器是聖人不得已才使用的。虞舜在位五十年，而有苗部族仍不服從、不歸順。即使是聖明的帝王，誰能夠放棄兵器呢？「武器的功用，就在於威懾天下」，這句話由來已久了。寫作《老子》一書的人，懷有葛天氏「無為而治」的理想，書中有句話說：「兵器是不祥之物。」那隻是警戒人們使用兵器時要慎重行事罷了。

製造火藥、槍械的技巧，最先是由西洋和南洋各國發展起來的，而後傳到中國。變幻百出，日新月異。時至今日，中國用兵的人已將發展兵器放到了首位，這可能是正確的吧？不然的話，人類即便有著巧妙的構思，如果不重視，武器的發展又怎能達到這種完善的地步呢？

弧、矢

【原文】

凡造弓，以竹與牛角為正中幹質（東北夷無竹，以柔木為之），桑枝木為兩梢[1]。弛則竹為內體，角護其外。張則角向內而竹居外。竹一條而角兩接，桑弰則其末刻鍥，以受弦彄。其本則貫插接筍[2]於竹丫，而光削一面以貼角。

凡造弓，先削竹一片（竹宜秋冬伐，春夏則朽蛀），中腰微亞小，兩頭差大，約長二尺許。一面粘膠靠角，一面鋪置牛筋與膠而固之。牛角當中牙接[3]（北虜無修長牛角，則以羊角四接而束之。廣弓則黃牛明角亦用，不獨水牛也），固以膠筋。膠外固以樺皮，名曰暖靶。凡樺木關外產遼陽，北土繁生遵化，西陲繁生臨洮郡，閩、廣、浙亦皆有之。其皮護物，手握如軟綿，故弓靶[4]所必用。即刀柄與槍桿，亦需用之。其最薄者，則為刀劍鞘室[5]也。

凡牛脊樑每隻生筋一方條，約重三十兩。殺取曬乾，復浸水中，析破如苧麻絲。胡虜無蠶絲，弓弦處皆糾合此物為之。中華則以之鋪護弓幹，與為棉花彈弓弦也。凡膠乃魚脬[6]、雜腸所為，煎治多屬寧國郡[7]。其東海石首魚[8]，浙中以造白鯗[9]者，取其脬為膠，堅固過於金鐵。北虜取海魚脬煎成，堅固與中華無異，種性則別也。天生數物，缺一而良弓不成，非偶然也。

凡造弓，初成坯後，安置室中梁閣上，地面勿離火意。促者旬日，多者兩月，透乾其津液，然後取下磨光，重加筋、膠與漆，則其弓良甚。貨弓之家，不能俟日足者，則他日解釋之患因之。

凡弓弦取食柘葉蠶繭，其絲更堅韌。每條用絲線二十餘根作骨，然後用線橫纏緊約。纏絲分三停，隔七寸許則空一二分不纏，故弦不張弓時，可摺疊三曲而收之。往者北虜弓弦，盡以牛筋為質，故夏月雨霧，防其解脫，不相侵犯。今則絲絃亦廣有之。塗弦或用黃蠟，或不用亦無害也。凡弓兩弰繫處，或切最厚牛皮，或削柔木如小棋子，釘粘角端，名曰墊弦，義同琴軫[10]。放弦歸返時，雄力向內，得此而抗止，不然則受損也。

凡造弓，視人力強弱為輕重。上力挽一百二十斤，過此則為虎力，亦不數出。中力減十之二三，下力及其半。彀滿之時皆能中的。但戰陣之上洞胸徹札，功必歸於挽強者。而下力倘能穿楊貫蝨[11]，則以巧勝也。凡試弓力，以足踏弦就地，稱鉤搭掛弓腰，弦滿之時，推移秤錘所壓，則知多少。其初造料分兩，則上力挽強者，角與竹片削就時，約重七兩。筋與膠、漆與纏約絲繩，約重八錢，此其大略。中力減十之一二，下力減十之二三也。

凡成弓，藏時最嫌霉濕（霉氣先南後北，嶺南穀雨時，江南小滿，江北六月，燕、齊七月，然淮、揚霉氣獨盛）。將士家或置烘廚、烘箱，日以炭火置其下（春秋霧雨皆然，不但霉氣）。小卒無烘廚，則安頓灶突之上。稍怠不勤，立受朽解之患也（近歲命南方諸省造弓解北，紛紛駁回，不知離火即壞之故，亦無人陳說本章者）。

凡箭笴，中國南方竹質，北方萑柳[12]質，北虜樺質，隨方不一。竿長二尺，鏃長一寸，其大端也。凡竹箭削竹四條或三條，以膠黏合，過刀光削而圓成之。漆、絲纏約兩頭，名曰「三不齊[13]」箭桿。浙與廣南有生成箭竹[14]，不破合者。柳與樺桿，則取彼圓直枝條而為之，微費刮削而成也。凡竹箭其體自直，不用矯揉。木桿則燥時必曲，削造時以數寸之木，刻槽一條，名曰「箭端」。將木桿逐寸戛拖而過，其身乃直。即首尾輕重，亦由過端而均停也。

凡箭，其本刻銜口以駕弦，其末受鏃。凡鏃冶鐵為之（《禹貢》砮石[15]乃方物，不適用），北虜製如桃葉槍尖，廣南黎人矢鏃如平面鐵鏟，中國則三棱錐象也。響箭則以寸木空中錐眼為竅，矢過招風而飛鳴，即《莊子》所謂「嚆矢[16]」也。凡箭行端斜與疾慢，竅妙皆繫本端翎羽之上。箭本近銜處，剪翎直貼三條，其長三寸，鼎足安頓，粘以膠，名曰箭羽（此膠亦忌霉濕，故將卒勤者，箭亦時以火烘）。

羽以雕[17]膀為上（雕似鷹而大，尾長翅短），角鷹次之，鴟鴞[18]又次之。南方造箭者，雕無望焉，即鷹、鴞亦難得之貨，急用塞數，即以雁翎，甚至鵝翎亦為之矣。凡雕翎箭行疾過鷹、鴞翎，十餘步而端正，能抗風吹。北虜羽箭多出此料。鷹、鴞羽作法精工，亦恍惚焉。若鵝、雁之質，則釋放之時，手不應心，而遇風斜竄者多矣。南箭不及北，由此分也。

【注釋】

①梢：弓弰，弓的兩端末梢。

②筍：通「榫」，即器物兩部分利用凹凸相接的凸出的部分。

③牙接：以牙榫相接。

④弓靶：弓把，弓身中間的手握部分。

⑤鞘室：刀劍之鞘及匣。

⑥魚脬：即魚膘，魚體內的氣囊，與魚腸可熬成黏性極強的膠。

⑦寧國郡：今安徽宣城寧國市。

⑧石首魚：魚綱石首魚科，膘可製膠，中國重要種類有大、小黃魚等。

⑨白鮝（音享）：大黃魚或小黃魚乾。

⑩琴軫：琴上轉動絃線的軸墊。

⑪穿楊貫蝨：比喻神射，可以百步之外射穿柳葉，射穿蝨子之心。「穿楊」典出《戰國策・西周策》中養由基的故事，「貫蝨」典出《列子・湯問》中紀昌學射的故事。

⑫萑（音環）柳：楊柳科水曲柳。

⑬三不齊：《明會典》卷一九二，明兵仗局造「黑雕翎竹竿三不齊鐵箭」。

⑭箭竹：禾本科箭竹，稈挺直，壁光滑。

⑮《禹貢》砮石：《尚書・禹貢》載荊州所貢作箭頭的砮石，為地方特產。

⑯嗃（音浩）矢：響箭。典出《莊子・外篇・在宥》：「焉知曾、史之不為桀、盜跖嗃矢也。」成玄英疏云：「嗃，箭鏃有吼猛聲也。」

⑰雕：鳥綱鷹科雕屬各種的通稱，繁產於中國東北等地的大型猛禽。

⑱鴟鷂（音吃教）：鳥綱鷹科鷂屬各類的通稱，俗稱雀鷹。中國常見為白尾鷂，遍佈東北、西北。上文所言「角鷹」或即禿鷹。

【譯文】

造弓，用竹片和牛角為弓背中部的主幹材料，以桑木作弓背兩端的弰。弓在鬆弛時，竹向內側，而角在外側起保護作用。張弓時角向內而竹居外。弓背用一整條竹，而角由兩截組成。桑木弰則在其末端刻出缺口，以便套上弓弦的圈套。

桑木用榫與竹片穿插相連接，弓的一面削光滑並貼上牛角。

造弓時，先削竹片一根，中腰略窄，兩頭稍寬，長約兩尺左右。一面用膠黏貼上牛角，一面用膠粘鋪上牛筋，加固弓身。兩段牛角之間互相咬合，用牛筋和膠液固定。外面再用膠黏上樺樹皮加固，叫作「暖靶」。樺木在東北產於遼陽，華北繁生於河北遵化，西北廣產於甘肅臨洮，而福建、廣東、浙江等地也有出產。用樺樹皮護物，手握起來如軟綿，所以造弓靶一定要用

端箭

它。即使是刀柄和槍桿也要用到它。最薄的就用來做刀、劍的套子。

每頭牛的脊樑上只生一根細長的筋，重約三十兩。殺牛取出筋曬乾，再用水浸泡，然後將它撕成苧麻絲那樣的纖維。東北沒有蠶絲，弓弦都是糾合牛筋做的。中原地區則用它保護弓的主幹，或者用作彈棉花的弓弦。膠是由魚鰾、雜腸熬製的，多在安徽寧國縣熬煉。東海有一種石首魚，浙江人常將它曬成魚乾，取其鰾熬成的膠比銅鐵還要牢固。東北取海魚鰾熬成的膠，同中原的膠一樣牢固，只是種類不同而已。這些天然產物，缺少一樣就造不成良弓，看來這並不是偶然的。

試弓定力

弓坯初造成之後，要放在室內梁閣高處，地面上不斷生火烘烤。短則放置十來天，長則兩個月，等膠液乾透後，就拿下來磨光，重新加上牛筋、塗膠和上漆，這樣做出來的弓質量就很好了。有的賣弓人不等烘乾時間足夠就把弓拿出來賣，則必種下日後鬆解的病因。

弓弦用吃柘葉的蠶繭絲做成，這種絲更加堅韌。每條弦用二十多根絲線為骨，然後用線橫向纏緊。纏絲時分成三段，每隔七寸左右就留空一、兩分不纏，因此在弦不上弓時，就可將弦折成三節收起。過去東北的弓弦都以牛筋為原料，所以每逢夏季雨霧天，就怕它吸潮解脫而不敢貿然出兵進犯。現在到處都有絲絃了。用黃蠟塗弦防潮，不用也不要緊。弓兩端繫弦的部位，要用最厚的牛皮或軟木做成小棋子形狀的墊子，用膠粘緊在牛角末端，叫作墊弦。其作用如同琴軫。放箭後，弓弦向內的反彈力很大，有了墊弦就可以抵消它，否則會損傷弓身。

造弓時，要根據人的挽力強弱來定輕重。上等力氣的人能挽一百二十斤，超過這個限度的叫虎力，但這樣的人很少見。中等力氣的人能挽八九十斤，下等力氣的人只能挽六十斤左右。弓拉滿弦時，都能射中目標。但在戰場上能射穿敵人的胸膛或鎧甲的，都要靠挽力強的射手。而力弱的如果有穿楊貫蝨的本事，也可以以巧取勝。試弓力時，用腳將弓弦踏在地上，再將秤鉤掛在弓腰上，弦滿之時，推移秤錘稱平，就可知弓力大小。造弓材料的重量，上等力量所用的弓，角和竹片削好後約重七兩，牛筋、膠、漆和纏絲約重八錢，這是大致情況。中等力量的弓相應減少十分之一二，下等力量的弓減輕十分之二三。

造好的弓，收藏時最忌霉濕。有的將士家中置有烘廚、烘箱，每天都以炭火在下面烘熱不。小卒們沒有烘廚，就把弓放在灶頭煙突上。稍微照管不周，弓就會有朽壞解脫之患。

箭桿的用料各地不盡相同，中國南方用竹，東北用萑柳木，北方用樺木。箭桿長二尺，箭鏃長一寸，這是大致情況。做竹箭桿時，削竹三四條，用膠黏合，再用刀削光成圓形。然後再用漆和絲線纏緊兩頭，這叫作「三不齊」箭桿。浙江和廣東有天然生長的箭竹，不需破開、黏合即成箭桿。柳木和樺木做的箭桿則選取圓直的枝條製成，稍加削、刮就可以了。竹箭桿本身很直，不必矯正。木箭桿乾燥後勢必變彎，矯正的辦法是用一塊幾寸長的木頭，上面刻一條槽，名叫「箭端」。將木箭桿嵌在槽裡逐寸刮拉而過，桿身就會變直。即使原來桿身頭尾輕重不勻，通過這樣的處理也可均平。

箭桿末端要刻出一個小凹口，以便扣在弦上，另一端安裝箭頭。箭頭用鐵鑄成。至於箭頭形狀，東北做的箭頭像桃葉槍尖，廣東黎族人做的箭頭像平頭鐵鏟，中原地區做的箭頭則像三棱錐。響箭是以一寸長小木中間鑿有圓孔，如在箭上，箭飛出後迎風而飛鳴，這就是《莊子》中所謂的「嚆矢」。箭射出後，飛行的快慢和軌道的正偏，訣竅在於箭桿末端的箭羽。在箭桿末端近銜口的地方，用膠黏上三條翎羽，各長三寸，鼎足直放，名叫箭羽所用的箭羽，以雕的翅毛為最好，角鷹的翎羽次之，鷂鷹的翎羽又次之。南方造箭，沒希望得到雕翎，就是鷹翎、鷂翎也很難得到，急用時就只好用雁翎充數，甚至有用鵝翎的。雕翎箭飛得比鷹翎、鴞翎箭快，飛出十多步箭身便端正，能抗風吹。東北箭羽多用雕翎。鷹翎、鴞翎若製作精細，效果也跟雕翎差不多。但是，鵝翎箭、雁翎箭射出時卻手不應心，往往一遇到風就斜飛了。南方的箭比不上北方的箭，原因就在這裡。

弩

【原文】

凡弩為守營兵器，不利行陣。直者名身，衡者名翼，弩牙發弦者[①]名機。斫木為身，約長二尺許。身之首橫拴度翼，其空缺度翼處，去面刻定一分（稍厚則弦發不應節），去背則不論分數。面上微刻直槽一條以盛箭。其翼以柔木一條為者名扁擔弩，力最雄。或一木之下加以竹片疊承（其竹一片短一片），名三撐弩[②]，或五撐、七撐而止。身下截刻鍥銜弦，其銜傍活釘牙機，上剔發弦。上弦之時，唯力是視。一人以腳踏強弩而弦者，《漢書》名曰「蹶張材官[③]」。弦送矢行，其疾無與比數。

凡弩弦以苧麻為質，纏繞以鵝翎，塗以黃蠟。其弦上翼則緊，放下仍鬆，故鵝翎可扱首尾於繩內。弩箭羽以箬[④]葉為之，析破箭本，銜於其中而纏約之。其射猛獸藥箭，則用草烏一味[⑤]，熬成濃膠，蘸染矢刃。見血一縷則命即絕，人畜同之。凡弓箭強者行二百餘步，弩箭最強者五十步而止，即過咫尺，不能穿魯縞[⑥]矣。然其行疾則十倍於弓，而入物之深亦倍之。

國朝軍器造神臂弩、克敵弩[⑦]，皆並發二矢、三矢者。又有諸葛弩[⑧]，其上刻直槽，相承函十矢，其翼取最柔木為之。另安機木，隨手扳弦而上，發去一矢，槽中又落下一矢，則又扳木上弦而發。機巧雖工，然其力綿甚，所及二十餘步而已。此民家防竊具，非軍國器。其山人射猛獸者名曰窩弩[9]，安頓交跡之衢，機旁引線，俟獸過，帶發而射之。一發所獲，一獸而已。

【注釋】

①弩牙發弦者：弩上有突牙，用以扣弦以發弩箭。

②三撐弩：木條下疊三層竹片為兩翼的叫三撐弩，疊五層竹片的叫五撐弩。

③蹶張材官：指能以腳踏張強弩的有力氣的武官。典出《漢書‧申屠嘉傳》：「申屠嘉，梁人也。以材官蹶張從高帝擊項籍，遷為隊率。」顏師古注云：「材官之多力，能腳踏強弩張之，故曰蹶張。」

④箬（音偌）：箬竹，禾本科山白竹。

連發弩

⑤草烏：毛茛科烏頭屬植物根部，有劇毒。味：量詞，用於中藥。
⑥魯縞：指山東產的白色薄絲織品。《史記・韓長孺列傳》：「強弩之極，力不能穿魯縞。」
⑦軍器：疑指軍器局。明置兵仗、軍器二局，分造火器及刀牌、弓箭、槍弩等各種武器。神臂弩：宋代發展起來的一種弩，射程余步，見茅元儀《武備志》卷一〇三。克敵弩：《明會要》卷一九二載弘治十七年（1504）所造硬弩，可發二矢、三矢，比神臂弩射程遠。
⑧諸葛弩：連發十矢的輕巧弩，見《武備志》卷一〇三《諸葛全式弩》條。
⑨窩弩：打獵用的弩，亦見《武備志》卷一〇三。

【譯文】

弩是守衛營地的兵器，不利於行軍作戰。其中直的部分叫弩身，橫的部分叫弩翼，扣弦發箭的機關叫弩機。砍木做弩身，長約二尺。弩身前端橫拴兩個弩翼，其穿孔放翼的地方離弩身的上面約一分厚，離弩身下部距離沒有固定尺寸。弩身面上要略微刻一條直槽，以承放箭。用一根柔木做成弩翼的，叫作扁擔弩，彈力最強。也可在一木條下加上疊在一起的竹片做成弩翼的，叫作三撐弩，最多不超過五撐、七撐。弩身後端刻一個缺口扣弦，旁邊釘上活動扳機，將活動扳機上推即可發弦射箭。上弦時全靠人的體力。由一個人腳踏強弩上弦的，《漢書》中稱為「蹶張材官」。弩弦把箭射出，飛行快速無比。

弩弦以苧麻為原料，纏繞上鵝翎，並塗上黃蠟。弩弦裝到弩翼上時拉得很緊，但放下來仍是鬆的，所以鵝翎的頭尾都可糾夾在麻繩內。弩箭的箭羽用箬葉製成，將箭尾破開一點，然後把箬葉夾入其中並纏緊。射殺猛獸用的藥箭，用草烏頭熬成濃膠蘸塗在箭頭上。這種箭一見血即能致命，人和動物都是一樣的。強弓可將箭射出二百多步遠，而強弩只能射五十步遠，再遠一點就連魯縞也射不穿了。然而，弩的飛行速度比弓快十倍，而穿透物體的深度也大一倍。

本朝軍器局曾製造神臂弩、克敵弩，都是能同時發出兩三支箭的。還有一種諸葛弩，弩上刻有直槽可裝箭十支，其弩翼用最柔韌的木料製成。另外還安有木製弩機，隨手扳機就可以上弦。發出一箭，槽中又落下一箭，則又扳木機上弦發箭。這種弩機結構精巧，但力量太弱，射程只有二十來步遠。這是民間用來防盜用的，不是軍隊所用的兵器。山區居民用來射殺猛獸的弩叫作窩弩，安設在野獸出沒的路上，機上有引線，野獸走過時，一拉引線，箭就會自動射出。每發一箭所得收穫，只是一隻野獸罷了。

干

【原文】

凡「干戈」名最古[①]，干與戈相連得名者，後世戰卒，短兵馳騎者更用之。蓋右手執短刀，左手執干以蔽敵矢。古者車戰之上，則有專司執干，並抵同人之受矢者。若雙手執長矛與持戟、槊[②]，則無所用之也。凡干長不過三尺，杞柳織成尺徑圈，置於項下，上出五寸，亦銳其端，下則輕竿可執。若盾名「中干」，則步卒所持以蔽矢並拒槊者，俗所謂傍牌是也。

【注釋】

①干：盾牌，古代士兵用以掩護身體的防衛性武裝。戈：桿端有橫刃的古代冷兵器。

②戟（音幾）：古代兵器，將戈與矛合為一體，可直刺，又可橫擊。槊（音朔）：古代兵器，即長矛。

【譯文】

「干戈」一詞出現得最早，是將干和戈連起來而得名的，因為後世的戰卒手持短兵器馳騎作戰時常配合使用。他們右手執短刀，左手執盾牌，以抵擋敵人的箭。古時士卒在戰車上，有人專門負責執盾牌，以保護同車的人免中敵方的來箭。要是雙手持長矛、戟、槊，那就騰不出手持盾牌了。盾牌長度不超過三尺，用杞柳枝條編織成的直徑一尺的圓圈，放在頸部下面進行防護，盾上部有五寸長的尖齒，下部安一根輕竿供手握。放在脖子下面。另有一種盾叫「中干」，那是步兵所持用以擋箭或長矛的，俗稱傍牌。

火藥料

【原文】

火藥、火器，今時妄想進身博官者，人人張目而道，著書以獻，未必盡由試驗。然亦粗載數頁，附於卷內。

凡火藥以硝石、硫黃為主，草木灰①為輔。硝性至陰，硫性至陽，陰陽兩神物相遇於無隙可容之中。其出也，人物膺②之，魂散驚而魄齏粉。凡硝性主直，直擊者硝九而硫一。硫性主橫，爆擊者硝七而硫三。其佐使之灰，則青楊、枯杉、樺根、箬葉、蜀葵、毛竹根、茄秸之類③，燒使存性，而其中箬葉為最燥也。

凡火攻有毒火、神火、法火、爛火、噴火。毒火以白砒、硇砂④為君，金汁、銀鏽、人糞和製。神火以硃砂、雄黃、雌黃為君⑤。爛火以硼砂、瓷末、牙皂、秦椒配合⑥。飛火以硃砂、石黃、輕粉、草烏、巴豆配合⑦。劫營火則用桐油、松香。此其大略。其狼糞煙⑧晝黑夜紅，迎風直上，與江豚灰能逆風而熾，皆須試見而後詳之。

【注釋】

①草木灰：當指木炭。

②膺：膺受，承受打擊。

③「則青揚」句：此處所列，樺樹根、箬竹葉、毛竹根都不能燒出木炭，故「根」「葉」或為衍文。燒木炭最好的材料是柳木，此處未載。

④硇（音撓）砂：天然產的氯化銨。

⑤硃砂：硫化汞，色赤。雄黃：又稱石黃，二硫化二砷。雌黃：三硫化二砷。

⑥硼砂：硼酸鈉。牙皂：豆科皂莢屬皂莢樹之果莢。秦椒：花椒，芸香科花椒之實。

⑦輕粉：氯化亞汞。巴豆：大戟科巴豆樹的種子，有毒。

⑧狼糞煙：即狼煙，邊塞燃狼糞以報警。

【譯文】

關於火藥和火器，現在那些妄想陞遷當官的人，個個都高談闊論，著書呈獻朝廷，但他們說的未必都是經過試驗的。在這裡還是要粗略記載幾頁，附於卷內。

火藥的成分以硝石和硫黃為主，以木炭為輔。硝石性屬至陰，硫黃性屬至陽，這兩種屬於至陰、至陽的物質相遇於沒有一點空隙的空間中，爆炸起來，人或動物受其打擊都會魂飛魄散而粉身碎骨。硝石性主直爆，所以直射的火藥成分是硝占十分之九，硫占十分之一。硫黃性主橫爆，所以爆炸性火藥成分是硝占十分之七，硫占十分之三。作為輔助劑的木炭粉，可以用青楊、枯杉、樺樹根、箬竹葉、蜀葵、毛竹根、茄稈之類燒製而成，其中以箬葉炭末最為燥烈。

戰爭中用作火攻的火藥有毒火、神火、法火、爛火、噴火等。毒火藥以白砒、硇砂為主，再加上金汁、銀鏽、人糞混和配製。神火藥以硃砂、雄黃、雌黃為主。爛火藥則以硼砂、瓷屑、牙皂、秦椒等物配合。飛火藥以硃砂、石黃、輕粉、草烏、巴豆等物配合。劫營火則用桐油、松香。這些只是大略情況。至於焚燒狼糞的煙白天黑、晚上紅，能迎風直上，以及江豚灰能逆風燃燒，都要試驗、親見後才能詳細說明。

硝　石

【原文】

凡硝，華夷皆生，中國則專產西北。若東南販者不給官引[1]，則以為私貨而罪之。硝質與鹽同母，大地之下潮氣蒸成，現於地面。近水而土薄者成鹽，近山而土厚者成硝。以其入水即消溶，故名曰「硝」。長、淮以北，節過中秋，即居室之中，隔日掃地，可取少許以供煎煉。凡硝三所最多，出蜀中者曰川硝，生山西者俗呼鹽硝，生山東者俗呼土硝。

凡硝刮掃取時（牆中亦或迸出），入缸內水浸一宿，穢雜之物浮於面上，掠取去時，然後入釜，注水煎煉。硝化水乾，傾於器內，經過一宿，即結成硝。其上浮者曰芒硝，芒長者曰馬牙硝[2]（皆從方產本質幻出），其下猥雜者曰朴硝。欲去雜還純，再入水煎煉。入萊菔數枚同煮熟，傾入盆中，經宿結成白雪，則呼盆硝。凡製火藥，牙硝、盆硝功用皆同。

凡取硝製藥，少者用新瓦焙，多者用土釜焙，潮氣一乾，即取研末。凡研硝不以鐵碾入石臼，相激火生，則禍不可測。凡硝配定何藥分兩，入黃同研，木炭則從後增入。凡硝既焙之後，經久潮性復生。使用巨炮，多從臨期裝載也。

【注釋】

①官引：由官府發放的專賣許可證。

②馬牙硝：指白色較純的硝石結晶，而含雜質的硝石則為朴硝。但硫酸鈉也有朴硝、馬牙硝之名目，需區分開。

【譯文】

硝石在中國和外國都有，而中國專產於西北部。東南地區販賣硝石的人如果沒有官府下發的運銷憑證，就以販賣私貨論罪。硝石和食鹽在本質上同為鹽類，由大地潮氣蒸發而出現於地面。近水而土層薄的地方形成鹽，靠山而土層厚的地方形成硝。因其入水即消溶，所以就叫硝。長江、淮河以北地區，過了中秋以後，即使是在室內，隔天掃地也可掃出少量的粗硝，可供進一步煎煉提純。我國有三個地方出產硝石最多，其中四川產的叫作川硝，山西產的俗稱鹽硝，山東產的俗稱土硝。

將硝刮掃下來後，放進缸裡，用水浸一夜，撈去浮渣，然後放進鍋中，加水煎煮。待硝完全溶解並又充分濃縮時，倒入容器內，經過一晚便析出硝石的結晶。浮在上面的叫芒硝，芒長的叫馬牙硝，沉在下面含雜質較多的叫朴硝。要除去雜質而提純，便再將硝放入水中煎煮，加入蘿蔔數塊在鍋內一同煮熟，再倒入盆中，經過一晚便能析出雪白的結晶，叫作盆硝。製造火藥時，牙硝和盆硝的功用相同。

用硝制火藥，少量的可以放在新瓦片上焙乾，多的就要用土鍋烘焙。焙乾後，立即取出，研成粉末。研硝時不能用鐵器在石臼裡碾，鐵石摩擦一旦產生火花，造成的災禍就不堪設想。硝量多少按所配某種火藥方子而定，與硫黃一起研磨，木炭末最後才加入。硝焙乾後，時間久了又會返潮，因此大砲所用的硝藥，多是臨時裝載的。

硫黃（詳見《燔石》章）

【原文】

凡硫黃配硝，而後火藥成聲。北狄無黃之國，空繁硝產，故中國有嚴禁。凡燃炮，拈硝與木灰為引線，黃不入內，入黃則不透關。凡碾黃難碎，每黃一兩，和硝一錢同碾，則立成微塵細末也。

【譯文】

硫黃和硝配合好之後，才能使火藥爆炸。北方不產硫黃的少數民族地區，硝石產量雖多但也用不上，因此內地嚴禁向那裡販賣硫黃。點炮時，將硝和木炭末捻成引線，不加入硫黃，加硫黃引線就不靈。硫黃很難碾碎，但如果每一兩硫黃加入一錢硝一起碾磨，就能很快碾成微塵細粉了。

火　器

【原文】

西洋炮：熟銅鑄就，圓形若銅鼓。引放時，半里之內，人馬受驚死（平地爇引炮有關捩，前行遇坎方止。點引之人反走墜入深坑內，炮聲在高頭，放者方不喪命）。

紅夷炮[①]：鑄鐵為之，身長丈許，用以守城。中藏鐵彈並火藥數斗，飛激二里，膺其鋒者為齏粉。凡炮爇引內灼時，先往後坐千鈞力，其位須牆抵住，牆崩者其常。

大將軍、二將軍[②]（即紅夷之次，在中國為巨物）。

佛郎機[③]（水戰舟頭用）。

三眼銃、百子連珠炮[④]。

地雷：埋伏土中，竹管通引，沖土起擊，其身從其炸裂。所謂橫擊，用黃多者（引線用礬油，炮口覆以盆）。

混江龍：漆固皮囊裹炮沉於水底，岸上帶索引機。囊中懸吊火石、火鐮[⑤]，索機一動，其中自發。敵舟行過，遇之則敗。然此終痴物也。

鳥銃：凡鳥銃長約三尺，鐵管載藥，嵌盛木棍之中，以便手握。凡錘鳥銃，先以鐵梃一條大如筋箸為冷骨，裹紅鐵錘成。先為三接，接口熾紅，竭力撞合。合後以四棱鋼錐如箸大者，透轉其中，使極光淨，則發藥無阻滯。其本近身處，管亦大於末，所以容受火藥。每銃約載配硝一錢二分，鉛鐵彈子二錢。發藥不用信引（嶺南制度，有用引者），孔口通內處露硝分釐，捶熟苧麻點火。左手握銃對敵，右手發鐵機逼苧火於硝上，則一發而去。鳥雀遇於三十步內者，羽肉皆粉碎，五十步外方有完形，若百步則銃力竭矣。鳥槍行遠過二百步，製方彷彿鳥銃，而身長藥多，亦皆倍此也。

萬人敵[⑥]：凡外郡小邑乘城卻敵，有炮力不具者，即有空懸火炮而痴重難使者，則萬人敵近製隨宜可用，不必拘執一方也。蓋硝、黃火力所射，千軍萬馬立時糜爛。其法：用宿乾空中泥團，上留小眼築實硝、黃火藥，摻入毒火、神火，由人變通增損。貫藥安信而後，外以木架匡圍，或有即用木桶而塑泥實其內郭者，其義亦同。若泥團必用木框，所以防擲投先碎也。敵攻城時，燃灼引信，拋擲城下。火力出騰，八面旋轉。旋向內時，則城牆抵住，不傷我兵；旋向外時，則敵人馬皆無幸。此為守城第一器。而能通火藥之性、火器之方者，聰明由人。作者不上十年，守土者留心可也。

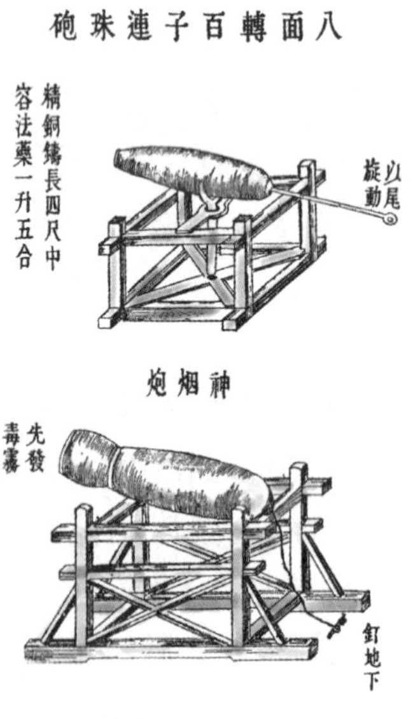

八面轉百子連珠

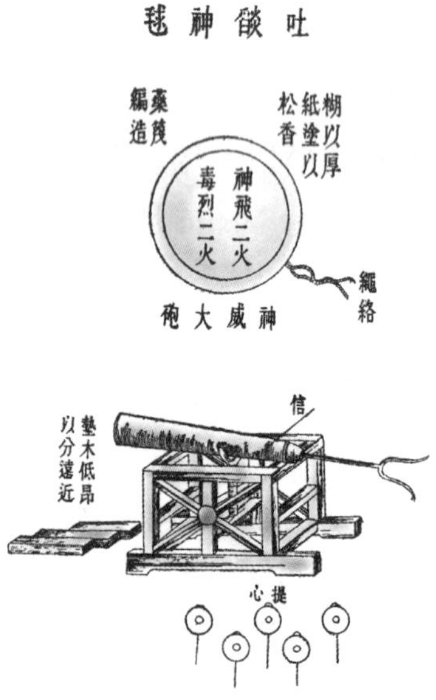

炮吐焰神毬

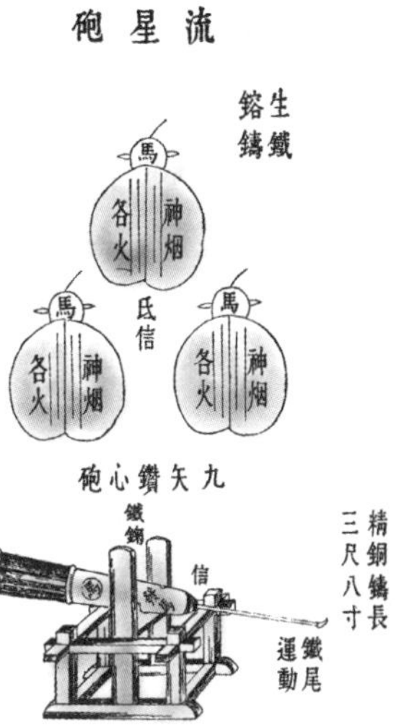

流星炮

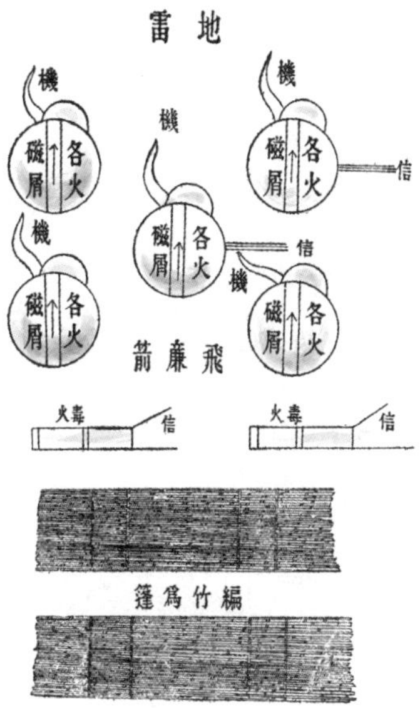

地雷

【注釋】

①紅夷炮：指荷蘭製造的前裝式金屬火炮，明代曾仿製。

②大將軍、二將軍：明代製造的前裝式金屬火炮，在與清兵交戰時立功，被封「大將軍」等稱號。

③佛郎機：明代時葡萄牙或西班牙船上的後裝式火炮，有砲彈五個，可輪流發射。

④三眼銃：明軍常用的三管槍。百子連珠炮：可旋轉的金屬管炮。

⑤火石、火鐮：用鐮狀鐵塊擊火石，迸出火花可引燃火器。

⑥萬人敵：可八方旋轉的炸彈，其作用原理類似煙火中的「地老鼠」，屬地滾式炸彈。

【譯文】

西洋炮：是用熟銅鑄成的，呈圓形，像一個銅鼓。引放時，半里之內，人和馬都會受驚而死。

紅夷炮：是用鑄鐵鑄成的，身長一丈多，用來守城。炮膛裡裝有幾斗鐵彈和火藥，砲彈激飛二里，被擊中的目標馬上成為碎粉。大砲引爆

混江龍

時，首先會產生從前向後的很大的後坐力，因此炮位必須有牆頂住，牆因此而崩塌也是常見的事。

大將軍、二將軍。

佛郎機。

三眼銃、百子連珠炮。

地雷：埋藏在泥土中，用竹管套上穿通引線，引爆後衝開泥土而爆炸，地雷本身也同時炸裂了。這便是用硫黃較多的火藥的橫向爆炸現象。

混江龍：將炮藥包裹在皮囊裡，再用漆封固，然後沉入水底，岸上牽繩引機爆炸。皮囊裡懸吊火石和火鐮，繩子一牽動機關，皮囊

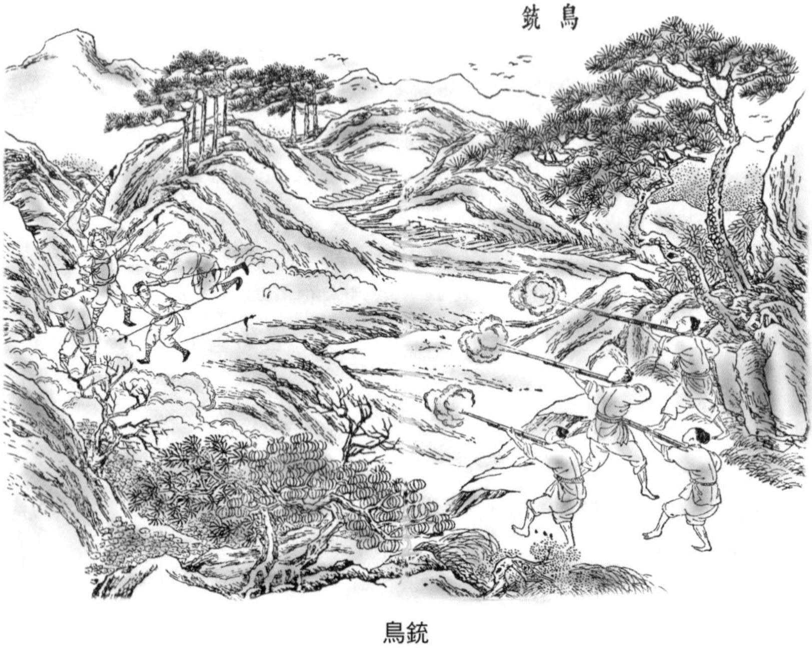

鳥銃

萬人敵

裡自動發爆。當敵船駛過，碰到它就會被炸壞，但它畢竟是個笨重的東西。

鳥銃：鳥銃長約三尺，用鐵管裝火藥，鐵管嵌在木托上，以便於手握。錘製鳥銃時，先用一根像筷子粗的鐵條作為錘鍛的冷模，然後將燒紅的鐵裹在鐵條外錘打成鐵管。先做三段鐵管，接口處燒紅後，竭力錘打接合。接合之後，又用筷子粗的四棱鋼錐插進槍管裡旋轉，使槍管內壁極其圓滑，這樣發射火藥時才不會有阻滯。槍管近銃身的一端較粗，以便裝載火藥。每支銃一次約裝火藥一錢二分，鉛、鐵彈子二錢。點火時不用引信，通向槍管內部的孔口露出一點硝，用捶爛了的苧麻點火。左手握銃對準敵人，右手扣動扳機將苧麻火逼到硝上，一剎那就發射出去了。鳥雀在三十步之內中彈，羽肉皆成粉碎，五十步以外中彈才能保持完形，到了一百步，銃力就不及了。鳥槍的射程超過二百步，製法跟鳥銃相似，但槍管的長度和裝火藥的量都要多出一倍。

萬人敵：邊遠小城守城禦敵，有的沒有炮，有的即使配有火炮也笨重難使，在這種情況下，近來製造出的萬人敵，就很適合使用，而不受環境限制。因為硝石和硫黃配合產生的火力，可使千軍萬馬立時炸成粉碎。它的製法是：用乾燥很長時間的中空泥團，從上邊留出的小孔裝滿火藥，摻入毒火、神火，用量增減由人靈活變通。裝藥並安上引信後，泥團外面再用木框框住，也有用木桶並在裡麵糊泥並填實火藥而造成的，道理是一樣的。如果用泥團，就一定要在泥團外加上木框，以防拋出去還沒爆炸就摔碎了。敵人攻城時，點燃引信，把萬人敵拋擲到城下。這時火力衝出，八方旋轉。旋向內時，由於有城牆擋著，不會傷到自己人；旋向外時，敵軍人馬都不能倖免。這是守城的首要武器。凡是通曉火藥性能和火器製法的人，都可以自由發揮自己的聰明才智。這種武器發明還不到十年，守衛疆土的將士要密切留心啊！

麴糵①第十七

【原文】

宋子曰，獄訟日繁，酒流生禍，其源則何辜！祀天追遠，沉吟《商頌》《周雅》之間②，若作酒醴之資麴糵也，殆聖作而明述矣。唯是五穀菁華變幻，得水而凝，感風而化。供用岐黃③者神其名，而堅固食羞者丹其色。君臣④自古配合日新，眉壽介⑤而宿痼怯，其功不可殫述。自非炎黃作祖，末流聰明，烏能竟其方術哉！

【注釋】

①麴糵（音渠涅）：即酒麴。

②《商頌》：《詩經》中「三頌」之一，宋國宗廟祭祀樂歌。《周雅》：《詩經》中的《大雅》和《小雅》，周王畿內的樂調。

③岐黃：傳說中遠古醫學創始人岐伯和黃帝。岐伯為黃帝時名醫，古代醫書往往借岐伯與黃帝對話成文，如《靈樞》《素問》（為《黃帝內經》的兩部分）等。此處「岐黃」代指醫藥。

④君臣：指麴蘗中各種材料的配伍。中藥講究君臣配伍，即以某藥為君、某藥為臣，以區別其在藥劑中的主輔關係。

⑤眉壽介：《詩經・豳風・七月》：「十月獲稻，為此春酒，以介眉壽。」介：助。眉壽：人至高壽則眉長，故曰眉壽。

【譯文】

宋子說，因酗酒鬧事而惹起的官司一天比一天多，但酒麴本身又有什麼罪過呢？古人在祭祀天地、追懷先祖的儀式上，須捧上美酒；在筵席上欣賞《商頌》《周雅》中的詩歌、樂章時，要飲酒助興。釀酒就必須依靠酒麴，關於這點，古代聖賢的著作中已經明確闡述了。酒麴是由五穀的精華通過水凝及風化的作用製造出來的。供醫藥上用的酒麴叫作神麴，用以保持珍貴食物美味並呈紅色的酒麴則叫作丹麴。自古以來，製作酒麴的主料和配料的調製配方就不斷更新，因而既能延年益壽又能醫治各種痼疾頑症，其功效真是一言難盡。如果沒有我們的祖先炎帝神農氏和黃帝軒轅氏的創造發明和後人的聰明才智，如何能使這項技術達到如此完善的程度呢！

酒　母

【原文】

凡釀酒，必資麴藥成信。無麴即佳米珍黍，空造不成。古來麴造酒，蘗[1]造醴，後世厭醴味薄，遂至失傳，則並蘗法亦亡。凡麴，麥、米、面隨方土造，南北不同，其義則一。凡麥麴，大、小麥皆可用。造者將麥連皮井水淘淨，曬乾，時宜盛暑天。磨碎，即以淘麥水和作塊，用楮葉包紮，懸風處，或用稻秸罨黃[2]，經四十九日取用。

造麵麴用白麵五斤、黃豆五升，以蓼[3]汁煮爛，再用辣蓼[4]末五兩、杏仁泥十兩，和踏成餅，楮葉包懸，與稻秸罨黃，法亦同前。其用糯米粉與自然蓼汁溲和成餅，生黃收用者，罨法與時日亦無不同也。其入諸般君臣與草藥，少者數味，多者百味，則各土各法，亦不可殫述。近代燕京，則以薏苡[5]仁為君，入麴造薏酒。浙中寧、紹則以綠豆為君，入麴造豆酒。二酒頗擅天下佳雄（別載《酒經》[6]）。

凡造酒母家，生黃未足，視候不勤，盥拭不潔，則疵藥[7]數丸，動輒敗人石米。故市麴之家必信著名聞，而後不負釀者。凡燕、齊黃酒麴藥，多從淮郡造成，載於舟車北市。南方麴酒，釀出即成紅色者，用麴與淮郡所造相同，統名大麴。但淮郡市者打成磚片，而南方則用餅團。其麴一味，蓼身為氣脈[8]，而米、麥為質料，但必用已成麴、酒糟為媒合[9]。此糟不知相承起自何代，猶之燒礬之必用舊礬滓云。

【注釋】

①蘖：本指麥芽，古代用以製酒麴、釀醴酒，但從漢代起用以造飴，即麥芽糖。

②罨（音演）黃：搗蓋使其發酵而產生黴菌的黃色孢子，如同黃毛。罨：覆蓋，掩蓋。

③蓼：蓼科蓼屬中的水蓼，可入藥。

④辣蓼：蓼科蓼屬中的辣蓼，加蓼的目的在於抑制雜菌生長。

⑤薏苡：禾本科薏苡，又稱薏米。

⑥《酒經》：宋人朱翼中著，又名《北山酒經》。

⑦疵藥：有雜菌的麴蘖。

⑧蓼身為氣脈：用米、麥製麴，加入蓼粉可使麴餅疏鬆，增加透氣性能，便於酵母菌生長。

⑨媒合：指發酵前加入麴種。

【譯文】

凡釀酒，必須依靠酒麴作為酒引子。沒有酒麴，即使用好米好黍，也釀不成酒。自古以來用麴釀一般的酒，用蘖釀甜酒。後來的人嫌甜酒酒味太薄，便不再普及，釀甜酒的技術和製蘖的方法也就失傳了。製作酒麴，以麥、米、麵粉為原料，可以因地制宜，南方和北方做法不同，但原理是一樣的。製麥麴，大麥、小麥都可以用。製麴的人，最好選在炎熱的夏天，把麥粒帶皮用井水洗淨、曬乾。把麥粒磨碎，用淘麥水拌和做成塊狀，再用楮葉包紮起來，懸掛在通風處，或者用稻草覆蓋使之變黃，這樣經過四十九天之後便可以取用了。

製作麵麴，是用白麵五斤、黃豆五升，加入蓼汁一起煮爛，再加辣蓼末五兩、杏仁泥十兩，混合踏壓成餅狀，再用楮葉包紮懸掛在高處，或用稻草覆蓋使之變黃，方法跟麥麴相同。用糯米粉時，將其與自然蓼汁浸泡揉成餅，待生出黃毛後才取用，其掩蓋方法和所需時間也跟前述相同。製造酒麴時，向其中加入的主料、配料和草藥，少者數味，多者上百味，各地的做法不同，不可一一詳述。近代北京以薏苡仁為主要原料製作酒麴，再釀出薏酒。浙江的寧波、紹興則用綠豆為主要原料製作酒麴，再釀造豆酒。這兩種酒都在國內頗為聞名而被列為佳酒。

製作酒麴的人家，如果麴料生黃毛的時間不足，看管不勤，手擦洗得不乾淨，只要有幾粒壞麴，就會輕易地敗壞別人上百斤的糧食。所以賣酒麴的人必須要守信用、重名譽，這樣才不致辜負釀酒的人。河北、山東釀造黃酒用的酒麴，多在江蘇淮安造好，然後用車船販運到北方。南方釀造紅色的酒所用的酒麴，與淮安造的相同，都叫作大麴。但淮安賣的酒麴是打成磚塊狀，而南方用的酒麴則是做成餅團狀。每種酒麴都要加入蓼粉，以便於通風透氣。以米、麥作為基本原料，還必須加入已製成的酒麴和酒糟作為媒介。加入酒糟不知是從哪個年代流傳下來的，其原理就像燒礬石時必須用舊礬滓來掩蓋爐口一樣。

神　麴[①]

【原文】

凡造神麴所以入藥，乃醫家別於酒母者。法起唐時[②]，其麴不通釀用也。造者專用白麵，每百斤入青蒿自然汁、馬蓼、蒼耳自然汁相和作餅[③]，麻葉或楮葉包罨，如造醬黃法。待生黃衣，即曬收之。其用他藥配合，則聽好醫者增入，苦[4]無定方也。

【注釋】

①神麴：即藥麴，用以消食開胃。本節內容取自《本草綱目》卷二十五《穀部・造釀類》「神麴」條引宋人葉夢得《水雲錄》，有刪減。

②法起唐時：南北朝時北魏人賈思勰《齊民要術》中已提到制神麴的方法，唐宋以後加以簡化、改進。

③青蒿：菊科青蒿，又名香蒿，可入藥。馬蓼：蓼科馬蓼。蒼耳：菊科蒼耳屬植物蒼耳，可入藥。

④苦：或以為當作「若」。

【譯文】

製作神麴為的是當藥用，醫家稱其為神麴，是為了與酒麴相區別。神麴的製作方法起源於唐代，這種麴不能用來釀酒。造神麴的人專用白麵，每百斤加入青蒿、馬蓼、蒼耳三物的原汁，拌和製成餅狀，再用麻葉或楮葉包藏掩蓋，像製作豆醬的黃曲那樣。待外面長出一層黃衣，就曬乾收取。至於要用其他什麼藥配合，則聽由醫生增減，很難列舉出固定的處方。

丹　麴[1]

【原文】

凡丹麴一種，法出近代[2]。其義臭腐神奇，其法氣精變化。世間魚肉最朽腐物，而此物薄施塗抹，能固其質於炎暑之中。經歷旬日，蛆、蠅不敢近，色味不離初，蓋奇藥也。

凡造法用秈稻米，不拘早晚。舂杵極其精細，水浸一七日，其氣臭惡不可聞，則取入長流河水漂淨。漂後惡臭猶不可解，入甑蒸飯，則轉成香氣，其香芬甚。凡蒸此米成飯，初一蒸半生即止，不及其熟。出離釜中，以冷水一沃，氣冷再蒸，則令極熟矣。熟後，數石共積一堆拌信。

凡麴信必用絕佳紅酒糟為料，每糟一斗，入馬蓼自然汁三升，明礬水和化[3]。每麴一石，入信二斤，乘飯熱時，數人捷手拌勻，初熱拌至冷。候視麴信入飯，久復微溫，則信至矣。凡飯拌信後，傾入籮內，過礬水一次，然後分散入篾盤，登架乘風。後此風力為政，水火無功。

凡麴飯入盤，每盤約載五升。其屋室宜高大，防瓦上暑氣侵逼。室面宜向南，防西曬。一個時中翻拌約三次。候視者七日之中，即坐臥盤架之下，眠不敢安，中宵數起。其初時雪白色，經一二日成至黃色。黃[4]轉褐，褐轉赭，赭轉紅，紅極復轉微黃。目擊風中變幻，名曰生黃麴，則其價與入物之力[5]皆倍於凡麴也。

凡黃色轉褐，褐轉紅，皆過水一度[6]。紅則不復入水。

凡造此物，麴工盥手與洗淨盤簟，皆令極潔。一毫滓穢，則敗乃事也。

長流漂米

【注釋】

①丹麴：即紅麴，由大米培養的紅麴黴製成，可作藥用及防腐劑。

②法出近代：《本草綱目》卷二十五《穀部・造釀類》「紅麴」條亦云：「紅麴本草不載，法出近代。」

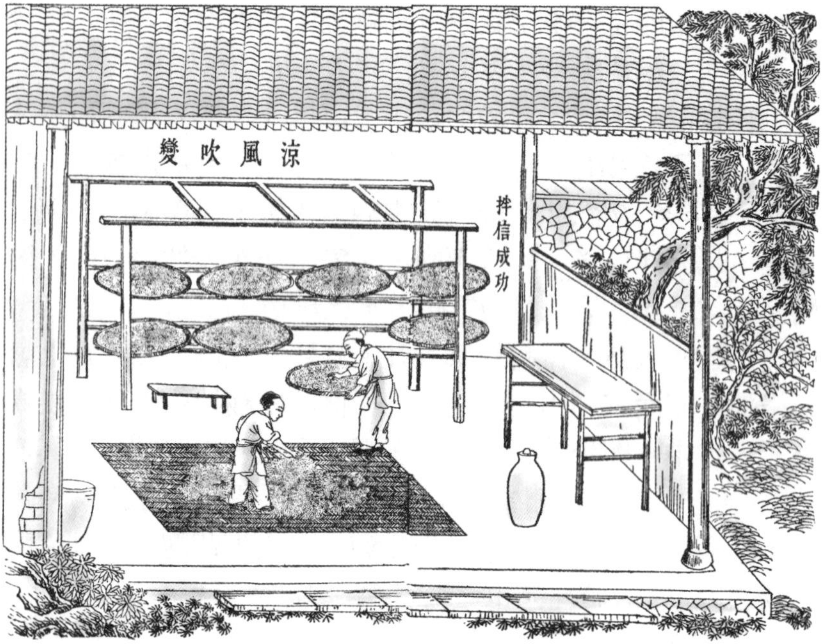

拌信成功、涼風吹變

③明礬水和化：明礬水呈微酸可抑制雜菌繁殖，而紅麴黴菌耐酸性。

④黃：本作「黑」，紅麴發酵時不應呈黑色，故「黑」字當為「黃」字之誤筆。

⑤入物之力：在生產中投入的力量。或以為當作「人物之力」。

⑥過水一度：紅麴生長時產生的黃色素，可用水洗去。

【譯文】

有一種紅麴，其製作方法出現於近代。其意義在於「化腐朽為神奇」，其方法的巧妙之處在於利用空氣和米的變化。世間魚和肉是最易腐爛的東西，但以紅麴薄薄地在魚肉上塗上一層，那麼即便是在炎熱的暑天也能保持其鮮質，放置十來天，蛆、蠅都不敢接近，色澤味道都還能保持原樣。這真是一種奇藥啊！

製造紅麴用黏性的秈稻米，早稻、晚稻都可以。將米舂得極其精細，用水浸泡七天，那時發出的氣味真是臭不可聞，這時就把它放到流動的河水中洗淨。漂洗之後臭味還不能完全消除，把它放入飯甑中蒸成飯，就變成芳香的氣味了，且香氣十分濃。在蒸米成飯時，先蒸至半生半熟即停止，不可蒸熟。然後將半生半熟的米飯從鍋中取出，用冷水淋澆一次，待其冷卻以後，再放入鍋中蒸到熟透。蒸熟後，將幾石米飯堆在一起拌進麴種。

麴種一定要用最好的紅酒糟為原料，每一斗酒糟加入三升馬蓼原汁，再加明礬水拌和調勻。每石熟飯中加入二斤麴種，趁熟飯還熱時，由數人一起迅速拌和調勻，從熱飯拌到飯冷。注意觀察麴種與熟飯相互作用的情況。經過一段時間後，飯的溫度又略有升高，這就說明麴種已拌成功。飯拌入麴種後，倒進籮筐內，用明礬水淋一次，再分散攤在篾盤內，放到架子上通風。這以後關鍵就是做好通風，而水火也派不上用場了。

麴飯放入篾盤中，每個篾盤約載五升。安放這些麴飯的房屋應當高大寬敞，以防屋頂瓦面上的熱氣侵入。房屋應該朝南，以防止太陽西曬。每兩個小時之中大約要翻拌三次。觀察麴飯的人，七天之內都要坐臥在盤架之下，不能熟睡，半夜還要起來幾次。麴飯開始時呈雪白色，經一天後成為深黃色，又由黃色轉褐色，再由褐色轉為紅褐色，再由紅褐色轉為紅色，至深紅色最後又轉為微黃。目視麴飯在空氣中所經歷的這一系列的顏色變化，叫作「生黃麴」。用這種方法製成的紅麴，其價值和投入的力量都比一般的麴增加幾倍。當麴飯由黃色變成褐色、由褐色變成紅色時，都要淋一次水。變紅以後就不需要再加水了。

製造這種紅麴時，造麴的人必須勤洗手，盛物的篾盤、竹蓆也須洗得非常乾淨。只要有一點髒滓落入，都會使製麴歸於失敗。

珠玉第十八

【原文】

宋子曰，玉韞山輝，珠涵水媚，此理誠然乎哉，抑意逆之說也？大凡天地生物，光明者昏濁之反，滋潤者枯澀之仇，貴在此則賤在彼矣。合浦、于闐行程相去二萬里[1]，珠雄於此，玉峙於彼，無脛而來，以寵愛人寰之中，而輝煌廊廟[2]之上。使中華無端寶藏折節而推上坐焉。豈中國輝山、媚水者，萃在人身，而天地菁華止有此數哉？

【注釋】

①合浦：今廣西合浦，古以產珠出名。于闐：今新疆和田，產羊脂美玉。

②廊廟：指朝廷。古時大臣佩玉帶，故云「輝煌廊廟之上」。

【譯文】

宋子說，藏蘊玉石的山光輝四溢，涵養珍珠的水明媚秀麗，這種說法是真的嗎，還只是一種臆測之說。大凡自然界生成之物，有光明的也有暗濁的，有滋潤的也有乾澀的，兩者對立，貴在此則賤在彼。合浦和于闐相距兩萬里，這邊有珍珠雄踞，那裡有玉石聳立，但都很快就被販運至各地，在世間受到人們的寵愛，在朝廷煥發出輝煌的光彩。珠寶玉器使全國各地無盡的寶藏都降低了身價，而自身被推上寶物的首位。難道中國的寶物只是佩帶在人身上的珠玉，而天地之間大自然的精華就只有這些嗎？

珠

【原文】

凡珍珠[1]必產蚌腹，映月成胎，經年最久，乃為至寶。其云蛇腹、龍頷、鮫皮有珠者[2]，妄也。凡中國珠必產雷、廉二池。三代以前，淮揚亦南國地，得珠稍近《禹貢》「淮夷蠙珠」[3]，或後互市之便，非必責其土產也。金采蒲西路[4]，元采揚村直沽口[5]，皆傳記相承妄，何嘗得珠？至云忽呂古江[⑥]出珠，則夷地，非中國也。

凡蚌孕珠，乃無質而生質。他物形小而居水族者，吞噬弘多，壽以不永。蚌則環包堅甲，無隙可投，即吞腹，囫圇不能消化，故獨得百年千年，成就無價之寶也。凡蚌孕珠，即千仞水底，一逢圓月中天，即開甲仰照，取月精以成其魄。中秋月明，則老蚌猶喜甚。若徹曉無云，則隨月東昇西沒，轉側其身而映照之。他海濱無珠者，潮汐震撼，蚌無安身靜存之地也。

凡廉州池自烏泥、獨攬沙至於青鶯，可百八十里。雷州池自對樂島斜望石城界，可百五十里。蜑戶[⑦]採珠，每歲必以三月，時殺牲祭海神，極其虔敬。蜑戶生啖海腥，入水能視水色，知蛟龍[⑧]所在，則不敢侵犯。凡採珠舶，其制視他舟橫闊而圓，多載草薦於上。經過水漩，則擲薦投之，舟乃無恙。舟中以長繩繫沒人腰，攜籃投水。

凡沒人以錫造彎環空管，其本缺處對掩沒人口鼻，令舒透呼吸於中，別以熟皮包絡耳項之際。極深者至四五百尺，拾蚌籃中。氣逼則撼繩，其上急提引上，無命者或葬魚腹。凡沒人出水，煮熱毳急覆之，緩則寒慄死。宋朝李招討設法以鐵為構[⑨]，最後木柱扳口，兩角墜石，用麻繩作兜如囊狀，繩繫舶兩旁，乘風揚帆而兜取之。然亦有漂溺之患。今蜑戶兩法並用之。

凡珠在蚌，如玉在璞。初不識其貴賤，剖取而識之。自五分至一寸五分徑者為大品。小平似覆釜，一邊光彩微似鍍金者，此名璫珠，其值一顆千金矣。古來「明月」「夜光」，即此便是。白晝晴明，簷下看有光一線閃爍不定，「夜光」乃其美號，非真有昏夜放光之珠也。次則走珠，置平底盤中，圓轉無定歇，價亦與璫珠相彷（化者之身受含一粒，則不復朽壞，故帝王之家重價購此）。次則滑珠，色光而形不甚圓。次則螺蚵珠，次官、雨珠，次稅珠，次蔥符珠。幼珠如粱粟，常珠如豌豆。琕而碎者曰璣。自夜光至於碎璣，譬均一人身，而王公至於氓隸也。

凡珠生止有此數，採取太頻，則其生不繼。經數十年不採，則蚌乃安其身，繁其子孫而廣孕寶質。所謂「珠徙珠還[10]」，此煞定死譜，非真有清官感召也（我朝弘治中，一采得二萬八千兩。萬曆中，一采止得三千兩，不償所費[11]）。

【注釋】

①珍珠：生活在淺海底的瓣鰓綱珍珠貝科珠母貝受侵入殼體內的外界物刺激而分泌成的圓球狀光亮固體顆粒，呈半透明銀白色、黃色、粉紅或淡藍色，質硬而滑，含碳酸鈣及少量有機物，古代供裝飾或入藥。

②「其云蛇腹」句：宋人陸佃《埤雅》云：「龍珠在頷，蛇珠在口，魚珠在眼，鮫珠在皮。」明人謝肇淛《五雜俎》又云「鱉珠在足」，並云蜘蛛、蜈蚣之大者皆有珠，雷擊之，即龍取珠也。凡此皆古人臆度之說，並無根據。

③淮夷蠙珠：中國除南海珠母貝產珠外，內陸江河淡水中珠蚌科的珠蚌也產珠。蠙（音屏）：即蚌。

④蒲西路：本作「蒲里路」，據《金史・地理志》改，在今黑龍江克東烏裕爾河南岸。

⑤揚村直沽口：即今天津大沽口。

⑥忽呂古江：在今東北境內。《元史》卷九十四《食貨志》載至元十一年（1274）於宋阿江、阿爺苦江、忽呂古江採珠。

⑦蜑（音蛋）：通「疍」。蜑戶：當時廣東、廣西、福建以船為家的居民。

⑧蛟龍：指鯊魚、鱷魚之類，海中並無蛟龍。

⑨李招討：指李重誨，金城（今甘肅蘭州）人，宋太宗時任鄭州馬步都指揮使，累官至緣邊十八砦招安制置使，見《宋史》卷二八〇本傳。以鐵為構：此處插圖說明為「竹笆沉底」，而正文則稱「以鐵為構」，是否「鐵」字為「竹」字之誤，不得而知。

⑩珠徙珠還：《後漢書·孟嘗傳》載：「（孟嘗）遷合浦太守。郡不產谷實，而海出珠寶。與交阯比境，常通商販，貿糴糧食。先時宰守並多貪穢，詭人采求，不知紀極，珠遂漸徙於交阯郡界……（孟嘗）到官，革易前敝，求民病利。曾未逾歲，去珠復還，百姓皆反其業，商貨流通，稱為神明。」

⑪「我朝弘治中」五句：《明史》卷八二《食貨志》載，明制廣東珠池一般是數十年一采。弘治十二年（1499）歲歉、珠老，得最多，費銀萬餘兩獲珠二萬八千兩。及萬曆年又采，只得珠五千一百兩。

【譯文】

珍珠必定產於蚌腹之中，月下得月光精華孕育成胎，經歷多年，才成寶物。至於說蛇腹、龍頷、鯊魚皮中含有珍珠，都是虛妄而不可信的。中國的珍珠必定產於雷州（今廣東海康）和廉州（今廣西合浦）兩處的珠池。夏、商、周三代以前，淮安、揚州地區（今蘇北）對中原而

沒水採珠船

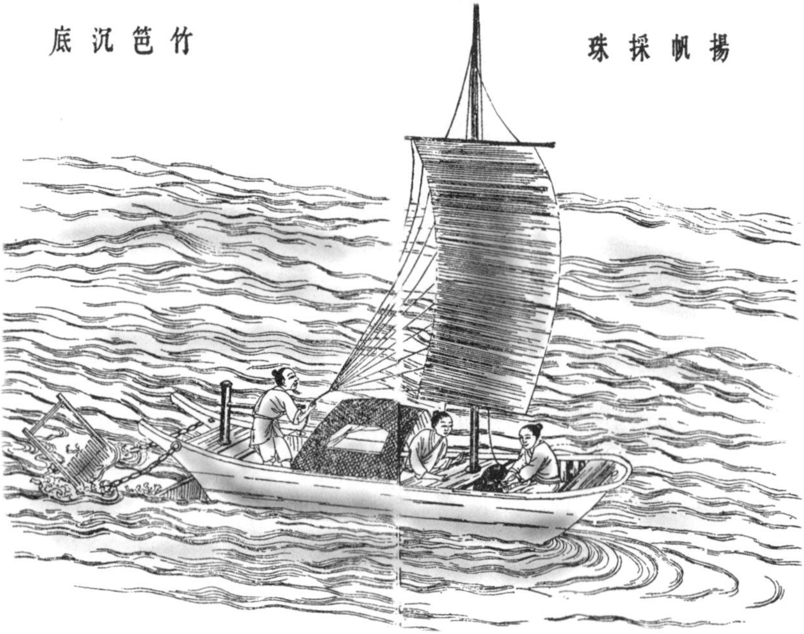

揚帆採珠、竹笆沉底

言也算是南方，所得到的珠子比較接近於《尚書・禹貢》中所記載的「淮水地區產的蚌珠」，也或許只是互市交易而得，不一定是當地所出產的。金代珍珠採於蒲西路，元代採自楊村直沽口，都是沿襲了錯誤記載，這些地方何時採得過珍珠呢？至於說忽呂古江產珠，那則是少數民族地區，而不是中原地區了。

從蚌中孕育出珍珠，這是從無到有。其他形體小的水生動物，多因天敵太多而被吞食，所以壽命都不長。蚌因為周身有堅硬的外殼包裹著，無隙可入，即使被吞入腹內，也能保持完整而不被消化，故獨得百年、千年之壽而成為無價之寶。蚌孕育珍珠是在很深的水底下，每逢圓月當空時，蚌就張開貝殼仰著接受月光照耀，吸取月光的精華，化為珍珠的形魄。尤其中秋月明之夜，老蚌會格外高興。如果通宵無雲，它就隨著月亮的東昇西沉而不斷轉動身體以獲取月光的照耀。也有些海濱無珠，是因為當地潮汐漲落震撼太大，蚌沒有安身靜存之地。

廉州的珠池從烏泥、獨攬沙到青鶯，約有一百八十里遠。雷州的珠池從對樂島到斜對面的石城界，約有一百五十里。沿海的居民採集珍珠，每年必定是在三月間，到時候還宰殺牲畜來祭祀海神，極其虔誠恭敬。他們能生吃海味，入水也能看清水中一切，知道蛟龍藏身的地方，於是不敢前去侵犯。採珠船的形狀比其他的船要寬闊，呈圓形，船上裝有許多草墊。船經過漩渦時，則投以草墊，如此船就能安全地駛過。採珠人在船上先用一條長繩綁住腰部，然後帶著籃子潛入水中。

採珠人潛水帶上錫製的彎管，管的末端開口對準其口鼻，以便於呼吸。另用軟皮袋子包在耳頸之間。最深可潛至水下四五百尺，將蚌撿到籃裡。呼吸困難時就搖繩，船上的人便疾速把他拉上來，命薄的人或許會葬身魚腹。潛水的人出水後，要立即用煮熱了的毛毯蓋在他身上，遲了那人就會被凍死。宋朝有一位姓李的招討官設法以鐵做成耙狀框架，架的後部用木柱接口，兩邊掛上石墜，框架四周套上麻繩網袋，再用繩將其繫在船頭兩邊，乘風揚帆而兜取珍珠貝。但這種裝置有漂失和沉沒的危險。現在，水上採珠的居民同時採用上述兩種方法。

珍珠在蚌腹內，就如同玉在璞石中。蚌剛採出時還不知其有無價值，等到剖破後才知道是否有珠。直徑從五分到一寸五分的就算是大珠。還有一種珍珠略呈扁圓，像倒放的鍋，一邊光彩略像鍍金的，叫璫珠，一顆價值千金。這就是古來所謂「明月珠」「夜光珠」。這種珠白天天晴時，在屋簷下可看到一線閃爍不定的光，「夜光珠」是其美稱，並非真有能在夜間發光的珍珠。其次便是走珠，放在平底的盤子中，它會滾動不停，價值與璫珠相仿。其次是滑珠，色澤光亮，但形狀不是很圓。其次還有螺蚵珠、官珠、雨珠、稅珠、蔥符珠等。粒小的珠如小米粒大，普通的珠如豌豆。低劣而破碎的珠叫作璣。從夜光珠到碎璣，就好比人從王公到奴隸一樣，分為不少等級。

珍珠的產量是有限度的，採得太頻繁，珠的生長就會接繼不上。只有經過幾十年不採，使蚌可以安其身繁殖後代，才能更多地孕育出珠。所謂「珠徙珠還」，是不通情理的杜撰，並不是真有什麼受清官感召的神蹟。

寶

【原文】

凡寶石[1]皆出井中，西番諸域最盛，中國唯出雲南金齒[2]衛與麗江兩處。凡寶石自大至小，皆有石床包其外，如玉之有璞。金銀必積土其上，韞結乃成，而寶則不然。從井底直透上空，取日精月華之氣而就，故生質有光明。如玉產峻湍，珠孕水底，其義一也。

凡產寶之井，即極深無水，此乾坤派設機關。但其中寶氣[3]如霧，氤氳[4]井中，人久食其氣多致死。故采寶之人，或結十數為群，入井者得其半，而井上眾人共得其半也。下井人以長繩繫腰，腰帶叉口袋兩條，及泉近寶石，隨手疾拾入袋（寶袋內不容蛇蟲）。腰帶一巨鈴，寶氣逼不得過，則急搖其鈴，井上人引緪[5]提上。其人即無恙，然已昏瞢。止與白滾湯入口解散，三日之內不得進食糧，然後調理平復。其袋內石，大者如碗，中者如拳，小者如豆，總不曉其中何等色。付與琢工鑢錯[6]解開，然後知其為何等色也。

屬紅黃種類者，為貓精、靺羯芽、星漢砂、琥珀、木難、酒黃、喇子[7]。貓精黃而微帶紅。琥珀最貴者名曰瑿（音依，此值黃金五倍價），紅而微帶黑，然晝見則黑，燈光下則紅甚也。木難純黃色，喇子純紅。前代何妄人，於松樹注茯苓，又注琥珀[8]，可笑也。

屬青綠種類者，為瑟瑟珠、珇母綠、鴉鶻石、空青之類[9]（空青既取內質，其膜升打為曾青）。至玫瑰一種，如黃豆、綠豆大者，則紅、碧、青、黃數色皆具。寶石有玫瑰，如珠之有璣也。星漢砂以上，猶有煮海金丹。此等皆西番產，其間氣出，滇中井所無。時人偽造者，唯琥珀易假。高者煮化硫黃，低者以殷紅汁料煮入牛羊明角，映照紅赤隱然，今亦最易辨認（琥泊磨之有漿）。至引草[10]，原惑人之說，凡物借人氣能引拾輕芥也。自來《本草》陋妄[11]，刪去毋使災木。

【注釋】

寶井剖面

①寶石：凡硬度大、色澤美，不受大氣及化學藥品作用而變化的稀貴礦石，統稱寶石。在地殼各部分都可形成。

②金齒：元代指金齒人聚居的行政區域，明代指永昌城，今雲南保山。

③寶氣：指井下缺氧氣體，人久吸後會窒息以致死。

④氤氳　：霧氣繚繞。

⑤絙（音更）：粗繩。

⑥鑢（音慮）錯：磋磨。

⑦貓精：即金綠寶石，又稱「貓睛石」「貓眼石」，黃綠色正交晶系，成分是鋁酸鈹。靺羯　芽：章鴻釗《石雅》卷二釋為紅瑪瑙，紅色隱晶質，又名紅玉髓，成分是二氧化硅。靺羯是隋唐時東北地區女真族別名，或作「靺鞨」，因其地產此石，故得名。星漢砂：不知何物，待考。琥珀：地質時代松科植物樹脂久埋地下後石化的產物，為非晶質有機物，多產於煤層中，呈黃、紅至褐等色，摩擦可生靜電。木難：又稱「莫難」，綠寶石中之黃色者，六方晶系，成分為硅酸鈹鋁。酒黃：黃色透明的黃玉，正交晶系柱狀結晶，天然氟硅酸鋁，屬硅氧礦物。喇子：紅寶石，紅色透明三方晶系的柱狀結晶，成分是三氧化二鋁（含鉻）。

⑧「前代何妄人」三句：李時珍《本草綱目》卷三十四「松」條引葛洪《神仙傳》云：「老松餘氣結為茯苓，千年松脂化為琥珀。」李時珍對此說半信半疑，於《本草綱目》卷三十七「琥珀」條云：「松脂千年作茯苓，茯苓千年作琥珀，大抵皆是神異之說，未可深憑。」但卷三十四「松」條又云：「松脂則為（松）樹之津液精華也，在土不膺，流脂日久變為琥珀。」如此，李時珍的治學態度還算嚴謹，不可斥為「妄人」。不過葛洪之說則顯然非實。

⑨瑟瑟珠：又稱甸子，即藍寶石，藍色的剛玉，三方晶系透明晶體礦物。珇母綠：即祖母綠，純綠寶石或綠柱石，六方晶系，含鉻呈鮮綠色，有玻璃光澤。鴉鶻石：含鈦的另一種藍寶石，成分與瑟瑟珠相同。空青：綠青，屬孔雀石的一種寶石，綠色。

⑩至引草：指《本草綱目》卷三十七「琥珀」條引陶弘景稱琥珀以手心摩熱拾芥的是真品，李時珍稱琥珀拾芥是草芥，即禾草。按，琥珀摩擦後生靜電可吸拾草芥，並非「惑人之說」。

⑪自來《本草》陋妄：據上下文，《本草》當指《本草綱目》。但作者此書對《本草綱目》多有引用，斥為「陋妄」顯然不妥。

【譯文】

寶石都出自礦井中，中國西部新疆地區各地出產最多，中原地區就只有雲南金齒衛和麗江兩個地方出產。寶石不論大小，外面都有石床包裹，就像玉被璞石包住一樣。金銀都是聚集在土層底下經長期蘊結而形成，但寶石卻不是這樣。它是從井底直透天空，吸取日月的精華而形成，因此生來就能閃爍光彩。像玉產自湍流之中，珠孕育在深淵水底，道理是相同的。

出產寶石的礦井，即便很深，也是沒有水的，這是大自然的巧妙安排。但井中的寶氣像霧一樣瀰漫著，人久吸其氣，多數都會喪命。因此，採集寶石的人通常是十多個人結伴，下井的人分得一半寶石，井上的人分得另一半。下井的人用長繩綁腰，腰間繫兩個口袋，到井底有寶石的地方，隨手立即將寶石拾入袋內。腰間還懸一巨鈴，一旦寶氣逼得人承受不住時，就急忙搖鈴，井上的人就立即拉繩把他提上來。這時，人即便沒有生命危險，但也已經昏迷不醒了。只能往他嘴裡灌白開水來解救，三天內都不能吃糧食，然後再慢慢調理恢復。袋內的寶石，大者

寶氣飽悶

如碗，中者如拳，小者如豆，但光從表面看，不能分辨是何等貨色。交給琢工用銼刀銼開後，才知道是什麼成色。

屬於紅色、黃色種類的寶石有：貓精、靺羯芽、星漢砂、琥珀、木難、酒黃、喇子。貓精石是黃色而微帶紅。琥珀最貴重的叫瑿，紅色而微帶黑，但在白天看起來卻是黑色的，在燈光下看起來卻很紅。木難為純黃色，喇子是純紅色。前代不知是哪個妄人，在談到松樹時加注說可變成茯苓，又加注說可變成琥珀，真是可笑啊。

屬於青綠色的寶石有：瑟瑟珠、祖母綠、鴉鶻石、空青。有一種玫瑰寶石，像黃豆、綠豆那樣小，紅色、綠色、青色、黃色，各色俱全。寶石中有次等的玫瑰石，就像珍珠中有次等的璣珠一樣。比星漢砂高一等的，還有煮海金丹。這些寶石都是西部新疆地區出產的，偶然也有隨著井中寶氣而出現的，雲南中部的礦井中並不出產這類寶石。現在有人偽造寶石，只有琥珀最易造假。高明的造假者煮化硫黃，手段低劣的以黑紅色汁液煮透明的牛、羊角膠，映照之下，隱約可見紅色，但現在看來也最容易辨認。至於說琥珀能吸引小草，那是騙人的說法，物體只有藉助人的氣息才能吸引輕微草芥。《本草》從來就鄙陋虛妄，這些說法應當刪去，免得浪費雕版刻印書的木料。

玉

【原文】

凡玉入中國，貴重用者盡出于闐[①]（漢時西國名，後代或名別失八里[②]，或統服赤斤蒙古[③]，定名未詳蔥嶺[④]）。所謂藍田，即蔥嶺出玉別地名，而後世誤以為西安之藍田[⑤]也。其嶺水發源名阿耨山，至蔥嶺分界兩河，一曰白玉河，一曰綠玉河。後晉人高居誨作《于闐行程記》[⑥]，載有烏玉河[⑦]，此節則妄也。

玉璞不藏深土，源泉峻急激映而生。然取者不於所生處，以急湍無著手。俟其夏月水漲，璞隨湍流徙，或百里，或二三百里，取之河中。凡玉映月精光而生，故國人沿河取玉者，多於秋間明月夜，望河候視。玉璞堆積處，其月色倍明亮。凡璞隨水流，仍錯雜亂石淺流之中，提出辨認而後知也。

白玉河流向東南，綠玉河流向西北[8]。亦力把里[9]地，其地有名望野者，河水多聚玉。其俗以女人赤身沒水而取者，云陰氣相召，則玉留不逝，易於撈取。此或夷人之愚也（夷中不貴此物，更流數百里，途遠莫貨，則棄而不用。）。

凡玉唯白與綠兩色。綠者中國名菜玉。其赤玉、黃玉之說，皆奇石、琅玕之類。價即不下於玉，然非玉[10]也。凡玉璞根繫山石流水，未推出位時，璞中玉軟如棉絮[11]，推出位時則已硬，入塵見風則愈硬。謂世間琢磨有軟玉，則又非也。凡璞藏玉，其外者曰玉皮，取為硯托之類，其價無幾。璞中之玉，有縱橫尺餘無瑕玷者，古者帝王取以為璽。所謂連城之璧[12]，亦不易得。其縱橫五六寸無瑕者，治以為杯斝，此已當時重寶也。

此外，唯西洋瑣里[13]有異玉，平時白色，晴日下看映出紅色，陰雨時又為青色，此可謂之「玉妖[14]」，尚方有之。朝鮮西北太尉山有千年璞，中藏羊脂玉[15]，與蔥嶺美者無殊異。其他雖有載志，聞見則未經也。凡玉由彼地纏頭回（其俗，人首一歲裹布一層，老則臃腫之甚，故名纏頭回子。其國王亦謹不見髮。問其故，則云見髮則歲凶荒，可笑之甚），或溯河舟，或駕橐駝，經莊浪入嘉峪，而至於甘州與肅州[16]。中國販玉者，至此互市得之，東入中華，卸萃燕京。玉工辨璞高下定價，而後琢之（良玉雖集京師，工巧則推蘇郡）。

凡玉初剖時，冶鐵為圓盤，以盆水盛沙，足踏圓盤使轉，添沙[17]剖玉，逐忽劃斷。中國解玉沙出順天玉田與真定、邢台兩邑。其沙非出河中，有泉流出精粹如面，藉以攻玉，永無耗折。既解之後，別施精巧工夫。得鑌鐵[18]刀者，則為利器也（鑌鐵亦出西番哈密衛礪石中，剖之乃得）。

凡玉器琢餘碎，取入鈿花[19]用。又碎不堪者，碾篩和泥塗琴瑟。琴有玉聲，以此故也。凡鏤刻絕細處，難施錐刃者，以蟾蜍[20]添畫而後鍥之。物理制服，殆不可曉。凡假玉以砆碔[21]充者，如錫之於銀，昭然易辨。近則搗舂上料白瓷器，細過微塵，以白蘞[22]諸汁調成為器，乾燥玉色燁然，此偽最巧云。

凡珠玉、金銀胎性相反。金銀受日精，必沉埋深土結成。珠玉、寶石受月華，不受寸土掩蓋。寶石在井，上透碧空，珠在重淵，玉在峻灘，但受空明、水色蓋上。珠有螺城，螺母居中，龍神守護，人不敢犯。數應入世用者，螺母推出人取。玉初孕處，亦不可得。玉神推徙入河，然後恣取，與珠宮同神異云[23]。

【注釋】

①于闐：今新疆西南部的和田，漢、唐至宋、明稱于闐，元代稱斡端，自古產玉。

②別失八里：今新疆東北部烏魯木齊市附近，元代於此地置宣慰司、都元帥府。按，別失為「五」，八里為「城」，故「別失八里意」為「五城」，這裡並非于闐。確切地說，于闐所在的新疆，明代稱亦力把里。

③赤斤蒙古：明代於今甘肅玉門一帶設赤斤蒙古衛，亦非于闐所屬。確如作者所自稱，他沒有弄清地名及地點。

④蔥嶺：今新疆崑崙山東部產玉地區，于闐便在這一地區。

⑤藍田：西安附近的藍田一帶古曾產玉，新疆境內並無藍田之地名。

⑥「後晉人高居誨」句：原文為「晉人張匡鄴作《西域行程記》」，

誤。查《新五代史·于闐傳》，載五代時供奉官張匡鄴、判官高居誨於天福三年（938）出使于闐。高居誨作《于闐國行程記》言三河產玉事。此書非張匡鄴作，且作者亦非晉人。《本草綱目》卷八「玉」條誤為「晉鴻臚卿張匡鄴使于闐，作《行程記》」。《天工開物》引《本草綱目》，亦誤信。

⑦烏玉河：十世紀時在新疆旅行的高居誨，在《于闐行程記》中載產玉之河有白玉河（今玉龍喀什河）、烏玉河（今喀拉喀什河）及綠玉河，屬正確記載。這些河均為塔里木河支流，發源於崑崙山。《明史》卷三三二稱于闐東有白玉河，西有綠玉河，再西有烏玉河，均產玉。

⑧「白玉河」二句：實際上烏玉河流向東北，白玉河流向西北，過于闐後向北匯合於于闐河，再流入塔里木河。

⑨亦力把里：《元史》作亦剌八里，《明史》作亦力把里，包括今新疆大部分地區。

⑩非玉：所謂玉，指濕潤而有光澤的美石，雖然多呈白、綠二色，但也不能否定其餘呈紅、黃、黑、紫等色的美石為玉。

⑪軟如棉絮：天然產的玉有硬玉、軟玉之分，所謂「軟玉」硬度也在以上，沒有軟如絮者。

⑫連城之璧：《史記·廉頗、藺相如列傳》載戰國時期趙惠王得一寶玉名和氏璧，秦昭王聞之，願以十五座城換取此璧，故稱連城之璧，後用價值連城形容貴重物品。璧：古代玉器，扁平、圓形，中間有孔。

⑬西洋瑣里：《明史·外國傳》有西洋瑣里之名，在今印度科羅曼德爾海沿岸。

⑭玉妖：一種異玉，可能指金剛石，成分為碳，等軸晶系，呈八面體晶形，純者無色透明、折光率強，能呈現不同色澤。

⑮羊脂玉：新疆產上等白玉，半透明，色如羊脂。

⑯至於甘州與肅州：從新疆向內地的路線應為：新疆→嘉峪關→肅州（今甘肅酒泉）→甘州（今甘肅張掖）→莊浪（今甘肅莊浪、華亭一帶）→陝西。

⑰添沙：研磨、琢磨玉的硬沙，一種是石榴石，常用的為鐵鋁榴石，紅色透明，硬度為，產於河北邢台。另一種為剛玉，天然結晶氧化鋁，有藍、紅、灰白等色，硬度為，產於河北平山。

⑱鑌鐵：堅硬的精煉鋼鐵。

⑲鈿（音店）花：用金銀、玉貝等材料製成花案，再鑲嵌在漆器、木器上作裝飾品。
⑳蟾蜍：俗名癩蛤蟆，兩棲動物，體內有毒腺，能分泌黏液。
㉑砆碔（音夫武）：即「碔砆」，也作「珷玞」，似玉的石塊。
㉒白蘞（音練）：葡萄科多年生蔓草植物，根部有黏液。
㉓與珠宮同神異云：此處皆是神怪之談，非真。

【譯文】

販運到中原內地的玉，貴重的都出於于闐。所謂藍田，是出玉的蔥嶺的另一地名，而後世誤以為是西安附近的藍田。蔥嶺的河水發源於阿耨山，流到蔥嶺後分為兩條河，一條叫白玉河，一條叫綠玉河。後晉人高居誨作《于闐行程記》載有烏玉河，這段記載是錯誤的。

含玉的璞石不藏於深土，而是在靠近山間河源處的急流河水中激映而生。但採玉的人並不去原產地採，因為河水湍急無從下手。等到夏天

白玉河

漲水時，璞石隨湍流衝至一百里或二三百里處，再在河中採玉。玉是感受月之精光而生，所以當地人沿河取石多在秋天明月之夜，守在河邊觀察。璞石堆聚的地方，就顯得那裡的月光備加明亮。含玉的璞石隨河水而流，免不了要夾雜些淺灘上的亂石，只有採出來經過辨認後才知哪些是玉、哪些是石。

白玉河流向東南，綠玉河流向西北。亦力把里地區有個地方叫望野，附近河水多聚玉。當地的風俗是由婦女赤身下水取玉，據說是由於受婦女的陰氣相召，玉就會停而不流，易於撈取。由此可見當地人之愚昧且不明事理。

玉只有白、綠兩種顏色。綠玉在中原地區叫作菜玉。所謂赤玉、黃玉之說，都指奇石、琅玕之類，雖然價錢不低於玉，但終究不是玉。含玉的璞石產於山石流水之中，未剖出時璞中之玉軟如棉絮，剖露出來後就已變硬，遇到風塵則變得更硬。世間有所謂琢磨軟玉的，這又錯了。玉藏於璞石中，其外層叫玉皮，取來作硯和托座，值不了多少錢。璞中

綠玉河

琢玉

之玉有縱橫一尺多而無瑕疵的，古時帝王用以作印璽。所謂價值連城的美玉，也不是輕易能獲得的。縱橫五六寸而無瑕的玉，用來加工成酒器，這在當時已經是重寶了。

此外，只有西洋瑣里產有異玉，平時白色，晴天在陽光下顯出紅色，陰雨時又成青色，這可稱之為「玉妖」，宮廷內才有這種玉。朝鮮西北的太尉山有一種千年璞，中間藏有羊脂玉，與蔥嶺所出的美玉沒有什麼不同。其餘各種玉雖書中有記載，但我未曾見聞。玉由蔥嶺纏頭的回族人，或是沿河乘船，或是騎駱駝，經莊浪衛運入嘉峪關，而到甘肅甘州、肅州。內地販玉的人來到這裡，從互市得到玉後，再向東運，一直會集到北京卸貨。玉工辨別玉石等級而定價後開始琢磨。

開始剖玉時，用鐵做個圓形轉盤，用一盆水盛沙，用腳踏動圓盤旋轉，再添沙剖玉，一點點把玉劃斷。內地剖玉所用的沙，出自順天府玉田和真定府邢台兩地。這種沙不是產於河中，而是從泉中流出的細如麵粉的細沙，用以磨玉，永不耗損。玉石剖開後，再用一種利器鑌鐵刀施以精巧工藝製成玉器。

琢磨玉器時剩下的碎玉，可取作鈿花用。碎不堪用的則碾成粉，過篩後與灰混合來塗琴瑟。琴有玉器的音色，正為此。雕刻玉器時，在細微的地方難以下錐刀，就以蟾蜍汁填畫在玉上，再以刀刻。這種一物剋一物的道理還難弄清。用砆碱冒充假玉，有如以錫充銀，很容易辨別。最近有將上料白瓷器搗得極碎，再用白蘞等汁液粘調成器物，乾燥後有發光的玉色，這種作偽方法最為巧妙。

珠玉與金銀的生成方式相反。金銀受日光之精華，必定埋在深土內形成；而珠玉、寶石則受月光之精華，不要一點泥土掩蓋。寶石在井中直透碧空，珠在深水裡，而玉在險峻湍急的河灘，但都受著明亮的天空或河水覆蓋。珠有螺城，螺母在裡面，由龍神守護，人不敢侵犯。那些注定要應用於世間的珠，由螺母推出供人取用。在原來孕玉的地方，也無法令人接近。只有由玉神將其推遷到河裡，才能任人採取，與珠宮同屬神異。

附：瑪瑙、水晶、琉璃

【原文】

凡瑪瑙[①]非石非玉，中國產處頗多，種類以十餘計。得者多為簪、釦[②]（音扣）結之類，或為棋子，最大者為屏風及桌面。上品者產寧夏外徼羌地砂磧中，然中國即廣有，商販者亦不遠涉也。今京師貨者，多是大同、蔚州九空山、宣府四角山所產，有夾胎瑪瑙、截子瑪瑙、錦江瑪瑙[③]，是不一類。而神木、府谷出漿水瑪瑙、纏絲瑪瑙[④]，隨方貨鬻，此其大端云。試法以砑木[⑤]不熱者為真。偽者雖易為，然真者值原不甚貴，故不樂售其技也。

凡中國產水晶[⑥]，視瑪瑙少殺。今南方用者多福建漳浦產（山名銅山），北方用者多宣府黃尖山產，中土用者多河南信陽州（黑色者最美）與湖廣興國州（潘家山產）。黑色者產北不產南。其他山穴本有之，而采識未到，與已經采識而官司嚴禁封閉（如廣信惧中官開來之類），尚多也。凡水晶出深山穴內瀑流石罅之中。其水經晶流出，晝夜不斷，流出洞門半里許，其面尚如油珠滚沸。凡水晶未離穴時如綿軟，見風方堅硬。琢工得宜者，就山穴成粗坯，然後持歸加功，省力十倍云。

凡琉璃石與中國水精、占城火齊[7]，其類相同，同一精光明透之義。然不產中國，產於西域。其石五色皆具，中華人豔之，遂竭人巧以肖之。於是燒瓴甋，轉釉成黃綠色者，曰琉璃瓦。煎化羊角為盛油與籠燭者，為琉璃碗[8]。合化硝、鉛瀉珠銅線穿合者，為琉璃燈。捏片為琉璃袋[9]（硝用煎煉上結馬牙者）。各色顏料汁，任從點染。凡為燈、珠，皆淮北、齊地人，以其地產硝之故。

凡硝見火還空，其質本無，而黑鉛為重質之物。兩物假火為媒，硝欲引鉛還空，鉛欲留硝住世，和同一釜之中，透出光明形象[10]。此乾坤造化，隱現於容易地面。《天工》卷末，著而出之。

【注釋】

①瑪瑙：一種隱晶體石英或石髓，即各種二氧化硅的膠溶體，有色層或雲狀層。瑪瑙用作次等寶石，有許多種類，實際上它既是石又是玉或介於石玉之間。

②鈕：原文作「鉤結」，按，與原注「音扣」相違。疑此為「鈕結」，鈕又為扣之異體字，則實為「扣結」，即紐扣。

③夾胎瑪瑙：正視瑩白、側視血紅色的一物二色的瑪瑙。截子瑪瑙：黑白相間的瑪瑙。錦江瑪瑙：有錦花的紅瑪瑙。原文作「錦紅瑪瑙」，查作者所引《本草綱目》卷八「瑪腦」條，則作「綿江馬瑙」，故改。

④漿水瑪瑙：有淡水花的瑪瑙。纏絲瑪瑙：有紅、白絲紋的瑪瑙。原文

為「錦纏瑪瑙」，當為「纏絲瑪瑙」，蓋因作者引《本草綱目》時將上下文做　了錯誤斷句所致。

⑤研（音訝）木：將之與木相摩擦。

⑥水晶：古時又稱水精，由二氧化硅組成的石英或硅石礦物中產生的無色透明晶體，有時含雜質而呈不同顏色，產於岩石晶洞中，硬度為，並非綿軟的。

⑦琉璃石：據上下文，當指燒造玻璃及玻璃釉質（琉璃瓦釉）所需的礦石，主要是石英等含二氧化硅的礦石。占城：占婆，古稱林邑，越南中南部的古地名。火齊：章鴻釗《石雅》釋為雲母，透明單斜晶系，聚合體內呈鱗片狀，為鉀、鎂等金屬的鋁硅酸鹽，尤指白雲母。歷代多將火齊與火齊珠相混，但章氏認為二者有別，火齊珠為水晶珠，亦屬透明體。此處作者指水晶珠。

⑧琉璃碗：指瓶玻璃，以鈉、鉀、鈣、鋁的硅酸鹽為原料。瓶玻璃約含75%二氧化硅、17%氧化鈉、5%氧化鈣及3%氧化鎂。其中氧化鈣可借煎煉羊角獲得，其餘原料來自琉璃石。

⑨為琉璃袋：此處實際上講鉀鉛玻璃的製造。這種玻璃含14%氧化鉀、33%氧化鉛及53%二氧化硅。氧化鉀來自硝石，鉛氧化後成氧化鉛，而二氧化硅來自火齊珠或火齊（琉璃石亦可）。除硝、鉛、火齊珠外，還應有氧化鈣的來源，即羊角。因前句已提羊角，原文此處沒有複述。另外，用銅錢的目的是使玻璃呈現色彩。

⑩「凡硝見火還空」段：此段意在解釋以硝石與鉛制玻璃質的機理，但原文未提琉璃石、羊角等物，可是沒有後者，只靠硝、鉛二味是造不出玻璃質的。

【譯文】

瑪瑙既不是石，也不是玉，中國出產的地方很多，種類有十幾個。所得到的瑪瑙，多用作髮髻上別的簪子和衣釦之類，或者作棋子，最大的作屏風及桌面。上等瑪瑙產於寧夏塞外羌族地區的沙漠中，但內地也到處都有，商販不必去那麼遠的地方販運。現在北京所賣的，多產於山西大同、河南蔚縣九空山及河北宣化的四角山，有夾胎瑪瑙、截子瑪瑙、錦江瑪瑙，種類不一。而陝西神木與府谷所產的是漿水瑪瑙、纏絲瑪瑙，就地賣出，這是大致情況。辨識的方法是用木頭在瑪瑙上摩擦，不發熱的是真品。偽品雖容易做，但真品價錢原來就不怎麼高，所以人們也就懶得費心思造假了。

中國產的水晶要比瑪瑙少些，現在南方所用的多產於福建漳浦，北方所用的多產於河北宣化的黃尖山，中原用的多產於河南信陽與湖北興國的潘家山。黑色的水晶產於北方，不產於南方。其餘地方山穴中本來就有，但沒被發現與採取；或已經發現並採取，而受到官方嚴禁並封閉。這種情況不在少數。水晶產於深山洞穴內的瀑流、石縫之中。瀑布晝夜不停地流過水晶，流出洞口半里左右，水面上還像油珠那樣翻花。水晶未離洞穴時是綿軟的，風吹後才堅硬。琢工為了方便，在山穴那裡將其就地製成粗坯，再帶回去加工，可省力十倍。

琉璃石與中國水晶、越南火齊同類，都光亮透明，但不產於中國內地，而產於新疆及其以西地區。這種石五色俱全，國內的人都喜歡，遂竭盡工巧來仿製。於是燒成磚瓦，掛上琉璃石釉料成為黃、綠顏色的，叫作琉璃瓦。將琉璃石與羊角煎化，做成油罐和燭罩，叫作琉璃碗。將羊角、硝石、鉛與用銅線穿起來的火齊珠合在一起煉化，可製成琉璃燈。用上述原料燒煉之後將其捏成薄片，做成玻璃瓶，可用各種顏料汁將材料染成任意顏色。琉璃燈與琉璃珠，都是淮河以北的人和山東人製作的，因為當地出產硝石。

硝石灼燒後便分解然後消失，其原來成分便不再存在，而墨鉛則是較重的物體。兩物以火為媒介發生變化，硝吸引鉛而自身消失，鉛與硝結合以保留其存在，它們與琉璃石、羊角等在同一釜中燒煉而得出透明發光的玻璃。這是自然界的變化機制在此簡單過程中的隱約體現。已到《天工開物》全書的結尾，我在這裡把它寫出來。

國家圖書館出版品預行編目資料

天工開物／〔明〕宋應星；周游譯注，初版
-- 新北市：新潮社文化事業有限公司，2025.01
面；　公分 --
ISBN 978-986-316-928-4（平裝）
1.CST：天工開物　2.CST：注釋

400.11　　113016297

天工開物

〔明〕宋應星　著
周　游　譯注

【製　作】林郁、周向潮
【企　劃】天蠍座文創
【出　版】新潮社文化事業有限公司
電話：(02) 8666-5711
傳真：(02) 8666-5833
E-mail：service@xcsbook.com.tw

【總經銷】創智文化有限公司
新北市土城區忠承路 89 號 6F（永寧科技園區）
電話：2268-3489
傳真：2269-6560

印前作業　菩薩蠻數位文化有限公司
東豪印刷事業有限公司
福霖印刷企業有限公司

初　　版　2025 年 02 月